JN198059

TCP

Transmission Control Protocol

技術入門

進化を続ける基本プロトコル

安永遼真、中山悠、丸田一輝
［著］

技術評論社

　本書は、近年幅広い関心を集めているTCP（*Transport Control Protocol*）にスポットを当て、長く役立つ基本と先端の研究動向を解説する入門書です。

　今から50年前、コンピューターの世界で二つの革命的な出来事が起こりました。一つは、パケット交換方式による世界初のコンピューターネットワークであるARPANETが構築されたことです。ARPANETは、従来の回線交換方式のコンピューターネットワークの課題を解決する画期的なプロジェクトでした。もう一つは、AT&TのBell LaboratoriesでUNIXが開発されたことです。UNIXは、後にARPANETで使用するOS（*Operating System*）として採用されるとともに、TCP/IP（*Transport Control Protocol / Internet Protocol*）を標準搭載する最初のOSとなりました。

　TCP/IPは、それ以降現在まで、コンピューターネットワークの基盤技術として使われ続けています。この50年間で無数の通信プロトコルが提案され、そのほとんどが廃れていったことを考慮すると、これは驚異的なことです。

　IPと比較すると、TCPは二つの観点で初学者にとって難しいプロトコルです。一つめは「仕様の複雑さ」という観点です。TCPは、通信の信頼性を確保する役割を担っている性質上、さまざまなリスクを回避するためのたくさんの機能を備えています。二つめは「進化の速さ」という観点です。2016年にGoogleが新たな輻輳制御アルゴリズムを提案したことに象徴されるように、TCPはいまも進化を続けています。これは、TCPがアプリケーション側のデータ送信の要求と、ネットワーク側の実際の動作のギャップを埋める位置づけにあるためです。つまり、TCPはアプリケーション側の進化とネットワーク側の進化の両方に対応して進化し続ける必要があった、ということです。

　この50年で、アプリケーションは大きく進化しました。UberとAirbnbが登場し、それぞれタクシー業界とホテル業界の構造を破壊して久しいように、今ではあらゆる業界を対象としたソフトウェアアプリケーションが存在します。今後も、5G（*5th Generation*、第5世代移動通信）、IoT（*Internet of Things*）、自動運転などの技術革新に伴い、さまざまなアプリケーションが誕生し続けるでしょう。アプリケーションが変われば、TCPに対する要求も変わることは間違いありません。一方で、ネットワーク技術の進化が契機となり、TCPのさまざまな課題が顕在化することもありました。たとえば、通信速度の高速化やネットワーク機器のバッファサイズの増大により、従来のTCPの帯域利用効率が著しく劣化するという問題

が報告され、さまざまな解決策が研究/提案されました。今後もTCPは、アプリケーション側の進化とネットワーク側の進化に呼応して進化していくものと予想されます。

　前述した一つめの難しさ「仕様の複雑さ」を解決できる優れた書籍は世の中にありますが、二つめの難しさ「進化の速さ」、すなわち「最新の研究動向」を解決できる書籍はほとんどありません。たとえば、TCPの輻輳制御に関して言えば、ほとんどの技術書でRenoは解説されていますが、現在主流であるCUBICはまず解説されていません。結局TCPの最新動向を知るためには、RFC（*Request For Comments*）や論文やソースコードを読む必要があるわけです。これは初学者にとってあまりに敷居が高い状況です。

　そこで筆者らは初学者に向けて、TCPの基本から最新動向までわかりやすく解説することを目的に本書を執筆しました。最も変化の激しい技術である輻輳制御については、とくに多くのページを割いて詳細に解説します。また、理解の助けとなるように、ダウンロードして実行可能なシミュレーション環境を用意しています。Wiresharkやns-3を使って、さまざまな条件でTCPの動作を観察してみましょう。予想どおりの結果が出ることもありますし、出ないこともあります[注A]。予想どおりの結果が出ない場合には、原因を考え、納得できるまでシミュレーションを実行しましょう。このサイクルを繰り返すことが、TCP、そしてコンピューターネットワークを理解する近道だと信じています。

2019年6月

著者を代表して　安永遼真

[注A]　筆者の場合は、後者の方が圧倒的に多いですし、逆に一発で予想どおりの結果が出ると不安になります。

本書の構成

　図Aに示すように、本書は全7章から構成されます(導入を除く)。

　第1章から第3章では、TCPの基礎を俯瞰的に解説します。第1章では、コンピューターネットワークの基本と、UDPやTCPの違いについて概説します。第2章では、TCPが登場するに至った歴史的経緯を紹介します。第3章では、TCPのプロトコル設計について解説します。

　次に、第4章から第6章では、TCPの大きな特徴である輻輳制御について深掘りします。第4章では、輻輳制御の考え方や、これまで提案されてきたアルゴリズムを概説します。第5章および第6章では、近年提案された輻輳制御アルゴリズムの中でもとくに重要な、CUBICとBBRについてそれぞれ取り上げます。

　最後に、第7章ではTCPの最新動向と今後の発展について解説します。

　なお、参考文献は一部を除き各章末で紹介しますので、より詳しく知りたい方は参考にしてみてください。

図A　　章構成と執筆担当

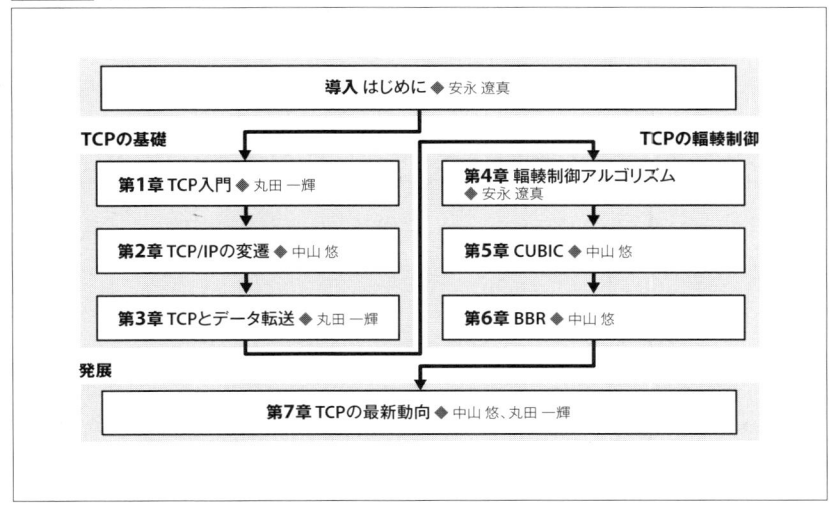

本書の想定読者と必要な前提知識について

　本書のおもな想定読者は、TCPの基礎理論と最新動向に興味のある方です。本書を理解するために最低限必要なのは、高校数学 + α の知識です。具体的には、以下が何を指すか理解できていれば問題ありません。

- 等号/不等号
- 集合記号（∈など。_{イン}∈は「右に属する」「in」）
- 論理記号（∀など。_{フォーオール}∀ は高校数学には登場しないが「任意の」を表す）
- 累乗
- 対数関数
- 指数関数

　また、TCPの輻輳制御アルゴリズムを説明するために擬似コードを用いますし、ターミナルソフトウェア上のコマンドを用いてシミュレーションを行うことになりますので、プログラミング経験のある方のほうが理解しやすいかもしれません。しかし、擬似コードは丁寧に流れを追えば理解できるはずですし、コマンドについても必ずしもコマンド自体を理解する必要はないため、プログラミング経験がない方も心配する必要はありません。

本書のシミュレーションで扱う技術とその目的、本書で扱わないこと

　本書では、シミュレーションのためにさまざまな技術を利用します。具体的には、環境構築のために VirtualBox と Vagrant と X Window System を、パケットキャプチャーのために Wireshark を、詳細なネットワークシミュレーションのために ns-3 を、グラフ描画のために gnuplot を、データ分析のために Python を、コマンド実行のためにシェルスクリプトを利用します。それぞれ本が何冊も書けるほど奥の深い技術です。紙幅の都合もあり、シミュレーションを実施するにあたり最低限必要の解説にとどめます。

　また、前述したように、本書の目的はTCPの理論を初学者にもわかりやすく説明することです。Wireshark や ns-3 を用いたシミュレーションを行いますが、あくまでも理論的な挙動の理解を助けるためのものであり、実装上のノウハウを紹介するためのものではありません。TCPを用いたシステム実装やネットワークプロ

グラミングに関しては本書の範疇外になりますので、必要に応じて専門解説書等を参照してください。

本書で前提とする環境

以下の環境で動作を確認しました。基本的に仮想マシン上でシミュレーションを行いますので、下記の VirtualBox と Vagrant と X Server の環境が構築できれば、macOS 以外の環境でも問題なく実行できるはずです。

- OS：macOS Mojave 10.14.3
- プロセッサー：2.9 GHz Intel Core i7
- メモリー：16GB 2133 MHz LPDDR3
- VirtualBox：6.0.4r128413
- Vagrant：2.2.4

VirtualBox では以下のような環境で仮想マシンを立ち上げ、動作を確認しました。

- Ubuntu：16.04
- Wireshark：2.6.5
- ns-3：3.27
- Python：3.5.2
- GCC：5.4.0
- make：4.1

なお、2019年4月1日現在、ns-3のインストールガイドがUbuntu 18.04に対応していないため、本書ではUbuntu 16.04を採用します。また、2019年4月1日現在、第5章や第6章で利用するCUBICやBBRのモジュールがns-3.28以上に対応していないため、本書ではn-3.27を利用します。また、Pythonについてはコーディング規約である「PEP 8 -- Style Guide for Python Code」(https://www.python.org/dev/peps/pep-0008/)に準拠します。

シミュレーション環境の構築

　以下では、本書のシミュレーションに必要な環境の構築について説明します。本書では、VirtualBox と Vagrant で仮想環境を構築し、X Window System で仮想マシン上の GUI アプリケーションを実行します。

━━━━ コマンド実行について

　本書では、シミュレーションのためにターミナルソフトウェアでコマンドを実行します。ターミナルソフトウェアとは、Windows のコマンドプロンプトや macOS のターミナル.app のような、GUI 上でコンソール画面を開いてコマンドを実行するためのソフトウェアです。本書では、ターミナルソフトウェア上でのコマンド実行を以下のように表現します。

```shell
$ echo 'hello world'
> hello world
```

　$ で始まる部分は入力コマンドを表し、> で始まる部分は標準出力を表します。本書では仮想マシンを多用しますが、物理マシン上のコマンドは $ で、仮想マシン上のコマンドは vagrant@ubuntu-xenial:~$ のように {ログインユーザー名}@{仮想マシン名}:{カレントディレクトリ名}$ で表します。

━━━━ ソースコードの入手

　本書のシミュレーションで扱うソースコードは、以下の GitHub リポジトリから入手できます。ZIP ファイルをダウンロードするか、クローン（*clone*）しておきましょう。

URL https://github.com/neko9laboratories/tcp-book

━━━━ Oracle VM VirtualBox

Oracle VM VirtualBox は、x86 仮想化ソフトウェアパッケージです。ホスト OS（VirtualBox を実行する物理マシンの OS）として、Windows、Linux、macOS、そして Solaris に対応しています。仮想マシン上で実行できるゲスト OS として、

Windows、Linux、OpenSolaris、OS/2、そして OpenBSD に対応しています[注A]。Web エンジニアがサーバー/クライアントの検証環境として使うこともありますし、ネットワークエンジニアが検証用ネットワークの構築に使うこともあります。本書では、シミュレーション環境を統一するため、VirtualBox および Vagrant で仮想環境を構築します。Vagrant については後述します。

VirtualBox のインストールについて説明します。2019 年 4 月 1 日現在では、VirtualBox の Web サイト[注B]の Download ページから、ホスト OS に対応したインストールパッケージをダウンロードすることができます。インストーラーを起動すれば、VirtualBox をインストールできます。

macOS の場合は、ターミナルソフトウェア(ターミナル .app など)で以下のコマンドを実行してバージョンが表示されれば、VirtualBox のインストールが完了していることが確認できます。お手元の環境によって、表示されるバージョンが異なる可能性がありますのでご注意ください。

```shell
$ VBoxManage -v
> 6.0.4r128413
```

——— Vagrant

Vagrant は仮想環境の設定自動化ツールです。Ruby で実装されており、Debian、Windows、CentOS、Linux、macOS、Arch Linux 上で動作します。Vagrantfile と呼ばれる設定ファイルを共有するだけで、手軽に仮想環境を統一できます。本書では、前出の GitHub リポジトリ(https://github.com/neko9laboratories/tcp-book)で「Vagrantfile」を配布することで、読者の手元でも簡単にシミュレーション環境を構築できるようにしました。

原稿執筆時点(2019 年 4 月 1 日)では、Vagrant の Web サイト[注C]の[Download]ボタンをクリックすると、インストールパッケージのダウンロード画面に遷移します。お手元の環境に対応したパッケージを選択し、ダウンロードが終わったらインストーラーを実行しましょう。

macOS の場合は、ターミナルソフトウェア(ターミナル .app など)で以下のコマ

注A　URL https://www.oracle.com/technetwork/server-storage/virtualbox/support/
注B　URL https://www.virtualbox.org
注C　URL https://www.vagrantup.com

ンドを実行して、バージョンが表示されれば、Vagrantのインストールが完了していることが確認できます。お手元の環境によって、表示されるバージョンが異なる可能性がありますので注意してください。

```shell
$ vagrant -v
> Vagrant 2.2.4
```

──── X server

本書では、ゲストOS上のWiresharkをX Window System経由で操作しますので、ホストOS上でX serverの環境を構築する必要があります。原稿執筆時点（2019年4月1日）、macOS X Sierraの場合は、XQuartzプロジェクトのWebサイト[注D]からX11サーバー（X11.app）を入手できます。他のOSを使用する場合は、対応が異なりますので注意が必要です。

X serverの動作を確認するため、仮想マシン上のGUIアプリケーションを起動してみましょう。まず、ダウンロードした本書のソースコードディレクトリのwireshark/vagrant/に移動し、以下のコマンドを実行してください。

```shell
$ vagrant up
```

第4章で利用するWiresharkの仮想環境が立ち上がります（しばらく時間がかかることがあります）。以下のコマンドでSSH接続し、xeyesを起動してみましょう。

```shell
$ vagrant ssh guest1

> Welcome to Ubuntu 16.04.5 LTS (GNU/Linux 4.4.0-139-generic x86_64)
>
> * Documentation:  https://help.ubuntu.com
> * Management:     https://landscape.canonical.com
> * Support:        https://ubuntu.com/advantage
>
> Get cloud support with Ubuntu Advantage Cloud Guest:
> http://www.ubuntu.com/business/services/cloud
>
> 0 packages can be updated.
> 0 updates are security updates.
```

....
注D　**URL** https://www.xquartz.org

```
>
> New release '18.04.1 LTS' available.
> Run 'do-release-upgrade' to upgrade to it.

vagrant@guest1:~$ xeyes
```

　図Bのように、二つの目玉が表示されることを確認しましょう。確認できたら、以下のように、いったんログアウトして仮想マシンを停止しておきます。

```
vagrant@guest1:~$ exit
$ vagrant halt
```

図B　　　xeyesの実行結果

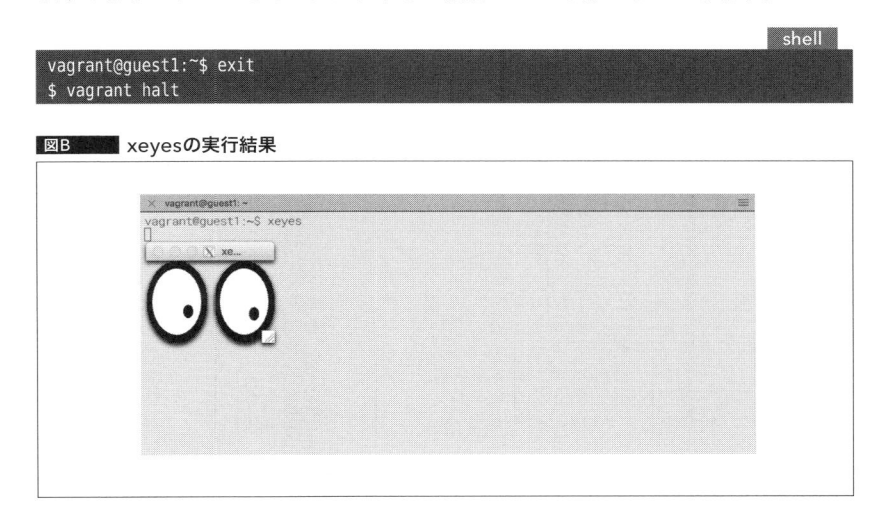

謝辞

　本書の執筆にあたり、たくさんの方々に協力いただきました。まず、唐仁原駿氏には、本書の構想段階からコメントをいただき、シミュレーション環境の動作確認にも参加いただきました。また、大阪大学 大学院工学研究科の久野大介先生には、本書の校閲にご協力いただきました。そして、技術評論社の土井優子氏には、本書の企画立案からスケジュール管理に至るまで幅広く対応いただきました。最後に、筆者たちをいつも支えてくれる家族に感謝します。皆さん、本当にありがとうございました。

サポートページについて

　本書のサポートページは以下から辿れます。サポートページでは、シミュレーションに用いるソースコードのほか、紙幅の都合で本書に掲載しきれなかったサポート情報を公開します。

URL https://gihyo.jp/book/2019/978-4-297-10623-2/support

目次●**TCP技術入門** 進化を続ける基本プロトコル

第**1**章

TCP入門
通信の信頼性を保証する 3

第**2**章

TCP/IPの変遷

第**3**章

[図解で見えてくる]
TCPとデータ転送
信頼性と効率の両立へ向けて

第4章

［押さえておきたい］
プログラマーのための
輻輳制御アルゴリズム

増え続ける通信量とネットワークの動き 101

4.2　輻輳制御アルゴリズム
理論×シミュレーションで深まる理解 108

第**6**章

BBR

6.1 バッファサイズ増加とバッファ遅延増大

第 **7** 章

TCPの最新動向
アプリケーションや通信環境が変われば、TCPも変わる 227

TCP技術入門

進化を続ける基本プロトコル

第 1 章

　インターネット（*The Internet*）は、通信機能を備える世界中の機器が互いに接続されて構成されるネットワークです。すべての機器はそれぞれが勝手に動いているわけではなく、共通のルールに則っています。このルールのことを**プロトコル**（*protocol*）と呼び、世界共通の標準仕様として定められています。

　通信はさまざまなプロトコルが階層的に構成されることにより実現されています。**TCP**（*Transmission Control Protocol*）はその中の一つであり、「通信の信頼性を保証する」という重要な役割を担っています。

　本章では、まずネットワークにおける通信を実現するプロトコル群について概説し、トランスポート層の役割および特徴を明確にします。続いて、本書のテーマであるTCPの基本機能を説明します。

TCP入門

通信の信頼性を保証する

1.1
通信とプロトコル
OSI参照モデル、TCP/IP、RFC

「プロトコル」と一口に言っても、プロトコルにはさまざまなものが多数存在しています。階層ごとにそれらを選択することで、アプリケーションの要求条件に応じた通信が実現されます。

本節では、まず通信プロトコル群の全体像を概説します。

OSI参照モデル

機器同士の通信の考え方は、人と人とのコミュニケーションにおいても同じことが言えます。たとえば、方言は意味を知らなければなかなか理解できないものですが、標準語であれば容易に理解することができます（**図1.1**）。話す言葉が地域や国々で異なるのではなく、世界中で共通化できればすべての人が障壁なくコミュニケーションを取ることができるのです。

これを通信機器において実現しているのが**OSI参照モデル**です。OSIは「開放型システム間相互接続」（*Open Systems Interconnection*）の略称です。異なる機器が相互に通信できるように共通の機能を階層構造に分割し、策定したモデルであり、

図1.1　**共通の言語によるコミュニケーション**

※ 寒い、風が通る。九州などで用いられる話し言葉。

国際標準化機構（*International Organization for Standardization*、ISO）によって制定されました。

　プロトコルを階層化することによって、ソフトウェアの開発者はその階層が担う役割に特化した機能のみ開発すれば良いことになります。これにより、実装の容易化とともに責任の分界を明確にすることができるのです。ここではまず、各階層の役割を簡単に紹介します。

———[第7層]アプリケーション層

　アプリケーション層では、それぞれのアプリケーションの中で通信に関係するプロトコルを定めます。Web閲覧を可能にするHTTP（*Hypertext Transfer Protocol*）や、ファイルダウンロードのためのFTP（*File Transfer Protocol*）、IPアドレスの自動割り当てを行うDHCP（*Dynamic Host Configuration Protocol*）、インターネット上のドメイン名とIPアドレスを対応づけるDNS（*Domain Name System*）、ネットワーク上の機器の時刻を同期させるNTP（*Network Time Protocol*）、電子メールを送信/受信するためのSMTP（*Simple Mail Transfer Protocol*）/POP（*Post Office Protocol*）、コンピューターを遠隔操作するためのTelnet等がその例です。

　たとえばHTTPでは、Webサーバー上のHTML（*Hypertext Markup Language*）ファイルを取得するための要求（GET要求）がクライアントPCのWebブラウザを通して送信され、それに対する応答としてHTMLファイルやスタイルシート、画像データ等がダウンロードされます（**図1.2**）。

図1.2 ■ HTTPによる通信の例

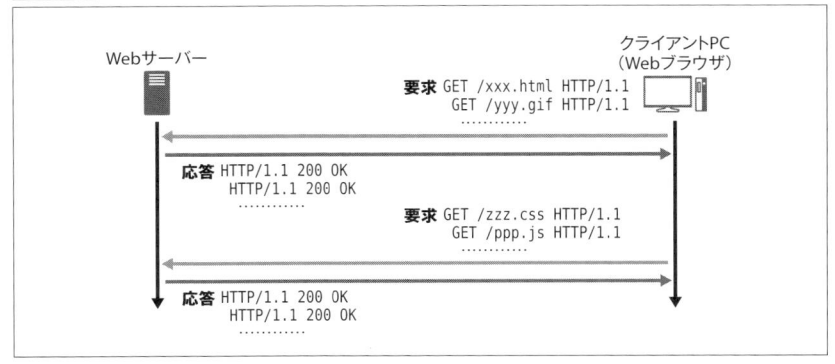

————[第6層]プレゼンテーション層

プレゼンテーション（*presentation*）とは「表現」「提示」という意味があるように、相手に伝わるように情報伝達を行う手段です。文字のエンコード方式や動画／画像の圧縮方式、またデータの暗号化方式にはさまざまな種類がありますが、**プレゼンテーション層**では、そういったアプリケーション固有のデータフォーマットを通信機器同士が理解できるようなネットワーク共通のフォーマットに変換します。

たとえば、文字のエンコード形式はUTF-8、UTF-16、Shift_JISなどアプリケーションによってさまざまなものがあります。これらをネットワーク共通の形式に変換することで、異なるエンコード方式のアプリケーション間の通信を可能にします。

その他の該当するプロトコルとして、画像の圧縮形式である JPEG（*Joint Photographic Experts Group*）、動画の圧縮形式である MPEG（*Moving Picture Experts Group*）、音楽ファイルの表現形式である MIDI（*Musical Instruments Digital Interface*）等があります。

————[第5層]セッション層

セッション（*session*）とは、一般的には、通信の開始から終了までを管理する一つの単位のことを指します。

セッション層では、アプリケーションレベルで送受信間における通信要求（*request*、リクエスト）や応答（*response*、レスポンス）により通信の接続を管理します。つまり、アプリケーションごとの論理的な通信路を確立しているのです。HTTPの例で言えば、あるWebページの閲覧において、HTMLファイルの取得要求からその応答に関する一連のメッセージのやり取りが一つのセッションとなります。

図1.3に示すように、Webブラウザやメーラー、ゲームアプリによる通信はそ

図1.3 セッション

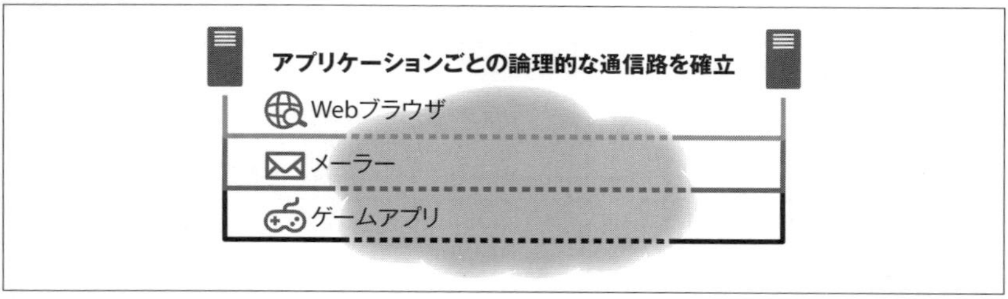

アプリケーションごとの論理的な通信路を確立
🌐 Webブラウザ
✉ メーラー
🎮 ゲームアプリ

れぞれ異なるセッションとして管理されます[注1]。

————[第4層]トランスポート層

トランスポート層は**コネクション**(*connection*)を確立/切断し、アプリケーションの要求に応じて異なる方法でデータ転送を行います。コネクションとは、セッション上でデータ転送を行うための送受信間のend-to-endにおける論理的な通信路を指します[注2]。

トランスポート層プロトコルには大きく分けて2種類あります。「信頼性」を提供する**TCP**と、「リアルタイム性」に優れた**UDP**です。

コネクションはアプリケーションまたはセッションごとに確立されますが、それらの中で複数確立することが可能です。これは、論理的な通信路として処理を行うためであり、下位層の通信はどのような媒体や経路でも良いのです。

また、トランスポート層は、アプリケーションから渡されるデータメッセージのサイズを意識せず、下位の伝送媒体に適したサイズに分割し、転送します。その単位をTCPでは「セグメント」、UDPでは「データグラム」と呼びます。第1.2節以降で、より詳しく解説していきます。

————[第3層]ネットワーク層

アドレスの管理や経路の選択を行い、宛先までデータを届けます。**ネットワーク層**における代表的なプロトコルは、**IP**(*Internet Protocol*)や**ICMP**(*Internet Control Message Protocol*)です。これをサポートするおもな通信機器は、ルーター(*router*)やレイヤー3(*Layer 3*、L3)スイッチです。

ネットワークは、複数のルーターやスイッチが互いに接続されることで構成されており、これらを経由してデータが運ばれます。ネットワーク上の通信機器にはすべて、住所に相当する「IPアドレス」が割り当てられています。またそれらの機器は、次にどの機器へデータを転送すれば最終宛先まで辿り着けるのか、という経路情報を持っています。この経路情報に基づいて、送りたいデータを正確に相手まで届けるのがネットワーク層の役割です(**図1.4**)。

注1 OSI参照モデルにおいて、いくつかのセッション層プロトコルが定義されてはいますが、独立して浸透したものはあまりなく、HTTPのようにアプリケーション機能の一つとして実装されている場合がほとんどです。

注2 前述のセッションとコネクションは混同しがちですが、厳密には異なりますので注意してください。

　データは**パケット**（*packet*）と呼ばれる小さなまとまりとして送られます。パケット単位での転送はさまざまなメリットがあります。たとえば、途中の経路で不具合が生じたときに一部のパケットが消失したとしても、当該パケットにのみ再送を行うことで補償できます[注3]。またこのとき、他のパケットは迂回経路を利用することにより無事転送できるようになります。

　ネットワーク層では、データの配送の途中でデータが消失してしまったとしても、再送などの処理は行いません。これは上位のトランスポート層の役割であるためです。

　なお、パケットを配送するためには、各ルーターや通信機器は経路情報を事前に取得する必要があります。手動で経路情報を設定するには作業量が膨大となるため、これを自動で実現するアプリケーション（第7層）プロトコルとしてRIP（*Route Information Protocol*）やBGP（*Border Gateway Protocol*）等が考案されています。

注3　厳密には、TCPによってセグメント単位で再送されます。

図1.4　　データの配送

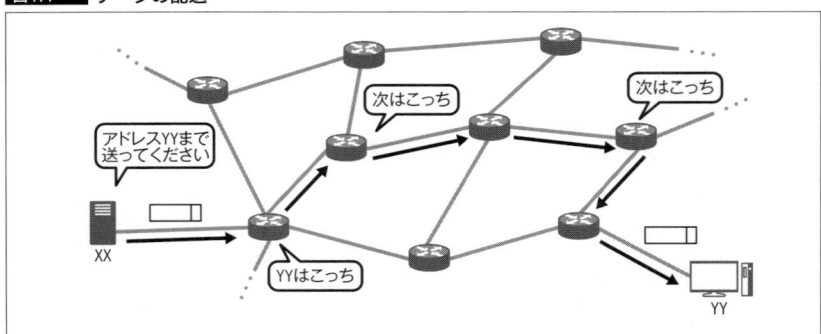

Column

IPアドレス

　IPには、**IPv4**と**IPv6**の2つのバージョンがあります。おもな違いはそれぞれが持つアドレスの数です。これは「アドレス空間」（*address space*）とも言います。当初使われていたのはIPv4ですが、2進数表記で32ビットで構成されます。通信機器の増加によりアドレスが枯渇し始めたことから、128ビットに拡張されたIPv6が新たに定義されました。

　IPアドレスには、用途に応じていくつかの使い方が定められています。まず構成ですが、IPv4の場合、「xxx.xxx.xxx.xxx」のように、3桁までのドット「.」で区切られた4つの数字で構成されています。これはよく見る機会があるかと思います。この数値のうち、上位ビット側を「ネットワーク部」、下位ビット側を「ホスト部」と呼びます。ネットワーク部は、インターネット上のネットワーク（地域）を指定するものであり、ホスト部はそのネットワーク内の機器を指定します。

　ネットワーク部とホスト部の境界はネットワークの規模によって5種類に区分けされています（**図C1.a**）。クラスAはホスト部が長く、大規模なネットワークに適しており、反対にクラスCは小規模なネットワークに適しています。固定電話の電話番号で言う、市外局番と市内局番のようなイメージです。クラスDはIPマルチキャスト専用、クラスEは将来の使用のために予約されています。

　また、クラスごとに、「グローバルアドレス」と「プライベートアドレス」という区分けが存在します。グローバルアドレスはインターネットに接続された機器に一意に割り当てられるIPアドレスです。プライベートアドレスは、オフィスや家庭内で構築される**LAN**（*Local Area Network*、ローカルエリアネットワーク）のように、それぞれのネットワーク内において接続される機器に一意に割り当てられるIPアドレスです。プライベートアドレスは**表C1.a**のようにクラスごとに範囲が定められており、この範囲外のIPアドレスはグローバルアドレス、ということになります（**図C1.b**）。このような使い方を定めることで、プライベートアドレスを重複して再利用することができ、限られたアドレス空間の中でできるだけ多くの機器にIPアドレスを割り当てることが可能となるのです。

　IPv6のアドレス割り当ても、IPv4とほぼ同じ考え方に基づいています。紙幅の都合もあり本書で詳しくは取り挙げられませんが、IPアドレスだけでも多くの取り決めや使われ方があり、詳しく知りたい方はぜひ専門書などを参考にしてみてください。

図C1.a　IPアドレスのクラス

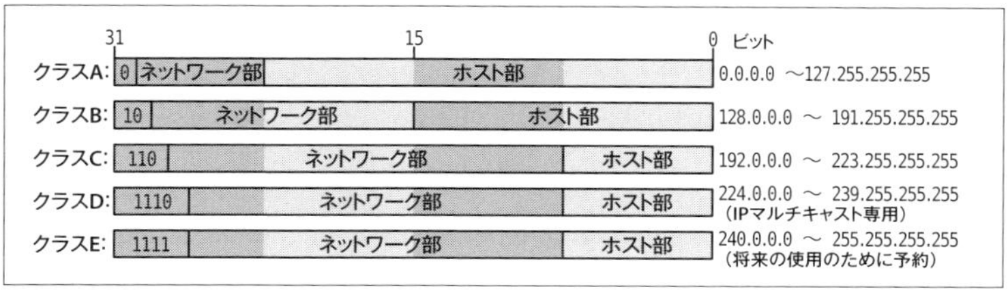

クラスA:	0 ネットワーク部　ホスト部		0.0.0.0 ～127.255.255.255
クラスB:	10 ネットワーク部　ホスト部		128.0.0.0 ～ 191.255.255.255
クラスC:	110 ネットワーク部　ホスト部		192.0.0.0 ～ 223.255.255.255
クラスD:	1110 ネットワーク部　ホスト部		224.0.0.0 ～ 239.255.255.255（IPマルチキャスト専用）
クラスE:	1111 ネットワーク部　ホスト部		240.0.0.0 ～ 255.255.255.255（将来の使用のために予約）

表C1.a　プライベートアドレスの範囲

クラス	範囲	ネットワーク数
クラスA	10.0.0.0～10.255.255.255	1
クラスB	172.16.0.0～172.31.255.255	16
クラスC	192.168.0.0～192.168.255.255	256

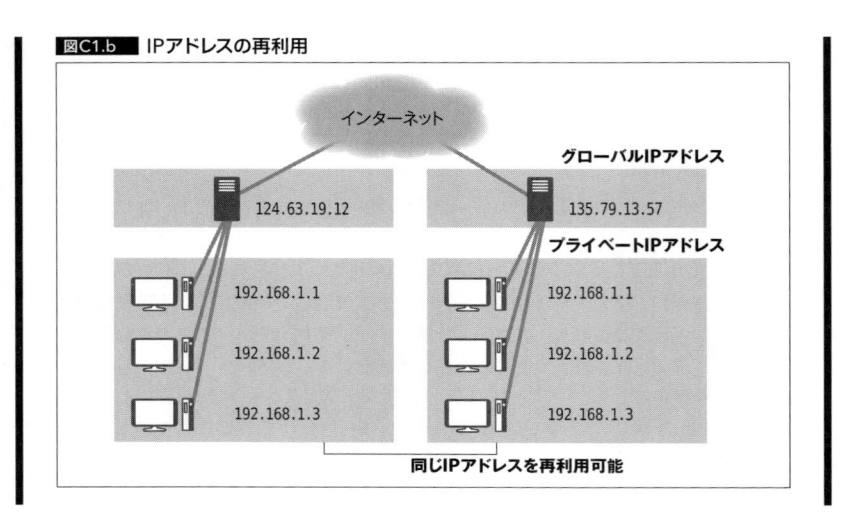

図C1.b　IPアドレスの再利用

インターネット

グローバルIPアドレス

124.63.19.12

135.79.13.57

プライベートIPアドレス

192.168.1.1

192.168.1.1

192.168.1.2

192.168.1.2

192.168.1.3

192.168.1.3

同じIPアドレスを再利用可能

━━━━━[第2層]データリンク層

　データリンク層では、物理的に接続された2つの機器間での通信を提供します。たとえば、1個1個のルーター間の通信などがこれに当たります。また、それらの機器間をつなぎ、情報が伝達する伝送路のことを**リンク**(*link*)と呼びます。0と1のビット列から成るデータを、**フレーム**(*frame*)と呼ばれる一つのまとまりとして構成し、定められた手順に則って送受信を行います。

　その通信手順を定める規格にもさまざまなものがありますが、オフィスや家庭で一般的に使用されている有線LANでは、その規格の総称として**イーサネット**(*Ethernet*)というものがあり、その具体的な仕様はIEEE 802.3にて定められています。また、最近ではLANケーブルを用いず、電波で通信を行う無線LANも広く普及しています。これはIEEE 802.11という規格に基づいています。

　規格によっては、リンク間におけるデータの消失をある程度補償するための機構が備わっています。これを**媒体アクセス制御**(*Medium Access Control*、**MAC**)と呼びます。たとえば、IEEE 802.3では複数のルーターからの信号が同時に受信側のルーターに到達してしまうと衝突(干渉)となり、正確にデータの復元ができません。

　そこで、事前にデータが到着する時間を予測し、それを回避するように送信時間を調整しています。衝突が生じてしまった際には、フレーム単位での再送を行います。ただし、それでも衝突が避けられず、頻発するようであれば再送を断念

します。後は上位のより確実な再送プロトコルにお任せするわけです。

WAN（*Wide Area Network*）における専用回線の通信に用いられる **PPP**（*Point-to-Point Protocol*）、VPN（*Virtual Private Network*）で用いられる **PPTP**（*Point-to-Point Tunneling Protocol*）や **L2TP**（*Layer 2 Tunneling Protocol*）もデータリンク層に該当します。

──────[第1層]物理層

情報ビット列を電気ないしは光の信号に変換し、同軸ケーブルや空間、または光ファイバーといった媒体[注4]を介して情報の伝送を行います。

LANケーブルでよく目にする10BASE-Tや100BASE-TX等がその物理層規格の名称です。それらの名称に表れているとおり、ケーブル等の媒体によって通信可能なデータ量は決まっています。

一方、無線通信の場合、情報伝送の媒体は「空間」であるため、特別な名称はありません。ただ、信号は電波に乗せられて空間へ放射されるわけですが、その信号を乗せる周波数（**搬送波**）や情報を伝送可能な量（**帯域幅**）はあらかじめ法律で定められています。無線通信は空間を媒体として実現されることから、すべての人が利用可能な共有の資源であるためです。

TCP/IP　実装や実用性を主眼に置いたモデル

OSI参照モデルと同様の階層型プロトコルの概念として **TCP/IP**（TCP/IP階層モデル、TCP/IPモデル）があります。この概念は、インターネットの研究をしていた DARPA（*Defense Advanced Research Projects Agency*、アメリカ国防高等研究計画局）に由来していることから「DARPAモデル」と呼ばれることもあります。実際には、ほとんどのアプリケーションはOSI参照モデルではなく、TCP/IPに準拠しています。両者の対応関係と、該当するプロトコルの例を**図1.5**に示します。

OSI参照モデルにおけるセッション層（第5層）以上は、TCP/IPではアプリケーション層に属しており、ほとんどの機能は個々のアプリケーションによって実装されます。前節のHTTPの例でも述べたように、セッション確立の機能はHTTPの一部として動作していますし、文字コードの変換や動画の圧縮形式もアプリケーションで指定するのが一般的です。

注4　第2層で述べた「リンク」がこれに該当します。

　このように、**TCP/IP**がOSI参照モデルのような機能別ではなく、「実装や実用性を主眼にしてモデル化されている」という背景があり、そのために現在広く普及してきたということが言えます。ただ、使われていないからOSI参照モデルは必要ないということではありません。より細分化されたOSI参照モデルは個々の必要な機能を明確に把握できることから、基礎知識を身につける上では重要なモデルです。

────── RFC

　インターネット技術の標準化などを行うIETF(*Internet Engineering Task Force*)が発行している技術仕様群として、**RFC**(*Request For Comments*)があります。

　このRFCの中に、TCP/IPに関わるプロトコルの標準仕様が記載されています。それぞれのプロトコルが記述された文書には番号が割り振られており、すべてインターネット上に公開されています。これらの文書を参照することで、誰でも機能を理解したり、実装することができるのです。

　基本的な仕様は、UDPはRFC 768、IPはRFC 791、TCPはRFC 793にそれぞれ記載されています。追加機能や拡張が新たなRFCとして定義されることもありますし、逆に廃止されるものもあります。たとえば、TCPアルゴリズムのバージョンとしてReno(詳細は第3章で後述)について記載された最初のRFCは2581ですが、これはRFC 5681によるアップデートにより廃止されています。なお、廃止後もドキュメントとしては残っており、現在も参照可能です。いくつかの例を**表1.1**にまとめます。

図1.5　　**プロトコル階層モデルとプロトコルの対応関係**

OSI参照モデル	TCP/IP階層モデル	プロトコルの例
アプリケーション層	アプリケーション層	HTTP、FTP、DHCP、SMTP、POP、Telnet
プレゼンテーション層		
セッション層		
トランスポート層	トランスポート層	**TCP**、UDP
ネットワーク層	インターネット層	IP、ICMP
データリンク層	ネットワークインターフェース層	イーサネット、PPP IEEE802.3、IEEE802.11
物理層		

階層モデルにおけるデータのフォーマット

　階層化されたプロトコルによる通信手順を実現するためには、おもに**ヘッダー**（*header*）という付加情報が用いられます。ヘッダーには、アプリケーションでやり取りされる情報ではなく、それぞれのプロトコル階層において必要となる情報が格納されます。IPであればアドレス情報、TCPではデータの順序番号や再送制御に関する情報等がここに記載されます。つまりヘッダーが表すのは、各階層における役割を実現するために、あらかじめフォーマットが定義された情報です。

　図1.6にTCP/IP階層モデルにおけるデータのフォーマットを示します。本来送りたいデータ部に、上位の階層から順にヘッダーが付与されていきます。ヘッダーは情報の伝送には直接寄与しないため、伝送効率を下げる要因ともなります。これを「オーバーヘッド」（*overhead*）と呼びます。たとえば、1500バイトのイーサネットフレームのうち、TCPヘッダーが60バイト、IPヘッダーが20バイトとすると、アプリケーション層以上で有効なデータは1420バイトとなります。これに加えて、イーサネットのヘッダー14バイトと、フレーム末尾に付与される誤り検出のためのFCS（*Frame Check Sequence*）4バイトを考慮すると、伝送効率は$1420/(1500 + 18) \times 100 = 93.5\%$となります。

表1.1 RFCの例

RFC番号	タイトル	概要
RFC 768	User Datagram Protocol	UDP基本仕様
RFC 791	Internet Protocol	IPv4基本仕様
RFC 793	Transmission Control Protocol	TCP基本仕様
RFC 2001	TCP Slow Start, Congestion Avoidance, Fast Retransmit	スロースタート、輻輳回避、高速再転送アルゴリズム
RFC 2460	Internet Protocol, Version 6 (IPv6) Specification	IPv6
RFC 3550	RTP: A Transport Protocol for Real-Time Applications	UDPに時間情報を追加
RFC 5681	TCP Congestion Control	Reno
RFC 6582	The NewReno Modification to TCP's Fast Recovery Algorithm	NewReno

図1.6 TCP/IP階層モデルにおけるデータの構成例（各種ヘッダー＋データ）

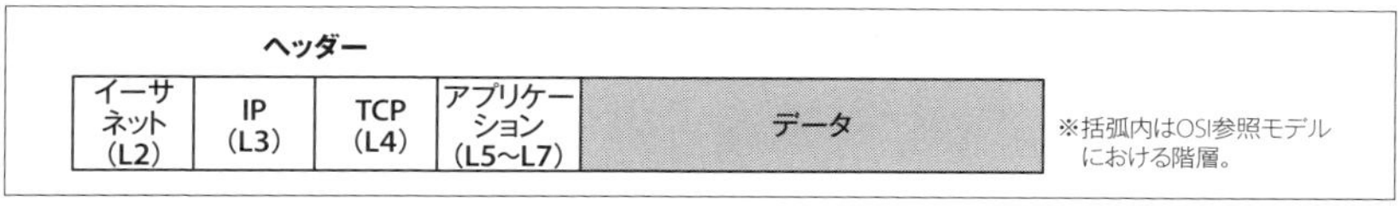

ヘッダー					
イーサネット (L2)	IP (L3)	TCP (L4)	アプリケーション (L5~L7)	データ	※括弧内はOSI参照モデルにおける階層。

　このように、ヘッダーはさまざまな機能を加えるためにいくらでも設ければ良いというわけではなく、必要な情報を最小限にとどめるよう定義される必要があります。

　各プロトコル階層は、基本的には自身のレイヤーにおけるヘッダー情報しか参照できません。そのため、上下の階層との情報のやり取りを行うためには、それを実現するためのプロトコルを定義する必要があります。

プロトコル階層に基づく通信の手順

　階層モデルにおける通信の手順を**図1.7**に示します。サーバーのような、ある通信ホストから、インターネットを経由して宅内等のLANに属するクライアントPCまでの流れを例に取り、説明します。

　クライアントからサーバーへ通信要求が届いた後、送信側となるサーバーのアプリケーションからデータが送り出されます。当該データには各階層におけるヘッダーが順番に付与され媒体を通して次の機器、ルーターに転送されます。まず、アプリケーション層では、そのデータフォーマットに関する情報などをヘッダーに記載してこれをデータに付与し、下位層であるトランスポート層へ渡します。

　トランスポート層では、アプリケーションから指示された情報に基づいてTCP/UDPを判断し、用いるプロトコルに応じた制御情報をヘッダーに記載して新たにデータに付与し、次のインターネット層へ受け渡します。インターネット層は、最終宛先と次に転送すべきルーター❶に関する情報を取得し、これを新たなヘッダーに記載して付与し、下位のネットワークインターフェース層へ渡します。

　ネットワークインターフェース層は、通信方式に応じてあらかじめ定義されたフレ

図1.7　プロトコル階層における通信手順

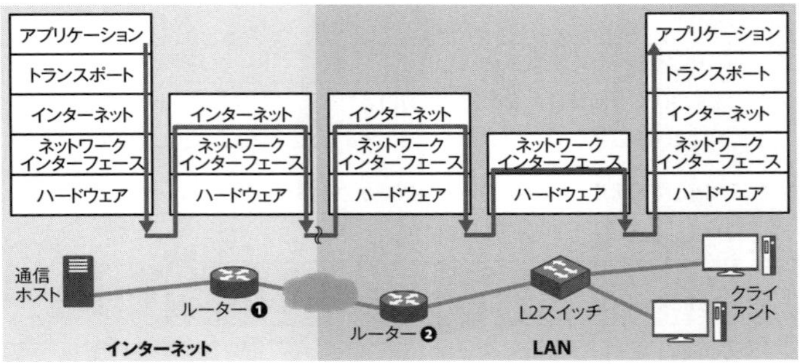

ーム形式に合致するようにデータを整形します。そして、物理アドレス情報や制御情報等をヘッダーとしてさらに付与し、パケットを構成します。パケットデータはハードウェアで電気信号へと変換され、通信相手へと送信されます。このハードウェアのことを NIC (*Network Interface Card*、ネットワークインターフェースカード) と呼び、物理アドレス (*Media Access Control address*、MACアドレス) はこのNICごとに割り振られています。データはケーブル等の物理的な媒体を通して伝送されます。

　次に、データを受信したルーター❶の処理の流れです。ハードウェアにて電気信号から情報信号へと変換された後、ネットワークインターフェース層のヘッダーを参照して自身宛のデータを受信したと判断できれば、このヘッダーは取り除かれ、上位のインターネット層へと渡されます。インターネット層ではヘッダーを参照し、次に転送すべきルーターが❷であることを把握し、これを宛先情報として新たにヘッダーに記載して下位層へデータを渡す、という処理を行います。ここでは、上位の階層には渡りません。データは、ネットワークインターフェース、ハードウェアを介して、次のルーターへと転送されます。

　同様の手順にて、データはインターネット上をいくつかのルーターを経由して宛先となるクライアントPCの属するLANへと到達します。その入り口となるルーター❷を介して、レイヤー2 (*Layer 2*、L2) スイッチへと転送されていきます。L2スイッチは、上位のルーター❷が構成するネットワーク (LAN) 内のデータのMACアドレス管理および配送を行います。その名のとおり、ネットワークインターフェース層においてのみ処理が完結します。そのため、どのIPアドレスへ配送を行うべきか、IPアドレスとMACアドレスとの対応関係が必要になります。

　ルーター等の第3層以上で通信を行う機器は、第2層のMACアドレスと第3層のIPアドレスとを対応づけるテーブルを持っており、これは ARP (*Address Resolution Protocol*、アドレス解決プロトコル) により事前に作成されます。ルーター❷はこれを参照して、最終宛先となるPCのMACアドレスを取得し、L2スイッチへとデータを転送するのです。そして、L2スイッチは転送先のMACアドレスを参照し、宛先の通信機器へとデータを転送します。

　最終宛先となるクライアントPCは、受信したデータから各層におけるヘッダーを参照し、それが自らに宛てられたものであることを確認しながら上位の階層へ渡していきます。また、トランスポート層では (TCPの場合)、データの順序が合っているか、途中で消失したデータがないかを確認し、その情報を送信元へ確認応答 (*Acknowledgement*、ACK) として返送します。そして、データを上位のアプリケーション層へと渡し、データを適した形式に変換します。

　上記の例のように、データの転送には機器ごとに必要となる階層でのみ処理を行えば良いことがわかります。ネットワークの構成によってデータの転送経路は異なります。たとえば、物理層における伝送路を延長するためにリピーター（*repeater*、中継器）を経由する場合もありますし、複数のサーバーへの負荷分散を行うレイヤー4-7（*Layer 4-7*、L4-7）スイッチ等もあります。

1.2
トランスポート層と通信の信頼性
データを宛先まで順序誤りや消失なく転送する

　ここから、トランスポート層について少しずつ掘り下げていきます。

通信の信頼性

　先述のトランスポート層の説明で「通信の信頼性」とありましたが、その指し示す意味は広く曖昧です。本書における**通信の信頼性**とは「送信元から送信されたデータを、宛先まで、順序誤りや消失なく転送すること」と定義します。

ネットワークの輻輳　中の状況を外から見ることができない巨大なネットワークで起きる問題

　ネットワークを構成するそれぞれの通信機器は、ケーブル等で物理的に接続されています。それらの通信媒体は、単位時間当たりに伝送可能なデータ量に限りがあります。また、ルーター等の機器自体にも単位時間当たりに処理可能なデータ量には上限があります。こういった制約から、ネットワークにデータをいくらでも伝送できる、というわけではありません。多くの機器が同時に通信しようとして大量のデータが送り出されてしまうと、ネットワークは機能しなくなります。

　ルーター等の機器は、パケットを待機させるための記憶領域として**バッファ**（*buffer*）を備えています。バッファの容量を超えるデータが届いてしまった場合、それらは受け付けることができません注5。

注5　「バッファが溢れる」などと言います。

また、複数のルーターからのデータを同時に受信（**衝突**）することによっても、一部のデータは破損してしまいます。

これらのような状況が発生することを**輻輳**と呼びます。輻輳が発生する箇所を特定し、機器をアップデートする等して直接的に対処できれば良いのですが、ネットワークはとてつもなく巨大であり、そのような作業は至難の技です。

インターネットは、雲のように中の状況を外から見ることができません（**図1.8**）。輻輳が起こったかどうかを知るためには、間接的な手段を取る必要があります。

通信における要求条件　Web、動画、ゲーム……。アプリケーションごとにまったく異なる要求

通信端末の高機能化やスマートフォンの普及とともにインターネットは私たちの生活に深く浸透し、もはや欠かせないものとなっています。メールやSNS（*Social Networking Service*）に始まり、音楽/動画コンテンツの視聴やデータのやり取り……すべてインターネットを経由してやり取りが行われています。最近ではオンラインゲームやWebカメラ映像の常時配信など、リアルタイムに、常にインターネットに接続しながら通信を行うアプリケーションも増えてきました。

このような背景から、通信トラフィックは年々増加し続けています（後出の図2.15等を参照）。その一方で前節にも述べたとおり、ネットワークでは輻輳によるデータの消失がたびたび生じています。しかし、私たちは常に正確にメッセージを受信し、コンテンツを閲覧できています。これは、データの消失を補償し、ネットワークの輻輳を制御する仕組みがトランスポート層によって実現されているためなのです。

表1.2は、アプリケーションに要求される通信品質の一例です。音声通話にはリアルタイム性が求められ、Web閲覧やファイルのダウンロードには信頼性が求められます。ストリーミングと言えば動画の視聴サービスを思い浮かべますが、

図1.8　インターネット

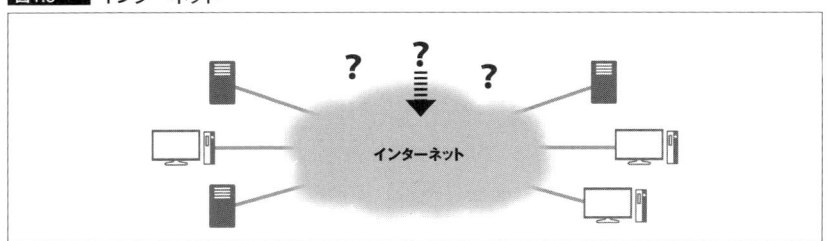

表1.2	アプリケーションによる要求条件		
アプリケーション	信頼性	リアルタイム性	特徴
Web閲覧	○	—	ある程度時間はかかっても良い。データが欠けると情報を得られない
ファイルダウンロード	○	—	時間はかかっても良い。データが一部でも欠けると情報を得られない
音声/ビデオ通話	—	○	双方向。多少途切れてもコミュニケーション可能
ストリーミング	△	○	一方向、途切れるとストレス
オンラインゲーム	○	○	遅延、途切れは致命的

最近ではインターネットラジオや音楽のストリーミング再生のサービスも増えてきています。また、オンラインゲームのようにリアルタイム性、信頼性ともに欠かせないものもあります。ネットワークを介して接続される通信機器には、それらの要求条件を満たすために適した通信方法が求められます。

トランスポート層の役割

　通信の信頼性を保証する仕組みはどこで動いているのでしょうか。TCPは、OSI参照モデルのトランスポート層（第4層）で定義されています。トランスポート層は、機器間におけるデータの通信や信頼性の保証に関する通信手順を定めます。

　前述のとおり、アプリケーションによって要求条件は様々です。個々のアプリケーションの制作者が、それらを満足するような機能を一つ一つ作り込むのでは負担が増えてしまいます。そこで、すべての通信機器が備えるべき標準機能として、いくつかのプロトコルを提供するようにしました。すべての要求に応えられるようにたくさんのトランスポートプロトコルを作るのも困難なため、最低限必要な基本サービスとして、TCP、UDPという2種類のプロトコルが作られました。

1.3
UDPの基本
コネクションレス型のシンプルな機構

　TCPの説明に入る前に、シンプルな機能のみを備えるUDPの概要から説明します。機能がシンプルだからと言って使われていないわけではなく、これに適したアプリケーションは様々あります。

UDPの基礎知識　コネクションレス型

　UDP（*User Datagram Protocol*）は、RFC 768にその仕様が記載されています。信頼性を提供するための複雑な制御は一切行わず、**コネクションレス型**の通信（*connectionless communication*）を提供します。

　図1.9に示すように、アプリケーションから渡されたデータを、そのままネットワークへ送出します。実際にUDPが行う機能は、相手先へのデータ転送を実行することと、チェックサム（第3章で後述）によりデータが壊れていないかを確認することのみです。後述するTCPの機能である再送制御を行うと、その分データ転送に遅延（*latency*、レイテンシ）が生じることからUDPではそのような制御は行いません。

　UDPは、信頼性よりもリアルタイムでのデータ転送を重視しています。ヘッダーも8バイトと非常にシンプルであり（ヘッダー構成等は3.1節で後述）、オーバーヘッドが少なくTCPと比べ転送効率が良いと言えます。

ユニキャスト、マルチキャスト、ブロードキャスト

　また、UDPは複数の相手先に同時にデータ転送をすることも可能です。**図1.10**にデータ送信方法の分類について示します。

　ユニキャスト（*unicast*）は、単一の通信相手に対してデータを転送する方法です。**マルチキャスト**（*multicast*）は、決められた複数の相手に対して、同時にデータを

図1.9　UDP

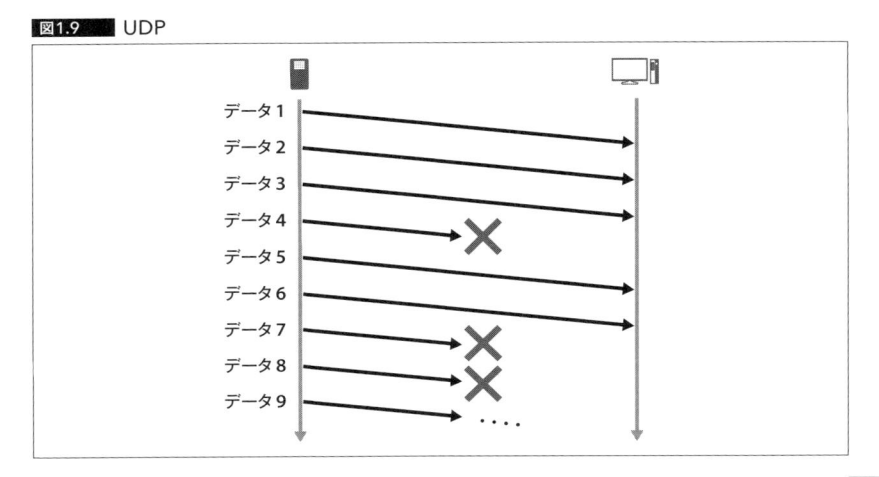

転送します。**ブロードキャスト**(*broadcast*)は、不特定多数の相手に対して、同時にデータを送信する方法です。

　TCPはユニキャストに分類され、対してUDPはユニキャスト、マルチキャスト、ブロードキャストのすべてに対応します。

━━━━ UDPとアプリケーションプログラムにおける信頼性の確保　RTP、RUDP

　なお、UDPを利用しつつ信頼性を確保するためには、それを利用するアプリケーションプログラムにおいて制御を行う必要があります。たとえば、シーケンス番号やタイムスタンプ機能を追加し、リアルタイム性を持たせたRTP (*Real-time Transport Protocol*、RFC 3550)や、シーケンス番号や確認応答、再送機能を追加したRUDP (*Reliable User Datagram Protocol*、1.6節で後述)等があります。

UDPに適したアプリケーション　動画ストリーミング、VoIP、DNSなど

　UDPに適したアプリケーションとして、どのようなものがあるのでしょうか。たとえば、動画ストリーミング、VoIP (*Voice over IP*)のような音声通話やビデオ通話などがその代表的な例と言えます。もしくは、1つのクエリーに素早く1つの応答パケットを返すだけで良いものとして、DNS、RIP、DHCP、NTPなどもUDP上で動作しています。

　近年では動画の高精細化や音声通話のIP化が進んでいるため、UDPトラフィッ

図1.10　データ送信方法の分類

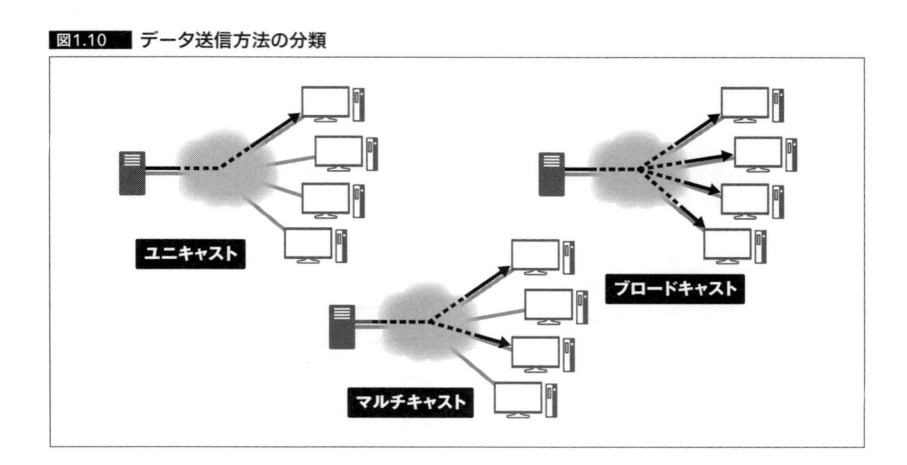

クは増加の傾向にあり、TCPトラフィックを圧迫しつつあります。そこで、TCP
トラフィックへの影響を考慮したUDPの改良版として、UDPにレート制御の機能
を取り入れたTFRC（*TCP Friendly Rate Control*、RFC 5348）が2003年に考案されて
います。

　また、HTTPは通常トランスポート層にTCPを用いますが、UDPをベースとす
る改良版のQUIC（*Quick UDP Internet Connections*）と、これをトランスポート層と
して動作するHTTP/3が普及しつつあります。QUICについては以下のコラムでも
う少し詳しく触れます。これまで、TCPの各バージョンやIPv6など、プロトコル
階層の概念に基づきそれぞれの機能は進化してきました。しかし、このQUICの
ように、プロトコル階層にとらわれることなくアプリケーションレベルで信頼性
を保証する機能が個別に実装されていく、という時代も来るかもしれません。

Column

QUIC　UDPベースで信頼性の高い通信路を高速確立

　QUICは、原稿執筆時点（2019年5月）で、IETFにおいて仕様策定が進められて
いるトランスポート層プロトコルです。「HTTP-over-QUIC」と呼ばれていたもの
が、2018年末にIETFにおいて正式に「HTTP/3」と呼称されるようになるなど、今
後HTTPの下位レイヤーのプロトコルとして利用されることが期待されています。
なお、IPのバージョンにはとくに関わりはありません。また、セキュリティ確保の
ためにTLS 1.3[注a]を使用し、すべてのコネクションを暗号化することが前提となっ
ています。QUICは現在標準化が進められている途中の状態であり、仕様について
は今後も修正が加えられていく見込みですので、ここでは詳しくは触れません。細
かな動作等については、インターネットを通じて最新情報を調べる必要があります。

　QUICが開発された大まかな目的としては、HTTP通信の高速化が挙げられます。
すなわち、従来のTCPでは接続開始時に3ウェイハンドシェイク（第3章で後述）が
必要であり、その後でTLSのコネクション確立を行うため、セグメントの送出から
それに対応するACK（後述）が返答されるまでの往復遅延時間（RTT、後述）が長けれ
ば長いほど、データ送信が開始されるまでに時間を要します。これに対して、QUIC
はUDPベースであり、コネクション確立とTLS確立を同時に行うため、0または1
往復遅延時間でデータ送信が開始されます。また、TCPではパケットロスが生じた
際に当該データの再送が完了するまで処理が停止する「ヘッドオブラインブロッキン
グ」（*head-of-line blocking*）と呼ばれる事象が問題になります。この点についても、
QUICではパケットロスの有無によらずに届いたパケットから順番に処理すること
が可能であり、効率性が高くなります。

....

注a　TLS（*Transport Layer Security*）1.3。通信相手の認証、通信内容の暗号化、改ざんの検出
　　　により、セキュアな通信を実現するためのプロトコル。2018年3月にIETFにより承認され
　　　た「TLS 1.3」が現時点での最新版（RFC 8446）。

1.4

TCPの基本
信頼性の保証とリアルタイム性

いよいよ、TCPを中心とした解説に入ります。まずは、UDPとの比較を行いながらTCPの特徴について見ていきましょう。

TCPの基礎知識 　コネクション型

TCPの基本スペックは、RFC 793に規定されています。

TCPは**コネクション型**(*connection-oriented communication*)と分類され、送受信を行う機器間で通信の開始と終了を確認します。データ転送時には、送信側はデータを送信し、受信側はそれに対するACKを返すことによって、両端のホスト間でデータが届いたかどうかを確認し合いながら**確実にデータ転送**を行います。また、TCPは、通信する両者が同時にデータを送受信可能である**全二重通信**を提供します。TCPでは、データの転送単位を**セグメント**(*segment*)と呼びます。

ネットワークの状況によっては宛先へ到着するセグメントの順序が前後することがありますが、TCPでは**順序**の管理も行います。

ネットワークの混雑状況を推測しながら**送信するセグメントの量を制御**し、消失したセグメントについては**再送制御**を行うなど、end-to-end間において信頼性の高い通信を実現します。

TCPとUDPの機能や特徴

TCPとUDPがそれぞれ備える機能を**表1.3**にまとめます。この表からもわかるように、UDPは非常にシンプルである一方、TCPは多くの機能を備えていることがわかります。

機能の違いから見られるTCPとUDPの特徴を**表1.4**にまとめます。

表1.3 　TCPとUDPの機能比較

名称	機能
TCP	コネクション管理、シーケンス番号、再送制御、順序制御、輻輳制御、チェックサム
UDP	チェックサム

TCPはACKを受け取った後にのみ新たなデータを送り出すことや、再送機能を有することから信頼性を保証する代わりに**リアルタイム性が低い**と言えます。

一方で、UDPは、データが消失したり順序が入れ替わったとしてもかまわずデータを送信し続け、受信側は到着したデータをすぐにアプリケーションに渡すため、信頼性は低下しますがリアルタイム性が高いと言えます。

通信相手の数の観点から比較すると、TCPは**ユニキャスト**のみ対応するため、複数の相手と通信をしたい場合には、通信したいすべての相手に対してコネクションを確立しなければなりません。

転送タイプについては、TCPは**ストリーム型**と呼ばれ、アプリケーションプログラムが送信したいデータをいったんTCPで加工（効率の良いサイズに仕切り直し）してから順序正しくネットワークに転送します。UDPはその名のとおり**データグラム型**と呼ばれ、前節で述べたとおり、アプリケーションプログラムが送信したいデータにそのままUDPのヘッダーを付与してネットワークに転送します。

TCPに適したアプリケーション　確実にデータを転送する

リアルタイム性よりも、確実にデータを転送する必要があるアプリケーションには、TCPが用いられます。Web閲覧において機能するHTTPや、メールの配送に使われるSMTPが最も代表的な例と言えます。ファイルのアップロード/ダウンロードに用いられるFTPもTCP上で動作します。

最近では、YouTubeなどの動画視聴サービスには一部でTCPが用いられているようです。動画をリアルタイムで再生するのではなく、TCPでデータを少しずつダウンロードしながら再生しています。こうすることで動画の途切れをなくし、視聴者のストレスを解消することができます。その他、各金融機関や銀行と利用者のコンピューターを接続する方式（全銀協標準プロトコル、2023年に廃止予定）にも用いられています。明らかに、データの消失が許されないアプリケーションと言えるでしょう。

表1.4　**TCPとUDPの特徴比較**

名称	転送タイプ	信頼性	リアルタイム性	通信相手の数	輻輳制御
TCP	ストリーム型(*streaming*)	ある	低い	1対1	あり
UDP	データグラム型(*datagram*)	ない	高い	1対1、1対多	なし

1.5
TCPの基本機能
再送、順序制御、輻輳制御

TCPは信頼性のある通信として、**再送**（消失データの補償）や**順序制御**に加え、輻輳をできるだけ回避しながら効率良くデータを転送する機能（**輻輳制御**）を備えます。ここでは、その機能を実現する構成要素を概説します。

コネクション管理

TCPでは1対1でコネクションを確立し、データとACKをやり取りすることにより信頼性を保証します。

コネクション型の通信の大まかな流れを**図1.11**に示します。まずは、送受信間でのコネクションを確立します。詳細は第3章にて説明しますが、**コネクション管理**（*connection management*）にはTCPヘッダーに含まれるフラグ領域を用います。コネクションの確立後、送信側はデータ転送のフェーズに移ります。データの転送が完了したら、最後にコネクションの切断を行います。このようにして、通信の開始から終了までを確実に管理します。

図1.11　コネクション型の通信

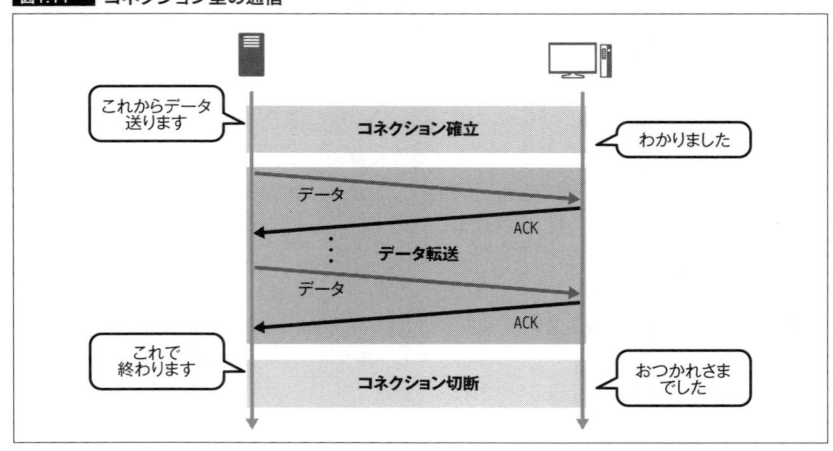

シーケンス番号

　セグメントの順番を保証し、また、その消失を検出するために、送信するセグメントには**シーケンス番号**(*sequence number*)が付与されます。これは、1バイト単位でカウントされます。たとえば、一度に送信するデータ量[注6]が1000バイトの場合、シーケンス番号は1回の送信ごとに1000ずつ増えることになります。受信側は、次に受信したいシーケンス番号をACKに格納して送信側に返します。

　図1.12に、データとACKのやり取りの例を示します。シーケンス番号が3001で1000バイトのデータを送った場合、受信側は4000までのシーケンス番号のデータを受け取ったことになります。次に受け取るべきシーケンス番号は4001なので、ACKに記載されるシーケンス番号(**確認応答番号**)は4001となります。送信側では、受け取ったACKに含まれるシーケンス番号を参照し、該当するセグメントからMSS分のデータを送信します。

　このように、送受信双方でシーケンス番号を参照しながらデータのやり取りを行うためには、送受信両方のTCPモジュールでシーケンス番号の初期値とACK番号の初期値を一致させておく必要があります。この初期値の設定はコネクション確立時に行われます。

....

注6　これをMSS(*Maximum Segment Size*、最大セグメントサイズ)と呼びます。詳しくは第3章で後述。

図1.12　シーケンス番号

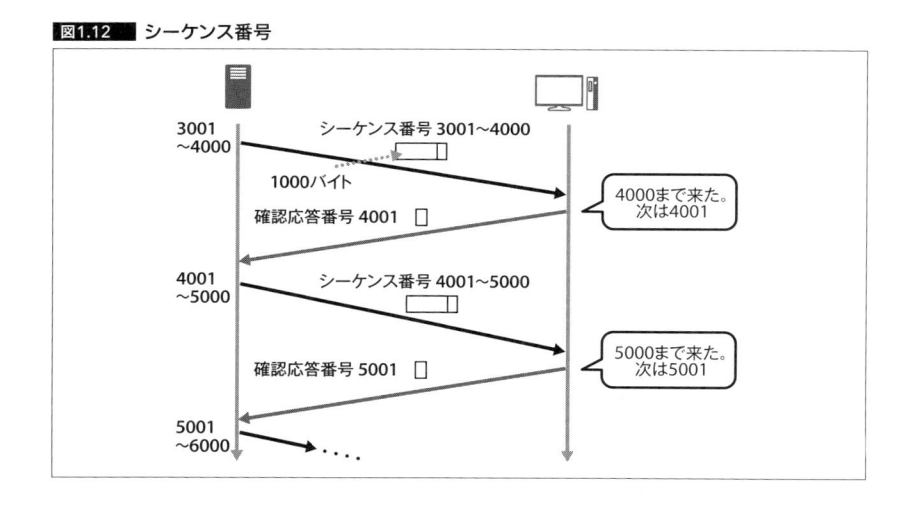

再送制御　再送タイマー、RTT、ACKの利用

　消失したパケットは、**再送**(*retransmission*)することによりこれを補償します。TCPにおける**再送制御**(*retransmission control*)では、どのパケットが消失したのかを、どのようにして知るのでしょうか。

　最も基本的な方法は**再送タイマー**(*retransmission timer*)を用いることです。TCPでは、セグメントの送出からそれに対応するACKが返答されるまでの時間をRTT(*Round Trip Time*、往復遅延時間)として継続的に計測しています。このRTTよりもやや大きい時間をRTO(*Retransmission Time Out*、再送タイムアウト)として算出しておきます。送出したシーケンス番号のセグメントに対してタイマーをセットし、これに対応するACKがRTOを経過しても届かないのであれば、当該セグメントは消失したものと判断し、再送を行います(**図1.13**)。TCPでは、このデータ消失をネットワークの輻輳が原因と考えます。

　もう一つの方法は**ACKを利用する**ことです。前述のとおり、受信側は次に受け取るべきシーケンス番号をACKに載せて返送します。また、これはまだ受け取っていないシーケンス番号とも言えます。受信側は未受信のセグメントがある場合、当該セグメントが届くまで同じシーケンス番号を記載したACKを返送し続けます。すると、送信側は同じシーケンス番号を要求するACKを複数回受信することになります。これを3回重複して受け取った場合、当該セグメントを消失したと判断し、再送を行う「高速再転送アルゴリズム」も考案されています(第3章で後述)。

図1.13　**タイムアウトによる再送**

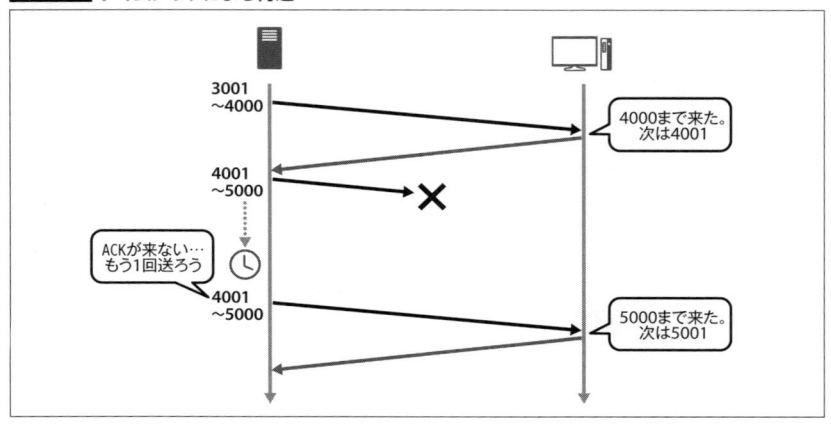

順序制御

　ネットワークを介して送られたデータは、その順番どおりでなければ復元できません。TCPヘッダーにはシーケンス番号が付与されているので、受信側ではこれを参照/記憶しておき、受け取ったセグメントが正しい順番となるよう整理します（**図1.14**）。この**順序制御**（*sequence control*）も、通信の信頼性を確保する上で重要な機能です。

ポート番号

　TCPおよびUDPには、それぞれ**ポート番号**（*port number*）が定義されています。これはアプリケーションごとの通信セッションやTCP/UDPのコネクションの識別のために使われます。ポート番号とアプリケーションは基本的には対応関係があります（**表1.5**）。なかには見覚えのある数字があるかもしれません。

　となると、ポート番号とトランスポート層プロトコルにも対応関係がある、と思われそうですが、TCPでもUDPでも、同じポート番号を利用することが可能です。アプリケーション側からデータを送信する場合には、TCP/UDPの使い分けを指定することができますが、受信側がデータを受け取った場合には、TCP/UDPいずれを用いれば良いのかを判断する必要があります。

　そこで、トランスポート層プロトコルの情報をIPヘッダーに記載する領域とし

図1.14　順序制御

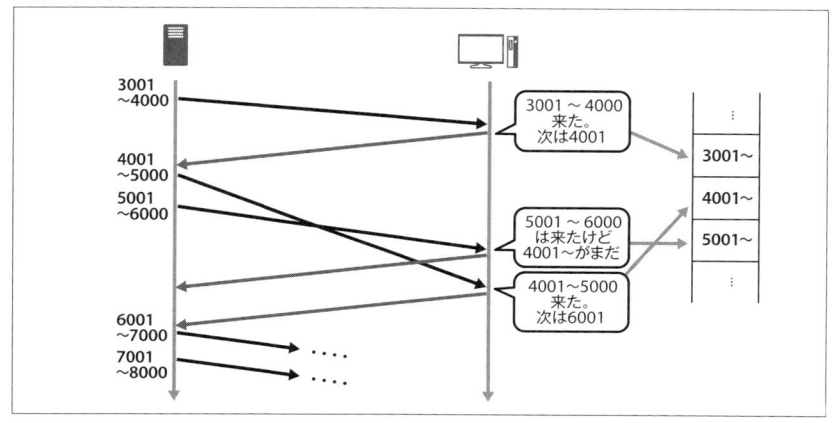

て**プロトコル番号**（*protocol number*）が用意されています。ネットワーク層ではこのIPヘッダーを参照して、どのトランスポート層プロトコルを利用すべきかを判断し、上位のTCPもしくはUDPのモジュールへとデータを引き継ぎます。

　ポート番号には3つの分類があります。上記に示したような、広く使われるアプリケーションのために用意されたウェルノウン（*well-known*）ポート、それ以外にあらかじめ登録されているレジスタード（*registered*）ポート、自由に利用可能なダイナミック/プライベート（*dynamic/private*）ポートです。

　サービスを提供する側（*server*、**サーバー**）はアプリケーションによって決まったポート番号を利用する必要がありますが、サービスを受ける側（*client*、**クライアント**）は任意のものでかまいません。クライアント側のポート番号はOSによって割り振られます。これにより、たとえば複数のWebブラウザを立ち上げる場合のように、同じアプリケーション（Web閲覧）でも複数のコネクション（ブラウザやタブ）を確立することができるようになります。

フロー制御　　ウィンドウ、ウィンドウサイズ

　送信側から受信側へデータを転送する際、送信側が送りたいだけのデータを送って良い、というわけではありません。受信側の機器にはデータを一時的に溜めておくバッファがあり、この容量を超えるデータが一度に送られてしまうと受信側はそれを受け止めきれず、バッファ溢れとなり、データが消失してしまいます。このバッファ溢れが起きないように、受信側が許容可能なデータ量を送信側に通知しながら送信データ量を調整する制御を**フロー制御**（*flow control*）と呼びます。

　TCPでは、送信側が一度に送信可能なデータの枠を**ウィンドウ**（*window*、窓）と呼び、そのウィンドウの大きさを**ウィンドウサイズ**と呼びます。

表1.5　おもなポート番号とアプリケーションの対応関係

ポート番号	アプリケーションプロトコル
21	FTP (*File Transfer Protocol*)
23	Telnet
25	SMTP (*Simple Msil Transfer Protocol*)
80	HTTP (*Hypertext Transfer Protocol*)
110	POP3 (*Post Office Protocol-Version 3*)
143	IMAP (*Interel Message Access Protocol*)
443	HTTPS (*Hypertext Transfer Protocol Secure*)

これを、送信側が持つパラメーターとして「swnd」(*send window*)と表記します。このウィンドウサイズ swnd を、受信側が受け取ることが可能な大きさに制御する必要があります。そこで、受信側では、自身が受け取ることのできるデータ量を**受信ウィンドウサイズ**として、送信側へ広告します。以降、パラメーターとして「rwnd」(*receive window*)と表記します。送信側では、この受信ウィンドウサイズ rwnd を超えないように送出するデータ量を調整します[注7]。

輻輳制御と輻輳制御アルゴリズム　Loss-based、Delay-based

フロー制御のように、通信相手先のことをまず考えてデータを送る必要がありますが、同時にネットワーク全体のことも考えなければなりません。すべての通信機器が何も考えずに送りたいだけのデータを送ってしまうと、ネットワークでは輻輳が頻発してしまいます。これを避けるために、TCPでは**輻輳制御アルゴリズム**(*congestion control algorithm*)に基づき送出するデータ量を調整します。

輻輳制御を実現する基本的な機能は、以下の3つと言えます。

❶ACKを受け取った後に、次のデータを送る

❷一度に送信するデータ量を徐々に増加させていく

❸データ消失を検知したら、送出量を減らす

これは、TCPで最も典型的な「Loss-based」と呼ばれる制御方法です。ここで、送信側が送り出したいデータ量を能動的に決定するパラメーターとして**輻輳ウィンドウサイズ**があります。これを「cwnd」(*congestion window*)とパラメーター表記します。送信ウィンドウサイズ swnd は、相手から通知される受信ウィンドウサイズ rwnd と自らが持つ輻輳ウィンドウサイズ cwnd に基づいて決定されます。基本的には、それらのうち小さい方が優先されます。❷の機能は輻輳ウィンドウサイズ cwnd を徐々に大きくすることで実現され、❸の機能は cwnd を小さくすることを意味します。

Loss-based 輻輳制御では、その名のとおりデータの消失からネットワークの輻輳を判断します。この前提のもと、最適な cwnd は輻輳が起きる前の cwnd と起きた後の cwnd の間にあると推測できます。輻輳を検出したらいったん cwnd を落として、再度少しずつ増加させながらデータを送信することで最適な値周辺となる

注7　受信ウィンドウサイズのことを「広告ウィンドウサイズ」(*advertised window*)と呼ぶこともあります。

ように制御を行います。輻輳制御では、❷によるcwndの増加方法、❸でのcwndの減少方法を状況に応じて変化させることで目的とする制御を実現します。

上記とは異なる考え方の方法として、RTTを用いるDelay-basedの輻輳ウィンドウ制御も考案されています。その詳細は第3章以降で紹介します。

無線通信とTCP

最近では、多くの通信がスマートフォン等の**モバイル端末**を介して行われています。つまり、通信経路上に**無線回線**が含まれるわけです。

また、**IoT**が普及すれば、端末1つ1つにケーブルを接続するわけにはいかず、それらは無線通信を介してネットワークに接続されるでしょう。

今後のネットワークやTCPを考える際には、**無線通信**は切り離すことはできないものになってくると考えられます。本書でも無線通信を随所で扱います。ここでは、無線通信の基本的な仕組みとTCPとの関係について述べます。

────── 無線通信の基本　最大の利点と限られた通信範囲、固定型と移動型

無線通信は、情報となる信号を電波(**電磁波**)に乗せてアンテナから空間へと放射し、それを媒体として宛先のアンテナへ届けるものです。電波は空間上に広がる形で放射されるため、電波の届く範囲であればどこでも信号を受信することができます。これが無線通信の最大の利点とも言えるでしょう。

一方で、電波の強度は距離とともに大きく減衰するため、通信可能な範囲は有線による通信と比べて限られています。一般的には、光ファイバーのような有線通信では数十km、無線通信では数百m～数kmのオーダーです。なかには、数十km伝送可能なものもあります。

無線通信には、おもに**固定型**と**移動型**の2種類があります。

固定型の無線通信(**固定通信**)とは、固定的に設置されたアンテナ間での通信のことを指します。たとえば山岳地帯や海上、都会のビル間等、有線回線を敷設することが困難なエリアに対して効率的にネットワークを展開する手段として有効です。これらの用途では、一般には送受信間が互いに見通せる環境で無線回線は構築されます注8。

注8　センサー等、一部のIoTアプリケーション端末(たとえば、スマートメーター)も固定的に設置されることが考えられますが、ここでは前述の用途をイメージしておいてください

一方、移動型の通信(**移動通信**)は、通信を行う無線機器のいずれか、もしくは両方が移動可能である場合のことを指します。人が所有する端末が主と言えます。移動可能な端末等が通信を行うとき、インターネットへの玄関口となる役割を果たすのが**基地局**(*base station*、アクセスポイント)と呼ばれるものです。

──────── 無線特有の難しさ　TCPへの影響

固定型の通信では、無線通信路の状態に変動が小さく比較的安定していますが、移動型の通信では、基地局と端末が建物等により遮られたりすることがあり、その場合は受信電力が著しく低下し、ときには通信不可となります(**図1.15**)。

また、同じ周波数の電波を使う通信が周辺に存在すれば、それは電波干渉となり、互いに通信を妨害する要因となります。そのため、ネットワークの輻輳とは異なる要因でパケットの消失が生じてしまいます。

無線通信では、受信電力等の状態に応じて伝送速度を適応的に変化させる機構も備わっています。この機構により伝送速度は時々刻々と変化することから、TCPの挙動に影響を与える要因になり得ると考えられます。

加えて、前述したように、無線による通信可能距離は短いことから、どこでも通信を可能とするためには、基地局を面的に多数設置し、端末の移動に応じて接続先となる基地局を切り替える必要があります。これを**ハンドオーバー**(*handover*)と呼びます。ハンドオーバーが行われることは通信経路が変化することを意味するため、TCPの挙動にも影響を与えることが考えられます。

このように、有線ネットワークを前提に考えられてきたTCPは無線通信においては想定どおり動作しないことが考えられ、無線回線の特徴に適した対応が必要となります。その例として、W-TCPを次節で紹介します。

図1.15　2種類の無線通信環境

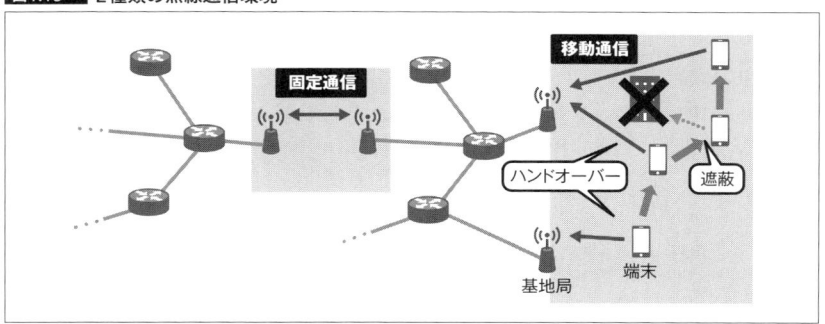

1.6
特定の用途向けのプロトコル
RUDP、W-TCP、SCTP、DCCP

　モバイル通信の高度化をはじめ、ネットワークの利用環境は変化してきています。本節では、それぞれの用途/環境に適応できるように考案されたトランスポート層プロトコルを簡単に紹介します。将来的な発展も見据えた、新たなTCPの方向性については、第7章にて詳しく紹介します。

RUDP　Reliable User Datagram Protocol

　最近では、スマートフォン上でのオンラインゲームが普及しています。協力プレイや対戦プレイを、世界中のユーザーと行うことができるようになりました。オンラインゲームは通信が途切れてしまっては困ります。とくにアクションゲームでは相手の動作等を常に反映しなければならないため、高信頼な通信をリアルタイムに実現しなければなりません。

　つまりはTCPとUDP両方の特徴が求められるのですが、これまでに述べたとおりその特徴は相反するものです。そこで、UDPをベースに、信頼性を担保する機能として、

- シーケンス番号
- ACK
- 再送機能
- フロー制御

を付加したRUDPが考案されました[注9]。前述のとおり、フロー制御とは、受信側の状況に応じて送信側のウィンドウサイズ swnd を調整する機能のことです。

　RUDPの機能はTCPに近いものがありますが、これをTCPよりも少ないオーバーヘッドで実現しています。TCPヘッダーのサイズは20〜60バイトであるのに対し、RUDPのヘッダーサイズは12バイトです。オンラインゲームは入力と応答が

注9　RUDPは現在、標準化としての提案はされておらず正式な規格ではありません。1999年のIETFインターネットドラフトでの記述に留まっています。

ネットワークを経由して頻繁に行われる全二重通信です。この特徴を利用し、RUDPでは送信するデータにACKの機能も付加する（つまり、データのついでにACKも送る）ようにしています。これにより、ヘッダーのオーバーヘッドを削減できるため、効率化を実現できます。これに加えて「再送」を実施すれば、リアルタイム性と信頼性を両立することが可能となります。

W-TCP Wireless Profiled TCP

W-TCPは、「TCP over 2.5G and 3G Wireless Networks」（RFC 3481）として定められています。その名のとおり、第2.5世代から第3世代の携帯電話通信に特化したTCPということになります。1.5節で触れましたが、無線通信は有線通信路とは異なる要因でパケット消失や伝送レートの変動が生じます。これは建物による遮蔽や反射、端末の移動によって電波の伝搬路が大きく変動するためです。

そこで、無線端末と接続サーバーとの間にゲートウェイ（*gateway*）[注10]を設置し、無線端末とゲートウェイ間にW-TCPを、ゲートウェイと接続サーバー間に通常のTCPを適用します。これは「split-TCP」としてRFC 2757に規定があります。これにより、端末とゲートウェイの無線区間は再送が多発したとしても、その先のゲートウェイとコンテンツサーバー間で不要な再送トラフィックが生じることを回避できます。つまり、信頼性が異なる網を分けることで、信頼性の低い無線通信路に、有線通信路の信頼性が引きずられることがないようにしているのです。

加えて、無線通信路での効率を高めるために、以下に挙げるいくつかのTCPパラメーターをチューニングしています。

- ウィンドウスケールオプション（RFC 1323）
  ウィンドウサイズは元々最大で64KB（*kilobyte*）だが、ウィンドウスケール（*window scale*）オプションでこれを超えるデータを扱えるようになる

- 最小ウィンドウサイズの拡張（RFC 2414）
  ウィンドウサイズの初期値は通常1セグメントサイズだが、これを2以上として動作させることが可能。伝送速度の大きい回線では有効

- SACK（*Selective Acknowledgement*、RFC 2018）
  通常、セグメントの消失を検出したら該当するシーケンス番号のセグメントの再送を要求するACKが返答され続ける。重複ACKによる再送において、複数のセグメントが消

注10　念のため補足しておくと、必ずしも基地局がゲートウェイとは限りません。

失した場合、2つめ以降の消失を検出するまでに時間がかかってしまう。**SACK**ではウィンドウ中で複数のセグメントが失われたときに、該当するセグメントの再送を明示的に要求することができる。これにより、的確かつ迅速に再送を行うことが可能になる

- BDP (*Bandwidth Delay Product*、帯域遅延積)に基づいた最適ウィンドウ制御

  BDPという指標に基づいて、最適なウィンドウサイズを決定する。BDPとはその名のとおり帯域幅と遅延、つまりRTTとの積により算出される。3Gの帯域幅は端末から基地局への上り回線で64kbps、反対の下り回線で384kbpsである。これに観測されるRTTを乗算する。BDPの単位はデータ量となるため、つまり送受信側において用意すべきバッファサイズの目安となる。BDPよりもバッファやウィンドウサイズを大きくとることができれば、帯域に空きを生じることなく効率の良い通信が可能になる

- タイムスタンプオプション(RFC 1323)

  広帯域の通信においては、シーケンス番号がわずかな時間で一巡してしまい、異なるデータにもかかわらずシーケンス番号が重複してしまう危険性がある。タイムスタンプ機能は、シーケンス番号とセットにして参照することで、上記のような重複を避けることがその使用目的である。一方、RTTの計測はウィンドウサイズの更新ごとに1つのセグメントを送り出してから戻ってくるまでの時間で計算/更新されるが、通信路の変動の激しい無線通信ではRTTは短時間で大きく変動する。そのため、より緻密な追従が必要となる。本来、再送されたセグメントに対してはRTTの計測は行われないが(第3章を参照)、タイムスタンプ機能を用いれば、再送セグメントに対してもRTTが計測可能となるため、より多くのRTTのサンプルを取得することができ、その平滑化精度を高めることが可能になる

- 経路上のMTUサイズ検出(RFC 1191)

  途中に複数の機器を経由してデータを送受信する場合、途中の機器で設定されている**MTU** (*Maximum Transmission Unit*、最大転送単位)の最小サイズを検出し、そのサイズでデータ送信を行う機能である。大きいサイズのままでは途中の機器でデータが分割されて送信され、転送効率の低下が起きる恐れを回避できる(この機能についても詳細は第3章を参照)

- ECN (*Explicit Congestion Notification*、RFC 2481)

  事前に輻輳状態を知り、送信側にウィンドウサイズの減少を通知する機能。経路途中のルーター等で輻輳が発生した場合、これをTCPヘッダー中のECE (*ECN-Echo*)領域を用いて送信側へ通知する。これにより、再送タイムアウトとなる前に輻輳状態を知ることができる。無線通信においては、通信環境の悪化をいち早く検出することで伝送レートの抑制等の対応を迅速に行うことが可能となる

以上のように、W-TCPでは複雑な無線通信環境に特化するためにさまざまな工夫が施されていることがわかります。無線通信においては、下位のデータリンク層においても再送制御機構が備えられており、いくつもの再送機構により安定し

た通信が実現されているのです[注11]。

SCTP　Stream Control Transmission Protocol

　SCTP（RFC 4960）は、TCPのように、信頼性の高い順序どおりのデータ配送を提供すると同時に、UDPのようにメッセージ指向で動作して、メッセージの境界を維持します。元々はIPネットワーク上で電話網のシグナリングを実現するために設計されましたが、最終的には汎用性の高いトランスポート層プロトコルとして、2000年に定義されました。これはLTE（*Long Term Evolution*）等の第4世代移動通信における制御信号のトランスポート層プロトコルとして採用されています。

　SCTPにはおもに以下の特徴があります。

- メッセージ指向

  TCPは転送データをバイト単位で扱うストリーム型のプロトコルであり、メッセージ境界を意識しない。一方、UDPはデータグラム型のプロトコルであるため、メッセージ境界は維持できるが、メッセージの順序に関しては保証を行わない。SCTPはメッセージを「チャンク」（*chunk*）という単位で扱い、メッセージの順序を保証しながらもその境界を維持できるように改良されている

- マルチホーミング（*multihoming*）

  マルチホーミングとは、複数のネットワークインターフェースを併用することで、可用性を高める技術である。たとえば有線LANとWi-Fiを組み合わせて複数の通信経路[注12]を構成し、有線LANに接続された場合には有線LANを使用、それ以外の場合はWi-Fiを使用して通信を行う、といったことが可能である

- マルチストリーミング（*multistreaming*）

  1つのアソシエーションの中に複数の転送ストリームを構成することができる。これによってたとえば、制御情報とデータの転送ストリームを分離し、制御の応答性を高めるといったことが可能になる

- 経路の生存確認

  ある一定期間データ送信に使用していない宛先アドレスに対して、その経路が使用可能であるかを判断する手法として**ハートビート**（*heartbeat*）パケットを用いる。定期的にこれ

注11　第3世代以降の携帯電話のシステムでは、HARQ（*Hybrid Automatic repeat-request*、ハイブリット自動再送要求）という機能が実装されています。TCPがend-to-end間の再送制御を行っているのに対し、HARQはデータリンク層において、単一の無線区間において適用されます。受信側にてフレームの消失を検出したら、再送要求を送る点ではTCPと似ています。送信側では同じフレームを再送するのではなく、データの一部や、復号に必要な情報の一部のみを送信します。受信側では、初回受信したデータと再送されたデータとを合成することでデータをうまく復号することができます。再送する情報を削減することで、効率的な無線伝送を実現しているのです。

注12　SCTPではこれを「アソシエーション」（*association*）と呼びます。

を送信し、ACKの返答状況を見ながら当該経路が通信に使用可能かどうかを判断する

- **イニシエーション（**initiation**、コネクションの確立）の改善**

  従来のTCPでは、悪意のあるユーザーが偽造したIPアドレスを用いて大量のSYNパケットを送信する（**SYN フラッド**、*SYN flood*）ことで接続用リソースを枯渇させる、というDoS（*Denial of Service*）攻撃に対する脆弱性が問題とされていた。SCTPでは、コネクション確立時のハンドシェイクを4ウェイ（*4-way*）[注13]とし、加えてCookieを導入することで攻撃から保護できるようにしている。一方で、コネクションの解放は3ウェイ[注14]となっている

DCCP　Datagram Congestion Control Protocol

DCCP（RFC 4340）は、UDPにおける輻輳の緩和を目的として考案されました。UDPはトラフィックをそのままネットワークに送出するため、輻輳を起こしやすいと考えられています。DCCPではTCPのようなフローベースの考え方を可能にすることで輻輳への対応を行います。輻輳の検知のためにDCCPはACKを用いますが、これはあくまで輻輳の検知のためであり、再送が主目的ではありません。ただし、再送機能を追加することも可能です。さらにECNの機能も備えていることから柔軟な輻輳制御も実現されます。信頼性と低遅延が同時に求められるようなアプリケーションにとって、DCCPは有効と考えられます。

1.7
まとめ

ネットワークにおける通信プロトコルの全体像を俯瞰し、本書の主題であるTCPの基本機能を解説しました。次章からは、TCPの歴史から詳細機能、シミュレーションを通した実動作について解説していきます。なお、トランスポート層を除くTCP/IPプロトコル群の解説については多くの良書がありますので、詳しくはそちらを参照してください。

[注13]　本来のTCPでは、コネクションの確立は3ウェイ。第3章を参照。
[注14]　本来のTCPでは、コネクションの解放は4ウェイ。

参考文献

- 「TCP詳説」(西田佳史、Internet Week 99、パシフィコ横浜、1999)
  URL https://www.nic.ad.jp/ja/materials/iw/1999/notes/C3.PDF
- 「RTP: A Transport Protocol for Real-Time Applications」(RFC 3550)
- T. Bova／T. Krivoruchka「Reliable UDP Protocol」(IETF Internet Draft、1999)
  URL https://tools.ietf.org/html/draft-ietf-sigtran-reliable-udp-00
- 石森礼二「モバイル対戦アクションゲームの通信最適化テクニック」(SQUARE ENIX オンラインゲーム・テクニカルオープンカンファレンス、2018)
  URL http://www.jp.square-enix.com/conference/2018/onlinetech/pdf/20180421_ishimori.pdf
- 「TCP over Second (2.5G) and Third (3G) Generation Wireless Networks」(RFC 3481)
- 「Stream Control Transmission Protocol」(RFC 4960)
- 「Datagram Congestion Control Protocol (DCCP)」(RFC 4340)

第2章

　TCP/IP は、その誕生以来、インターネットの普及とともに広まり、発展を続けてきました。その中で、新たな技術の登場や新サービスの普及に際して、当初のTCPでは対応できない課題が次々に顕在化してきました。

　そして、そうした課題を解決するために、**TCP** にもさまざまな改良が加えられ、現在使われている手法が徐々に確立されてきたのです。代表的な事例としては、ネットワーク上に流れるデータが増大した際、輻輳崩壊を防ぐために**輻輳制御アルゴリズムが導入された**ことなどが挙げられます。

　本章では、TCP/IP の誕生から現在に至るまでの変遷について、時代ごとの周辺技術動向や流行したサービス等といった背景に触れながら解説していきます。TCPの発展途上で現れてきた課題がどのようにして解決されてきたのか、そして、どのようにして現在のような形に至ったのかを知ることは、現在TCPで使われているさまざまな仕組みやアルゴリズムを理解するための助けになるものだと考えられます。

TCP/IPの変遷

インターネットの普及とともに、
進化するプロトコル

2.1
TCP黎明期
1968〜1980年

　TCP関連技術の動向について、いくつかの時代に分けて詳しく述べていきます。1968年にインターネットの前身であるARPANETが発足してから現在に至るまでの、TCPおよびインターネット関連の主要な出来事を年表形式でまとめましたので適宜参考にしてください（**表2.1**）。

　本節は、1968年のARPANET発足からTCPの誕生を経てTCP/IPの基本的な形が完成するまでの期間について、「TCP黎明期」として解説します。

ARPANETプロジェクト発足（1968年）　パケット交換の登場

　現在のネットワークではパケット交換が主流となっていますが、パケット交換の概念が普及する以前は「回線交換」と呼ばれる方式が一般的でした（**図2.1**）。

───── 回線交換方式

　回線交換方式とは、伝統的な電話網のように、電話をかける発信側端末から電話を受ける着信側端末まで独占的な電気的接続が行われる方法です。発信側端末と着信側端末が地理的に離れた位置にあれば、途中の経路上で複数の通信局を経由しながら、一時的な専用線を確保していきます。

図2.1　　回線交換とパケット交換

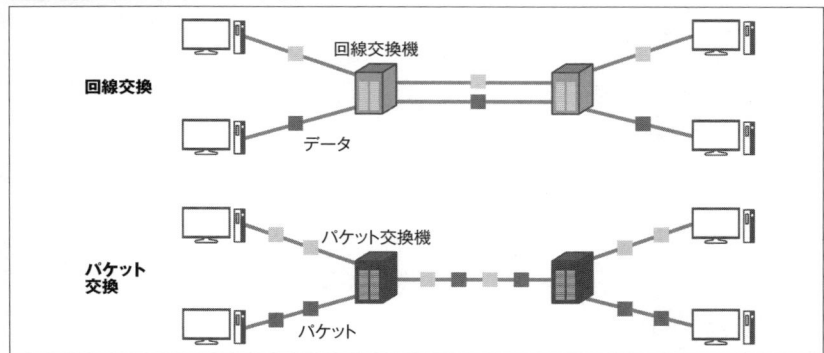

表2.1 TCPおよびインターネット関連の主要な出来事

時期	年	概要
1965年頃	1968	ARPANETプロジェクト発足
	1969	UNIXの開発
1970年代	1970	ALOHAnetの開発
	1972	ARPANET公開実験
	1974	TCP誕生
	1976	公開鍵暗号の概念提案
1980年代	1980	イーサネット規格の公開
	1980	輻輳崩壊への懸念
	1981	現在のTCPの仕様であるRFC 791、792、793公開
	1982	SMTPがRFC化
	1983	ARPANETのTCP/IPへの完全移行
	1983	ドメイン名の規約化
	1983	4.2BSD (TCPを標準サポートするUNIX系OS)の公開
	1984	ドメイン名の運用開始
	1984	Nagleアルゴリズムの導入
	1987	NSFnet開始
	1988	Tahoe登場　**輻輳制御アルゴリズムの原点**
1990年代	1990	ARPANETの解散と商用インターネットの開始
	1990	WWWの誕生
	1990	Reno登場
	1991	WWWの公開
	1995	Windows 95発売
	1999	IPv6の運用開始
	1999	無線LAN (IEEE 802.11a)の登場
	1995	NSFnetの運用終了
	1995	PHSサービス開始
2000年代	2001	Wikipedia
	2002	RFC 3261 (IP電話)の発行
	2003	Skype
	2004	Facebook、mixi、Firefox
	2005	YouTube
	2005	CTPCの登場
	2006	Twitter、AWS (*Amazon Web Services*)、ニコニコ動画
	2006	クラウドコンピューティングの登場
	2008	iPhoneの発売、App Store開始
2010年代	2010	3.9G (LTE)開始
	2015	4.0G (LTE-Advanced)開始

　1960年代前半までには、電話回線を用いた回線交換によるコンピューターの遠隔接続が行われるようになっており、1966年にはアメリカ大陸をほぼ横断するコンピューター間の通信実験も成功しています。ただし、この際の接続は回線交換方式であるがゆえに1対1（*Point-to-Point*、**P2P**）接続であり、コンピューター間での独占的な回線を確保する必要があります。

　この方式については、いくつかの課題が指摘されていました。まず、コンピューター間で実際にデータ通信が行われる時間は短く、接続を確立したまま保持する回線交換方式では効率が悪い点が挙げられます。つまり、一時的な専用線のような形で独占的な回線を確保するため、接続が行われている間は経路上のすべての回線について他の通信に利用することができず、通信ごとの回線を用意する必要があります。

　また、1対1の接続しか行えないため、3台以上のコンピューターが通信を行いたいときには一々回線を交換する必要があり、非常に手間が大きいという点も課題でした。さらに、もし回線交換を行う交換局が攻撃を受ければ、すべての通信が遮断されるという危険性も指摘されていました。

　別の問題として、当時は各機器メーカーの独自仕様による実装が一般的であり、それぞれの仕様に準じた端末を用意する必要がありました。コンピューター間の通信の約束事を決めるプロトコルの必要性も、この頃から認識されるようになっていました。

━━━━ パケット交換方式

　上記の課題に対処するために開発されたのが「パケット交換」と呼ばれる方式です。

　パケット交換方式では、コンピューター間で送受信するメッセージを「パケット」と呼ばれる複数の単位に分割します。そして、送信経路を決定し、生成されたパケットごとに複数のネットワーク機器を経由して目的地まで転送します。

　パケット交換を用いることで、1対1の通信経路を確立する必要がなくなり、複数のコンピューターで回線を共有して利用することができます。そのため、回線利用効率が高まると同時に、一々回線を繋ぎ変える必要がなくなるため、非常に効率的な通信が可能になりました。また、すべての通信が経由する交換局という存在が不要となるため、攻撃にも強くなるという利点がありました。

—————— ARPANET　世界初のパケット交換によるネットワーク構築プロエジェクト

　そして、パケット交換によるコンピューターネットワークを構築することを目的とした代表的なプロジェクトが、1968年にアメリカの ARPA（*Advanced research project agency*、高等研究計画局、現在の DARPA）で発足した **ARPANET** です。

　1969年には「Stanford Research Institute」「University of California, Los Angeles」（UCLA）、「University of California, Santa Barbara」「University of Utah」という4ノードを接続するネットワークが構築されました（**図2.2**）。ARPANET は **NCP**（*Network Control Protocol*）と呼ばれるプロトコル（TCP/IP ではない点に注意）を用いた、世界ではじめてのパケット交換方式によるコンピューターネットワークとなりました。

　また、インターネット技術の標準化で発行される「Request for Comments」（**RFC**）と呼ばれるプロセスについても、ARPANET プロジェクトではじめて採用されました。

UNIX開発（1969年）　OSとTCP/IPの普及

　通信プロトコルというものは、複数のコンピューターをネットワーク接続した際に、それらのコンピューター間で通信を行うために用いられる約束事を定めたものです。すなわち正しく通信を行うためには、ネットワーク接続されたすべてのコンピューターが共通の通信プロトコルに対応している必要があります。これは、ある共通言語を喋るコミュニティの中に一人だけ別の言語しか解さない人が参加することになったら、その人は他のメンバーと意思疎通をすることが難しい、といった状況に似ています。

図2.2　初期のARPANET[※]

※ 参考：**URL** https://www.sri.com/newsroom/press-releases/computer-history-museum-sri-international-and-bbn-celebrate-40th-anniversary

　このことから重要となるポイントは、新たな通信プロトコルが定められたとしても、それを実装した装置が普及しなければ、十分には相互に通信を行うことができない、という点です。現在のコンピューターでは一般的に、通信プロトコルはOSの機能として実装されます。ARPANETが構築されたのと同じ1969年、「UNIX」と呼ばれるOSがAT&TのBell Laboratoriesで開発されました。**図2.3**は1970年頃のUNIXマシンの様子です。

　開発当初のUNIXはアセンブリ言語で記述されていましたが、1973年にC言語で書き直され、さまざまなコンピューターへの移植性を高めていきました。そしてソースコードが大学や研究機関に無償配布され、自由に改変できるOSとしてさまざまなバージョンが開発されるなど、とくに研究機関や教育機関で広く普及しました。とくに代表的なものとして、UCLAで開発されたBSD（*Berkley Software Distribution*）があります。このUNIXが後にARPANETで使用するOSとして採用されるとともに、TCP/IPを標準実装した最初のOSとなり、TCP/IPの普及にとって重要な役割を果たすことになるのです。

ALOHAnet構築（1970年）　世界初の無線パケット交換ネットワーク、衝突回避の原型

　1970年、University of Hawaiiのキャンパス間をつなぐネットワークとして、「ALOHAnet」と呼ばれるコンピューターネットワークが構築されました（**図2.4**）。これはハワイ諸島に点在するキャンパス間を接続する、世界初の無線パケット交換ネットワークです。

図2.3　**初期のUNIXマシン（図中の人物：手前がKen Thompson、奥がDennis Ritchie）**[※]

　ALOHAnetに接続された各コンピューターは、任意のタイミングで任意のコンピューターに対してデータを送信することができました。ただし、この場合には大きな問題が発生します。すなわち、複数のノードが同時にデータを送信すると、それらの信号が衝突してすべて破壊されてしまい、通信が不可能になってしまう問題です。この課題に対してALOHAnetが採用した対策は、後の時代に標準化される **CSMA**（*Carrier Sence Multiple Access*）に繋がるものであり、ネットワーク発展の歴史において重要な手法だと言えます。

　ALOHAnetにおける衝突回避の考え方を大まかに記述すると、まず各ノードは送信データがある場合には即座にそれを送信しますが、もし衝突が発生した場合には後で再送を試みる、というものです。データを送信したノードが衝突を検知するために、ハブとなるノードがパケットを受信した際、即座に送信ノードに対してパケットを送り返すという方法をとります。送信ノードは、データの返送を確認した場合には、正常にデータが転送されたと判断して次のパケットを送信します。もしハブからデータが返送されてこなければ、衝突が生じたと判断し、短時間待ってからパケットを再送するのです。

　ALOHAnetでは帯域利用効率が高くはありませんでしたが、このような衝突回避の考え方は後の手法に対して大きな影響を与えるとともに、こうした「媒体アクセス制御」（1.1節）と呼ばれる手法の重要性が広く認識されるようになりました。

図2.4 ■ ALOHAnetの構成※

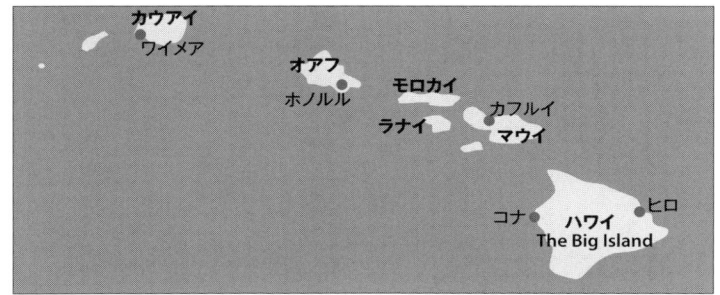

※ 出典：Wireless Communication, Jean Paul Linnartz' Reference Website
　URL http://www.wirelesscommunication.nl/reference/chaptr06/aloha/aloha.htm

TCP誕生（1974年）　一変したネットワークの基本的な考え方

　先に紹介したARPANETには、その後も新たなコンピューターが接続されてい
き、1974年には**図2.5**に示すようにアメリカ全土に広がるコンピューターネット
ワークとなりました。その頃には、さまざまなネットワークプロトコルが乱立し、
相互接続などについての問題が顕在化していたこともあり、統合的なプロトコル
の必要性が指摘されるようになっていました。

　その課題に対して、ARPANETで利用されていたNCPに替わるプロトコルとし
て**TCP/IP**の開発が始まり、最初の仕様は「Specification of Internet Transmission
Control Program」（RFC 675）として1974年に発行されました。

　TCP/IPの基本的な考え方として、**ネットワークの機能を必要最小限に低減する**
という点が挙げられます。ネットワークを高機能化すると、一般的にコストが高
くなる、相互接続が難しくなる、構築や保守が困難になる、といった弊害があり
ます。このような問題を避け、シンプルなネットワークを指向したことが、その
後のTCP/IP隆盛の一因であるとも言えます。

　この時点でとくに重要なポイントがあります。ARPANETをはじめとしたそれ
までのネットワークでは「ネットワーク自体がデータ到達に関する信頼性を保証す
る」という考え方が主流でした。それに対して、TCP/IPで新しく取り入れられた
考え方が、**データを送信するコンピューターが信頼性を保証する**というものです。
つまり、エラー等により未到達となったデータの検出や再送制御は、送信側端末
が責任をもって行うという方法です。

図2.5　　**1974年時点のARPANETの構成**[※]

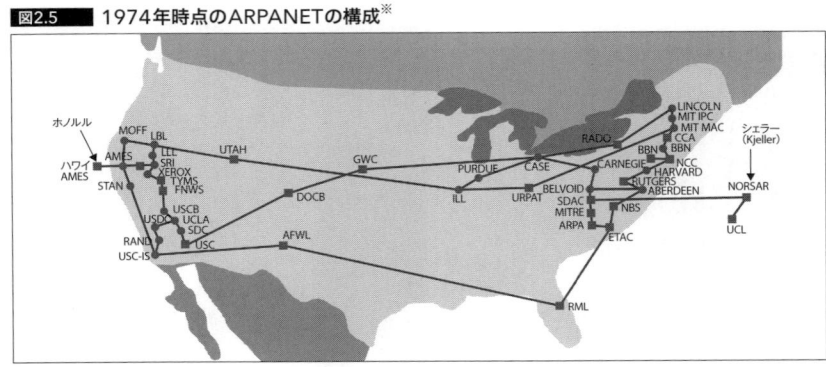

※ 参考：https://ja.wikipedia.org/wiki/ARPANET

このように、ネットワークの機能を必要最小限に抑えることで、さまざまなネットワークを相互接続しやすくなりました。その後、1980年頃までには、TCP/IPの基本的な形が完成し、1983年初頭にはARPANETの通信プロトコルが従来のNCPからTCP/IPへと完全に切り替えられました。また、先ほど述べたとおり、同じく1983年にはUNIX系OSであるBSDがTCP/IPを標準サポートするようになり、その後のTCP/IP普及へとつながっていきます。

イーサネット規格公開（1980年） IEEE 802.3とCSMA/CD

イーサネット規格は、ALOHAnetをベースとして1970年代に原型が開発されました。そして、1980年にIEEEに提出/公開され、バージョンアップを経て1983年には「IEEE 802.3」として策定されました。

イーサネットの特徴はいくつかありますが、第一に**パケット交換**という手法を引き継いでいる点が挙げられます。イーサネットでは送信データは「フレーム」と呼ばれる単位に区切られ、ネットワーク機器はフレームごとに転送処理を行います。

また、初期のイーサネットは論理的に「バス型」と呼ばれる構成（**図2.6**）でした。つまり、複数のコンピューターが1本の同軸ケーブルに接続されていました。この場合、ある端末から送出されたデータは、同じネットワークに接続されているすべての端末で受信されます。すなわち、原理的に1対1の通信は行うことができず、常にデータがブロードキャストされることになります。

そして、接続されたすべての端末が通信媒体を共有しているため、もし複数の端末が同時にデータを送出した場合には、信号が**衝突**（collision）して失われます。このようなデータの衝突が起こり得る範囲を**コリジョンドメイン**（collision domain）と呼びます。よって、データを送信したい端末が複数ある場合には、順番にデータを送信させる必要があり、それを実現するための仕組みが**CSMA/CD**（Carrier Sense Multiple Access with Collision Detection）であり、イーサネットの特長となって

図2.6 ■ バス型ネットワーク

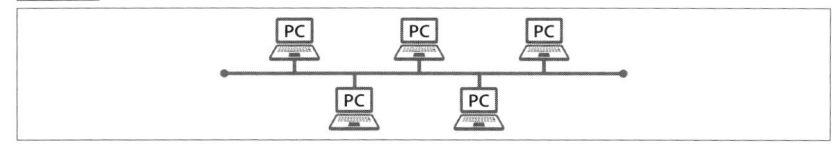

います。CSMA/CDの制御シーケンスを**図2.7**に示します。

　まず各端末は常にネットワーク上の信号を受信し監視(*carrier sense*、❶)しており、他の端末がデータ送信中でないと判断(❷)してから、データ送信を開始します。もし他の端末が送信したデータとの衝突により信号の乱れを検出した場合(❸)には、「ジャム信号」(*jam signal*)と呼ばれる特殊な信号を送信(❹)することで、他の端末にも衝突検知を知らせます。そして、**衝突が検出**(*collision detection*)された端末では、データ送信を停止し、ランダムな時間待機してからデータを再送します。

　以降、イーサネットは高速化を続けながら、OSI参照モデルにおける第1層、第2層を担うネットワークプロトコルとして、同じく第3層、第4層を担うTCP/IPとともに世界中の有線LANで使用されています。

2.2
TCP発展期
1980〜1995年

　通信端末によるデータ転送の信頼性を実現するために開発されたTCP/IPは、1980年代に入ると、「輻輳制御」など新たな機能を加えながら発展を続けていきます。ここでは、1980〜90年代前半について「TCP発展期」として解説します。

図2.7　　CSMA/CDの制御シーケンス

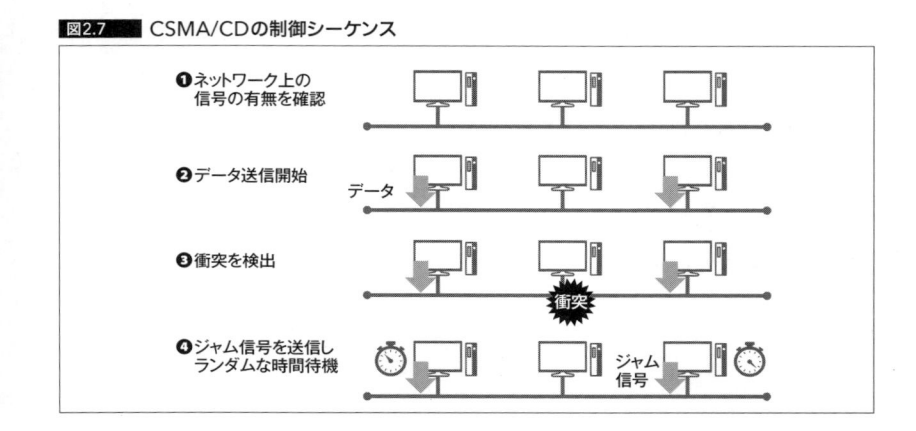

輻輳崩壊への懸念（1980年）　トラフィック量の増加

　輻輳とは、ネットワークが混雑した状態のことを言います。TCP/IPが開発された頃のコンピューターネットワークでは、まだデータトラフィック量が少なかったため、輻輳といったような事象は広く認識されておらず、問題となっていませんでした。そのため、TCP/IPを含めた当時のネットワークプロトコルにはとくに輻輳制御機能、すなわち輻輳を抑制したり回避したりするための機能は備わっていませんでした。

　1980年代に入ると、ネットワーク上を流れるトラフィック量が増加してきたこともあり、「輻輳」という課題が顕在化してきました。そしてとくに、TCPを用いた場合にはいったん輻輳状態に陥ると、何らかの輻輳制御を行わないことには、その状態から脱することが難しくなります。

　TCPでは、送出したパケットが失われた場合には、送信側端末で再送を行います。輻輳時にはデータが失われやすくなり、再送が頻発するようになります。そのため、輻輳が強まり失われるパケットが多くなるほど、さらに再送が多くなり輻輳が悪化する、という悪循環に陥ることになります。その状態が継続すれば、最悪ネットワークがダウンするような事態となります（**図2.8**）。こうした現象は**輻輳崩壊**と呼ばれ、1980年頃にはその発生が懸念されるようになっていました。

Nagleアルゴリズム（1984年）　輻輳崩壊を防ぐ、輻輳制御関連手法の先駆け

　TCP/IPネットワーク上に送出されるパケット数を削減するための一つの方法として、1984年に「Congestion Control in IP/TCP Internetworks」（RFC 896）として提案されたのがNagleアルゴリズムです。TCP/IPネットワークにおける輻輳崩壊を防ぐための、輻輳制御関連手法のはしりであると言えます。

　Nagleアルゴリズムが問題としているのは、Telnet等のアプリケーションが1バ

図2.8　輻輳崩壊

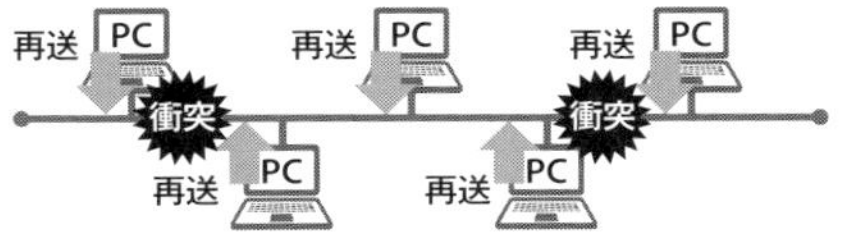

イトなど非常に小さな単位のデータを繰り返し送信しようとする動作です。たとえペイロード（*payload*）[注1]は1バイトしかなかったとしても、ネットワーク上にパケットとして送出される際には、TCPで20バイト、IPで20バイトのヘッダーが付与され、さらにイーサネットで14バイトのヘッダーと4バイトのFCSが付与されるため、59バイトのデータとなります。当時は現在と比べて通信速度が低速だったこともあり、このようなオーバーヘッドの影響は非常に大きいものでした。もしTelnetのセッションにおいてキー操作を1バイト単位で送信していけば、小さなパケットが連続して大量に送信される結果となり、輻輳を招く可能性がありました。

そこで、Nagleアルゴリズムでは、「送信データをバッファしておき複数まとめて送信する」ということを行います（**図2.9**）。具体的には、以下のとおりです。

❶送信側で未送信データをバッファに蓄積していき、

❷未送信データ蓄積量がMSS以上となるか、過去の送信パケットでACK未受信のものがなくなるか、あるいはタイムアウトになった際に、データ送信を行う

ただし、Nagleアルゴリズムはすべての環境で効果があるわけではなく、当時のネットワーク環境や特定のアプリケーションへの対策という意味が大きいものです。しかしながら、TCP/IPネットワークにおける輻輳崩壊の危険性とそれに対する解決策の導入という観点で、以降の技術に与えた影響は少なくないでしょう。

注1　送信するデータ本体のこと。

図2.9　Nagleアルゴリズムの動作イメージ

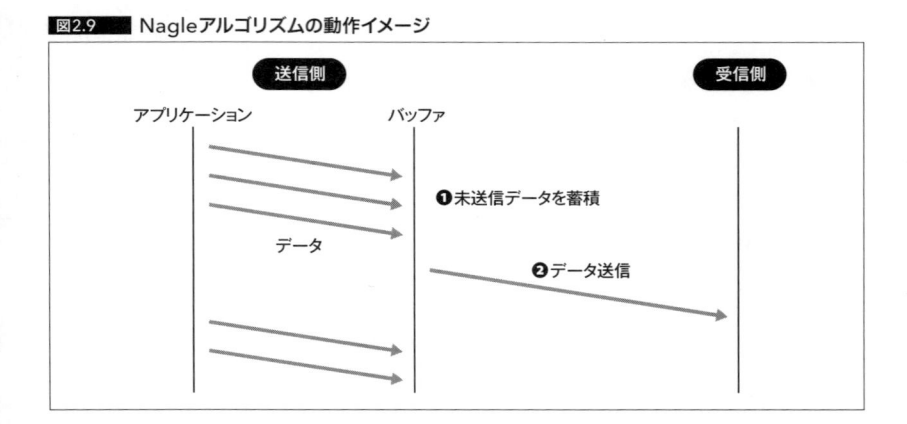

輻輳制御アルゴリズムの導入（1988年）　状況に応じてデータ送出量を調整する

　1986年10月頃、ARPANETに接続された**NSFnet**において輻輳崩壊が観測されました。NSFnetとは、NSF（*National Science Foundation*、全米科学財団）によりスーパーコンピューターへのアクセスを提供するため、1986年に構築されたネットワークです。このときの輻輳崩壊では、スループットが32Kbpsから40bpsに下がっており、実に約1000分の1近くにまで低下しています。これより数年前から懸念されていた輻輳崩壊ですが、実際に発生した際にはこのように非常に大きな影響が出るということが広く認識されるようになったのです。

　このような輻輳崩壊を防ぐため、1988年に**Tahoe**という**輻輳制御アルゴリズム**が発表されました。輻輳制御アルゴリズムについては、次章以降で詳しく解説しますので、ここでは大まかな動作とその意義の説明に留めます。

　Tahoeでは、**図2.10**のように送信側端末で❶まず徐々にデータ送出量を増加させ、❷輻輳を検知すると、❸送出データ量を低減させます。Tahoeの目的は、このような動作によりネットワークの輻輳を抑え、正常な通信が可能な状態に回復させることです。

　これはつまり、それまで各端末がデータを送信する機会を得ることを中心に考えていたのに対して、「状況に応じてデータ送出量を調整する」という考え方が導入されたことになります。Tahoeでは輻輳を検出した際にデータ送出量を非常に小さくするため、その後に開発された輻輳制御アルゴリズムと比較すると帯域利用効率が低いという欠点はありますが、TCPに対する輻輳制御の導入という観点

図2.10　Tahoeにおける輻輳制御の様子

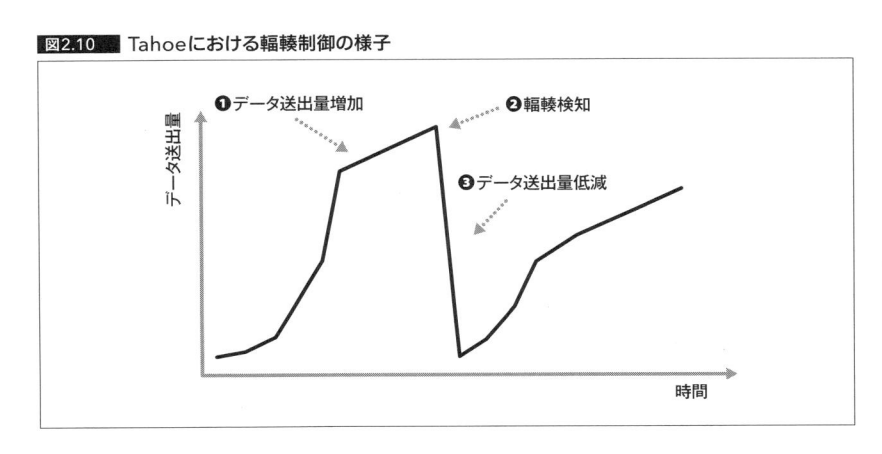

では、非常に重要なアルゴリズムだと言えます。

インターネットへの移行とWWW誕生（1990年）　アプリケーションによる牽引

　1980年代後半になると、ARPANETとNSFnetが相互接続されたネットワークを指す固有名詞として「インターネット」という言葉が使われるようになりました。

　TCP/IPは、機能を必要最小限に低減したシンプルなプロトコルであることはすでに述べました。さらに、基盤となる物理ネットワークの構成を問わないことから、既存ネットワーク同士を接続することが容易であるという特長がありました。そのようにして相互接続されたネットワークが、世界規模のTCP/IPネットワークを構成するようになりました。その後ARPANETプロジェクトは終了しますが、その頃には「インターネット」はこのネットワークを指す言葉として定着しました。

　そして、1990年にはWWW（*World Wide Web*）が提案され、それに次いでWebページ、Webブラウザが開発されました。世界初のWebサイトは、CERN（*European Organization for Nuclear Research*、欧州原子核研究機構）によって復元されており、今でもその様子を見ることができます（**図2.11**）。

　WWWでは、Webページを構成するドキュメントはHTML等のハイパーテキス

図2.11　世界初のWebサイト（復元版）※

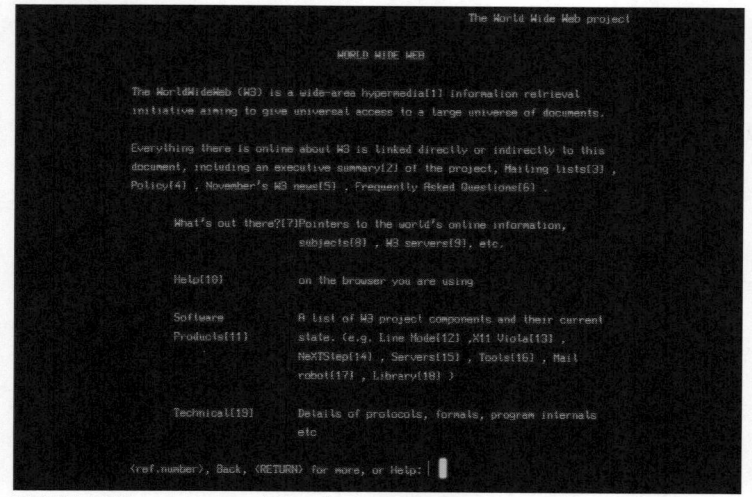

※ **URL** http://line-mode.cern.ch/www/hypertext/WWW/TheProject.html

ト(*hypertext*)と呼ばれる言語を用いて記述されます。ハイパーテキストとは、ド
キュメントの中に別のドキュメントへのリンク(*hyperlink*、ハイパーリンク)を埋
め込むことで、ネットワーク上に存在するドキュメント同士を相互に参照可能に
する仕組みです。その後、HTMLの記述が比較的単純で容易だったこともあり、
広く普及するようになりました。

　また、この頃にはインターネットサービスプロバイダー(*Internet Service Provider*、
ISP)が創業され、インターネット接続の商用化が進みます。そして、WWWはイ
ンターネットにおける主要なアプリケーションとして広まり、それと同時にTCP/
IPはインターネット上で利用される通信プロトコルとして急速に普及するのです。

2.3
TCP普及期
1995年〜

　輻輳制御などの基本機能を備えるようになったTCPは、1990年代中盤以降、
一般ユーザーへのインターネット普及とともに急速に普及していきます。ここで
は、この時期について「TCP普及期」として解説します。

Windows 95発売(1995年)　OSとともに普及するTCP/IP

　1995年、Microsoftが一般向けデスクトップOSである「Windows 95」を発売しま
した。Windows 95は、それまでのOSと比較して革新的なGUI(*Graphical User
Interface*)を備えており、発売時は一種の社会現象と言えるほど話題となりました。
その後、デスクトップOSのデファクトスタンダードとなるほどに普及しました。

　TCPの歴史において重要だったポイントが、このWindows 95(OSR2以降)にTCP/
IPが標準搭載されるようになったことです。インターネットによるWWWの利用
が広まりつつあったことを背景として、一般ユーザーがインターネット接続を容
易にできるように、というビジネス上の戦略もあり、Windows 95(OSR2以降)で
は初期設定のままでTCP/IPを利用できるようにして販売されました。このことに
より、それまでインターネットなどに馴染みがなかった多くの人々に対して、「TCP/
IPを用いたインターネット接続」という方式が普及していくことになったのです。

IPv6運用開始（1999年）　徐々に進んでいるIPv6移行

　当時、IPアドレスとしてはIPv4の32ビットから成るアドレスが用いられていました。1980年代までは、組織ごとにまとめて多くのIPアドレスを割り当てるといった運用が行われていたのですが、1990年代にインターネット利用者が急増したことで、IPアドレス枯渇という問題が指摘されるようになっていました。

　その対策として開発されたのがIPv6であり、128ビットから成るアドレスを用いることで、事実上無限に近いIPアドレスを利用可能とするものです。このIPv6アドレスの割り当てが始まったのが1999年です。

　ただし、IPバージョン別のAS（*Autonomous Systems*）[注2]の推移（**図2.12**）を見ると、その後も従来のIPv4が長く利用され続け、IPv6の普及には長い時間がかかったことがわかります。ようやく2010年頃になってIPv6が伸び始め、徐々にIPv6への移行が進んでいます。この後も、インターネット上でTCP通信を行う端末数の増加とともにIPv6への移行は進んでおり、TCP関連技術の発展の背景として抑えておくべき事項であると言えます。

無線LAN登場（1999年）　IEEE 802.11

　この時代まではおもに速度や信頼性の観点から「有線通信」が盛んに用いられてきましたが、2000年頃から徐々に**無線通信**が普及してきます。

　無線通信によるインターネット接続においてよく利用される、代表的な規格が

注2　おもにISPネットワークを指します。

図2.12　**IPバージョン別のAS数の推移**※

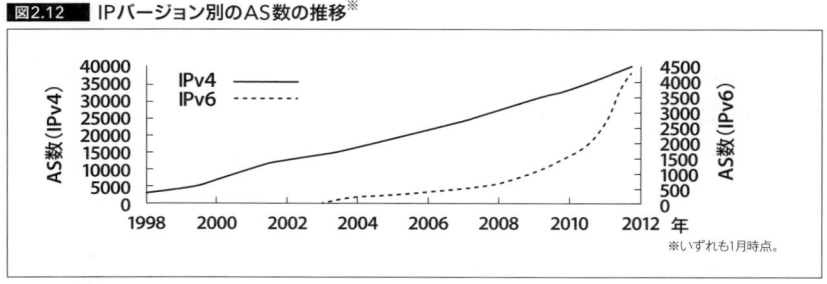

※ 出典：**URL** https://arstechnica.com/information-technology/2013/01/ipv6-takes-one-step-forward-ipv4-two-steps-back-in-2012/

無線LANです。無線LANに関する標準規格について**図2.13**に示します。無線LANの方式は「Wi-Fi」と総称されます。まず1999年に「IEEE 802.11b」(2.4GHz帯)、そして「IEEE 802.11a」(5GHz帯)が策定されました。その後も「IEEE 802.11g」「IEEE 802.11n」(Wi-Fi 4)、「IEEE 802.11ac」(Wi-Fi 5)など数多くの標準が策定され、対応製品が販売されてきました。

さらに、2019年現在でも「IEEE802.11ax」(Wi-Fi 6)の標準化が進んでおり、今日まで高速化を続けながら、非常に一般的に利用されるまでに普及しています。

IEEE 802.11では、MACレイヤーで**CSMA/CA**方式を採用している点が特徴的です。前述のとおり、これは複数の送信ノードからの信号が衝突することを避けるために、まず周囲のノードがパケット送信中でないかどうかを確認してからパケット送信を開始するという方式であり、簡単な方法ですが衝突回避効果が高く、無線LANにおいて重要な技術です。

TCPの輻輳制御アルゴリズムの多くは、**パケットロス**(*packet loss*、パケット廃棄)を検知するとデータ送出量を少なくするため、CSMA/CAのような低レイヤーでのパケットロス回避手法は、TCP通信にとって間接的に重要な技術であると言えます。

さまざまなインターネットサービス(2004〜2006年)　サービスごとに異なる特性

2000年代に入ると、電話回線で高速な通信を実現するADSL(*Asymmetric Digital Subscriber Line*)や、一般個人宅へ光ファイバーを直接引き込んだネットワーク回線のFTTH (*Fiber to the Home*)、CATV (*Common Antenna Television*、ケーブルテレビ)などの回線を用いたブロードバンドサービス、第2世代/第3世代移動通信シス

図2.13 IEEE 802.11標準化の歴史

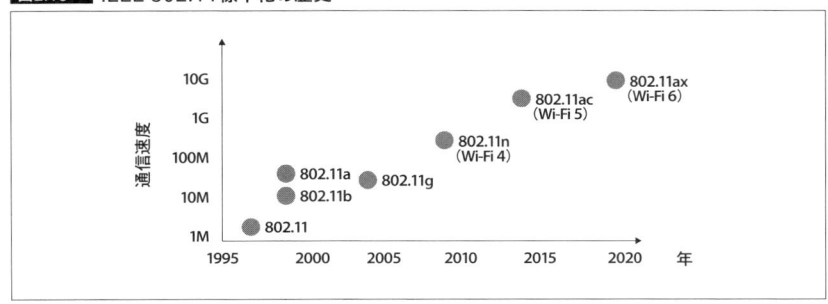

テム（*2nd Generation/3rd Generation*、**2G/3G**）携帯電話の普及とともに、さまざまなインターネットサービスが登場し、広く利用されるようになっていきました。

　代表的なサービスとして、たとえば、誰でも自由に編集可能なインターネット百科事典のWikipedia（2001年）、インターネット電話サービスのSkype（2003年）、SNSのFacebook（2004年）やmixi（2004年）、そしてTwitter（2006年）、動画共有サービスのYouTube（2005年）などが挙げられます。

　このように例示して見ると、今日でも非常によく利用されているサービスが、この頃に数多く提供開始されていることがわかります。**図2.14**に示すとおり、この時期、さまざまなサービスの登場とともに国内インターネットトラフィックは順調に伸びていることがわかります。

　TCP通信という観点から重要なのは、利用されるサービスによって、インターネット上を流れる「トラフィックの量や特性が変わってくる」という点です。たとえば、テキスト中心のWebサイト閲覧であれば、断続的に少量のデータを通信するだけで済みますが、YouTubeのような動画配信サービスであれば、ある程度の時間継続して一定のデータをダウンロードし続ける、といった違いがあります。

　アプリケーションが生成するトラフィックの特性が明らかであれば、それに応じたトラフィック制御を行う、といったことも可能になるため、ネットワーク上を流れるトラフィックに着目することも時には重要となります。

図2.14　**国内のインターネットトラフィック推移**※

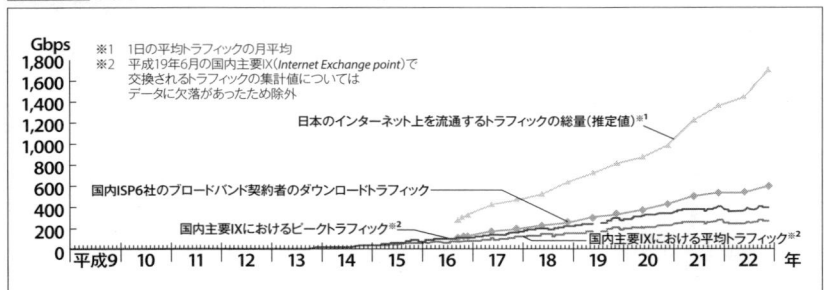

※　出典：総務省平成23年版情報通信白書
URL http://www.soumu.go.jp/johotsusintokei/whitepaper/ja/h23/html/nc343340.html

2.4
TCP拡充期
2000年代後半〜

　2000年代後半以降、スマートフォンやLTEの普及、クラウドサービスの一般化などにより、インターネット上を流れるデータ量の増加やその利用形態の変化が進んでいきます。本節では、この時期について「TCP拡充期」として解説します。

スマートフォン普及（2007年〜）　モバイルネットワーク接続&Wi-Fi接続

　2000年代後半になると**スマートフォン**（*smart phone*）が発売され、それまでに普及していた「フィーチャーフォン」（*feature phone*）と呼ばれる従来型の携帯電話に替わり、一気に普及しました。フィーチャーフォンでは通話やSMS（*Short Message Service*）のほか、限定的にですがインターネット閲覧機能なども提供されていましたが、アプリケーション自体を追加したり削除したりするような使い方はできませんでした。スマートフォンの定義は曖昧な部分もあるのですが、初期の代表的な端末としてBlackBerryなどが挙げられます。ただし、このときにはまだビジネス用途が主であり、一般ユーザー向けにはほとんど認知されていませんでした。

　それが、iPhoneが2007年に発売されて以降、タッチパネルを用いた直観的な操作やさまざまなアプリによる汎用性などが要因となって爆発的に普及が進みました。現在でも、スマートフォン向けのOSとしてはiPhoneで採用されているAppleのiOSと、Googleが開発したAndroidのシェアが高くなっています。

　スマートフォンでは従来型の携帯電話と同様、モバイルネットワーク（後述）に接続するほか、Wi-Fi接続機能も一般的に実装されています。さまざまなアプリの普及による多機能化に伴って、ユーザーのスマートフォン利用時間も長時間化していき、2000年代後半以降、モバイル通信トラフィックは増加の一途を辿っていきます。

　スマートフォンによる通信トラフィックとしては、通常のインターネット利用に加えて、**図2.15**に示すとおり動画視聴の割合がどんどん高まっています。他にもSNSへの写真や動画の投稿といったアップロードトラフィックの増加や、OSやアプリの定期的なアップデートによるバースト（*burst*）的なダウンロードの発生、といった現象も指摘されるようになります。

クラウドコンピューティング登場（2006年～）　遠距離の通信トラフィックの増大

　コンピューティング機能をネットワーク経由でサービスとして提供する、という手法自体は古くから存在したのですが、2006年から2008年頃にかけて、Google App Engine や Amazon EC2 などの登場とともに、**クラウドコンピューティング**（*cloud computing*）という用語や概念が一気に普及しました。

　従来の（クラウド型でない）サービスあるいはアプリケーションでは、ローカル環境のコンピューターにプログラムをインストールしたりシステムを構築して、その機能を利用します。それに対して、クラウドコンピューティング（**図2.16**）では、そのようなシステムがサービス事業者側のデータセンターに構築され、ユーザーはインターネットを介して当該システムにアクセスすることで、その機能を利用します。

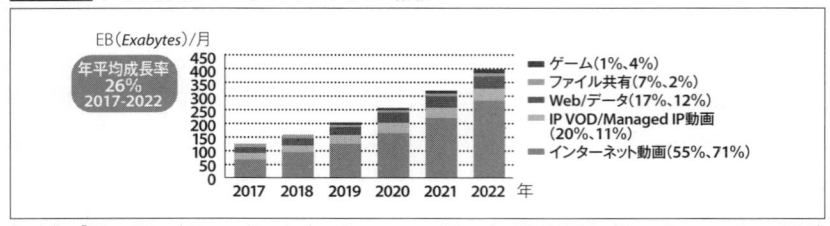

図2.15　**タイプ別インターネットトラフィック推移**[※]

※ 出典：「Cisco Visual Networking Index: Forecast and Trends, 2017–2022」（Cisco Systems, Inc., 2018）
URL https://www.cisco.com/c/en/us/solutions/collateral/service-provider/visual-networking-index-vni/white-paper-c11-741490.html

図2.16　**クラウドコンピューティング**

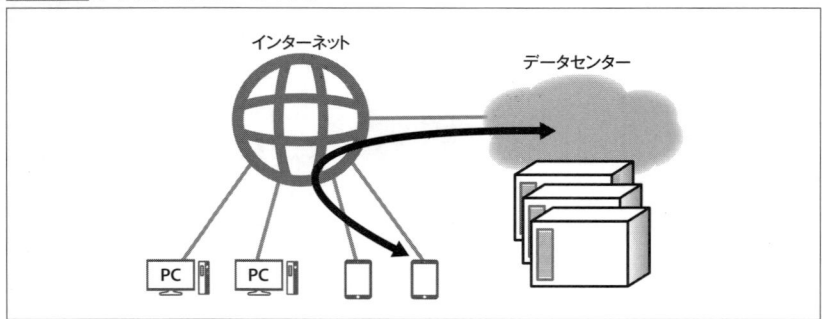

　このサービス提供形態では、ユーザー側の環境で必要となるのがPCやスマートフォン等の一般的な端末とインターネット接続だけで済むという利点があり、さまざまな情報サービスが迅速に普及するようになりました。そして、事業者側のデータセンターには、大量のサーバーやストレージ等の設備が集約的に設置され、巨大化が進みました。これは、ユーザー側の端末からインターネットを介して遠距離のデータセンターに設置されたコンピューター群に接続する通信トラフィックが非常に多くなっていったことを意味します。

モバイルネットワークの高速化（2010年、2015年）　無線の特性とTCPに求められる性能

　移動通信システム、いわゆる**モバイルネットワーク**（*mobile network/cellular network*）は、その登場以来高速化を続けています。1980年代の第1世代（*1st Generation*、**1G**）では通信速度は数十kbpsで自動車電話などのアプリケーションしか提供されていませんでしたが、第2世代（**2G**）になるとパケット通信化され、電子メールやインターネットも利用可能となりました。

　第3世代（**3G**）では通信速度が上がり、2010年頃から3.9Gである**LTE**が普及し始めました。3.9Gというのは4Gの一歩手前といったニュアンスでしたが、通信キャリアによっては4Gという名目で提供されていました。LTEでは通信速度は数十Mbpsに達し、モバイルネットワークを通じた動画閲覧などの利用形態が広まりました。

　さらに、2015年頃から第4世代（*4th Generation*、**4G**）のLTE Advancedが普及し始め（**図2.17**の「PREMIUM 4G」）、理論上の通信速度は約1Gbps（*gigabits per second*）に達するほどになりました。そして、2017年には第5世代（**5G**）の仕様が

図2.17　NTTドコモによる基地局設置数の推移※

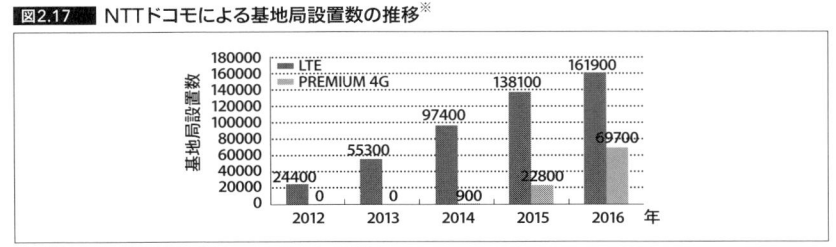

※ 出典：「NTT DOCOMO Annual Report 2017」

策定され、今後は世界的に5Gの普及が見込まれます。

　モバイルネットワークの通信速度向上と並行して、光ファイバー等を用いた固定回線によるブロードバンド契約者数の伸びは鈍化し（**図2.18**）、インターネット上を流れる通信トラフィックのうち、モバイル端末によるデータの割合は上昇を続けています。なお、図2.18のDSLとは、ADSLおよびそれに類する通信方式であり、**BWA**（*Broadband Wireless Access*）とは無線を用いた高速データ通信規格であり代表的なものとしてWiMAXがあります。

　通信媒体が**無線**の場合にはビットエラーが生じやすいなど、有線と比較すると特性が異なるため、TCPに求められる性能もまた変わってきます。そのため、3Gで利用されているW-TCP（1.6節を参照）などモバイル向けのTCPも、これまでにいくつか開発されてきました。W-TCPでは、TCP中継用ゲートウェイを設置し、モバイル端末と接続先サーバーとの通信をゲートウェイが仲介します。すなわち、モバイル端末とゲートウェイの間ではパケットロスに対して頑健なW-TCPを利用した通信を行い、ゲートウェイと接続先サーバーとの間では通常のTCPを利用することで、より効率的な通信を実現しています。

IoTの一般化（2015年）　低消費電力&長距離データ通信のサービス

　2015年頃になると、**IoT**（*Internet of Things*、モノのインターネット）という用語やサービスが一種のバズワードのような形で広まります。さまざまなモノをネットワークに接続して制御するというコンセプト自体は1980〜1990年代にも議論され、実証された事例も存在するのですが、近年**スマートデバイス**（*smart device*）の一般

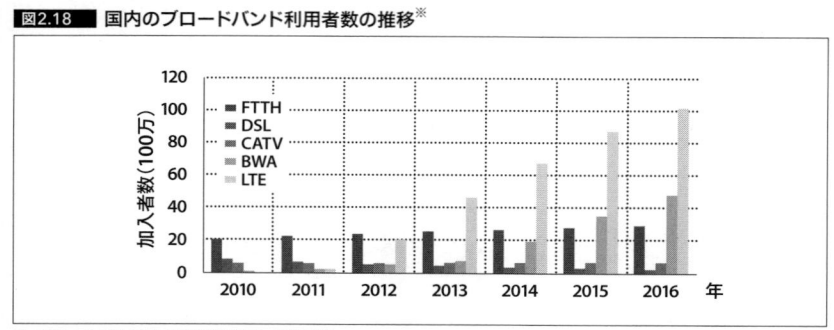

図2.18　国内のブロードバンド利用者数の推移※

※ 出典：「H29年版 情報通信白書」（総務省）
　　URL http://www.soumu.go.jp/johotsusintokei/whitepaper/ja/h29/pdf/29honpen.pdf

化や新たな無線通信プロトコルの普及などに従い、急速にIoTのコンセプトが広まりました。

図2.19に示すとおり、インターネット上のIoT関連トラフィックは今後も増加していくことが見込まれています。

IoTで利用されることが多い無線通信プロトコルとして、**LPWA**(*Low Power Wide Area*)と呼ばれるプロトコル群があります。これは低消費電力で長距離データ通信を行うための通信方式の総称であり、通信距離として数百mから数kmが目標とされます。代表的なLPWA規格としては、LoRaWAN[注3]、SIGFOX[注4]、NB-IoT(*Narrow Band IoT*)[注5]などがあります。消費電力を小さくするために通信速度を抑えており、数十kbps程度の低速で断続的に通信を行うなどの特性があります。

また、IoTデバイスは一般的に処理性能が低いものが多く、非常に多数のデバイスがインターネットに接続されるという特徴があります。さらに、消費電力についての制約があったり、敷設後のアップデートや交換が難しいといった面もあります。

このようなIoTサービスの特性から、TCP通信という観点でも新たな課題が顕在化してきています。たとえば、高い処理性能を備えた端末に最適化された複雑な制御アルゴリズムなどは実行が困難だったり、あるいはネットワークの高速化を念頭においた輻輳制御アルゴリズムは低速で不安定な環境に設置されたデバイスとは相性が悪いなどです。このような近年の動向や課題については、第7章で詳しく触れていきます。

....

注3 `URL` https://lora-alliance.org
注4 `URL` https://www.sigfox.com
注5 `URL` https://www.3gpp.org

図2.19 IoT(M2M、*Machine-to-Machine*)トラフィック推移※

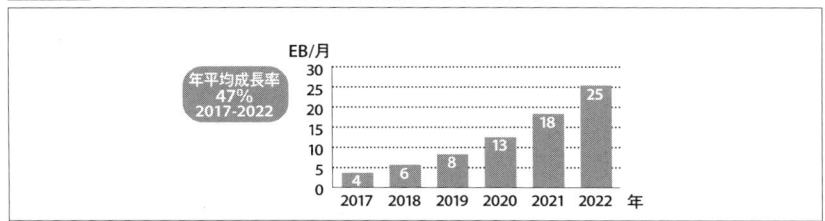

※ 出典：「Cisco Visual Networking Index: Forecast and Trends, 2017-2022」(Cisco Systems, Inc., 2018) `URL` https://www.cisco.com/c/en/us/solutions/collateral/service-provider/visual-networking-index-vni/white-paper-c11-741490.html

2.5
まとめ

　本章では、TCP/IPが誕生した背景から、現在に至るまでの変遷について、時代ごとの周辺技術動向や登場したサービスと紐づけながら述べてきました。

　まず1968〜1980年頃のTCP/IPの基本形が完成するまでの期間を「TCP黎明期」として紹介しました。この期間には、ARPANETやALOHAnetの構築、UNIXやイーサネットの開発など、TCP/IPの普及にとって重要となる技術が多く登場しています。すなわち、ARPANETの通信プロトコルとしてTCP/IPが用いられるようになり、ほぼ同時にUNIX系OSであるBSDがTCP/IPを標準サポートするようになり、これらがその後のTCP/IP普及へとつながっていきました。

　次に1980〜1995年頃、TCPに輻輳制御など新たな機能が加えられていった時期を「TCP発展期」として記述しました。この期間には、ネットワーク上を流れるトラフィック量が増加してきたことにより、輻輳という課題が顕在化し、輻輳崩壊への懸念が指摘されるようになりました。この課題に対し、NagleアルゴリズムやTahoeと呼ばれる輻輳制御アルゴリズムが開発され、ネットワークの状況に応じてデータ送出量を調節する手法がTCPに導入されました。

　そして、相互接続された既存ネットワークがインターネットとなり、この時期に誕生したWWWが主要アプリケーションとして広まり、TCP/IPはインターネット上で利用される通信プロトコルとして急速に普及していきました。さらに、1995〜2000年代中盤頃を「TCP普及期」として紹介しました。この時期には、Windows 95発売や無線LANの登場、そしてSNSやYouTubeなどさまざまなインターネットサービスが誕生し、一般ユーザーへのインターネット普及とともにTCP/IPも急速に浸透していきました。

　続いて、2000年代後半以降を「TCP拡充期」として解説しました。この時期になると、スマートフォンやクラウドサービスが普及するとともに、LTEやLTE-Advancedによりモバイルネットワークが高速化しました。結果として、スマートフォンからインターネットを通じて遠距離のデータセンターに設置されたクラウドサーバーと通信するようなトラフィックが急激に増大していきました。2015年頃になると、スマートデバイスや新たな無線通信プロトコルLPWAの普及などに伴い、急速にIoTサービスが広まりました。

　このように、TCP/IPは、インターネットの普及とともに広まり、発展を続けて

きました。新たな技術や新サービスの普及に際してさまざまな改良が加えられ、現在使われている手法が徐々に確立されてきたのです。

　次章からは、TCPの仕組みと、さまざまな輻輳制御アルゴリズムについて解説していきます。その際に、ここで紹介してきた歴史と照らし合わせてみることで、各手法がどのような背景の下で開発されどのような意義を持っていたのかなど、現在TCPで使われているさまざまな仕組みやアルゴリズムを理解するための助けになるのでは、と考えられます。

参考文献

- Wikipedia
  - **URL** https://ja.wikipedia.org/wiki/インターネットの歴史
  - **URL** https://ja.wikipedia.org/wiki/ARPANET
  - **URL** https://ja.wikipedia.org/wiki/ALOHAnet
  - **URL** https://ja.wikipedia.org/wiki/イーサネット
- Joshua Gancher「TCP Congestion Avoidance」(2016)
  - **URL** http://www.cs.cornell.edu/courses/cs6410/2016fa/slides/23-networked-systems-tcp.pdf
- 『Computer Networks』(Andrew S. Tanenbaum著、Prentice Hall、1996)
- 「Brief History of the Internet」(Internet Society、1997)
- 「H29年版 情報通信白書」(総務省)
- 「Annual Report 2017」(NTT DOCOMO)
- 「Cisco Visual Networking Index: Forecast and Trends, 2017–2022」(Cisco Systems, Inc., 2018)

第3章

TCPのおもな機能は**信頼性の保証**、これは第1章で定義した「送信元から送信されたデータを、宛先まで、順序誤りや消失なく転送すること」です。これと同時に、**輻輳**を回避し、できるだけ効率の良いデータ転送を実現することです。

それぞれを両立することは難しく、これまでにさまざまな改良が重ねられてきました。

また、それらの改良の背景には見えないネットワークをいかに上手にコントロールしていくのか、という考え方、そして工夫に至るまでのプロセスが垣間見えます。

本章では、1990年代に確立されたTCPの基本機能を解説します。

［図解で見えてくる］
TCPとデータ転送

信頼性と効率の両立へ向けて

3.1
TCPにおけるデータ構造
パケットとヘッダーのフォーマット

TCPの機能は、どのような仕組みに基づいて実現されているのでしょうか。

本節では、トランスポート層における通信を提供するためのデータ構造について解説します。

パケットのフォーマット　　ヘッダー部とデータ部

TCPにかかわらず、通信機器におけるプロトコルの動作を実現するためには、まずフォーマットを定義する必要があります。

基本的には、トランスポート層の制御に関する情報が記載される**ヘッダー部**と、アプリケーションで必要となる情報が載せられる**データ部**とに分かれます。

通信を行う機器は、ヘッダーフォーマット中の指定された箇所の情報に従って動作します。基本的に通信におけるプロトコルは、このヘッダーにどのような情報を定義するのか、またそれを基にしてどのような処理を機器に与えるか、によって決められます。たとえば、一方が相手にある動作をさせたい場合にはヘッダーの所定の位置に情報を与え、送信します。それを受信した他方の機器は該当するヘッダーの情報を参照し、それが指し示す処理を行います。このような処理を送受信間で逐次行うことで、あたかも人と人がコミュニケーションを取りながら一つの仕事をしているかのような動作を実現することができます。

セグメント　　MTU、MSS、経路MTU探索、フラグメンテーション

TCPでは「通信の信頼性を保証する」ことが第一に求められますが、同時に「ネットワークの利用効率を向上させるようにデータを転送する」ことも求められます。

効率という観点からは、データを小分けにして細切れに送るのではなく、できるだけひとまとまりにして送る方が効率は良くなります。しかし、通信経路には伝送するにあたり許容可能なデータ量が決まっています。これは、下位データリンク層におけるプロトコルによってそれぞれ規定されているためです。TCPでは、この制限を考慮して転送するデータサイズを決めなければなりません。ネットワ

ークの通信経路上に存在する機器間は、イーサネットやPPPoE（*Point-to-Point Protocol over Ethernet*）、ATM（*Asynchonous Transfer Mode*）などのさまざまなデータリンクで接続されており、これらデータリンクの種類ごとに最大のフレーム長が固定値で決められています。1.6節で少し触れたとおり、これを **MTU**（最大転送単位）と呼びます。具体的なMTUの値は、たとえばイーサネットは1500バイト、PPPoEでは1492バイト、ATMは9180バイト、のように様々となっています。最近では、装置ごとにMTUを任意に設定できるものが一般的になりつつあります。

　一般に、データの転送単位は「パケット」と呼ばれます（とくに、データリンク層のイーサネットにおける転送単位は「フレーム」と呼んでいました）。データの転送を行う前に、まずそれぞれの通信経路の許容量（すなわち、MTU）に適したパケットサイズにデータを分割する必要があります。TCPではこの分割されたパケットを「セグメント」と呼びます。

　また、このときTCPが区切る最大のパケット長を **MSS**（*Maximum Segment Size*、最大セグメントサイズ）と呼びます。TCPでは、最初にMSSを決定してから通信を開始します。MTUはデータリンク層で定義されるため、その値はIP層のヘッダーまでを含みます。つまり**図3.1**に示すように、MSSはMTUからIPやTCPのヘッダーの大きさを差し引いた値として設定しなければなりません。第5層以上のヘッダーを含むアプリケーションデータがMSS以下となるように分割/調整されます。

　そのため、TCPは経路中のMTUを知る必要がありますが、その探索にはインターネット層（IP）におけるICMPというプロトコルを利用します。この処理は「経路MTU探索」（*path MTU discovery*）と呼ばれます。これにより、最も小さいMTUに合わせてMSSを決定します。

　これを行わない場合、IPによってパケットの分割処理（*IP fragmentation*、**フラグメンテーション**）をさらに行わなければならず、処理が増えてしまいます。MTUという制約のもとでより効率の良いデータ転送を可能とするためには、TCPが事前に適切なMSSを設定する必要があります。

図3.1　MSSの設定

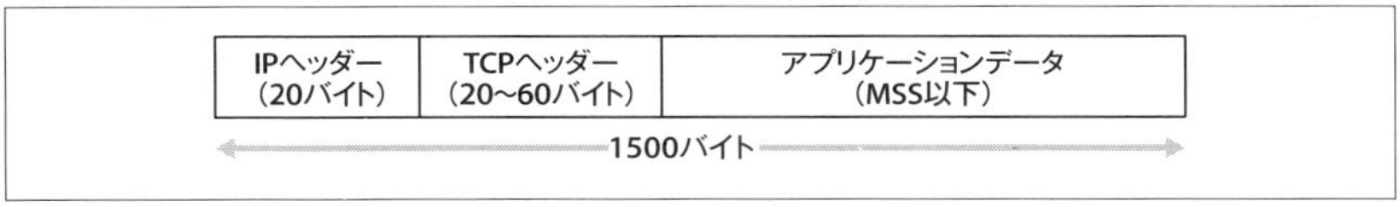

IPヘッダー （20バイト）	TCPヘッダー （20～60バイト）	アプリケーションデータ （MSS以下）

←―――――――――1500バイト―――――――――→

　アプリケーションから渡された一連のデータの分割を行うとき、TCPはその扱うデータを構造を持たない単なるビット列と見なします。そして、アプリケーションをまったく考慮せずに分割し、転送を行います。受信側のアプリケーションが受信したデータを問題なく復元し、通信を完了させるためには、TCPでデータの順序や途中のデータ消失がないことを確実に保証できていなければなりません。

TCPヘッダーフォーマット

　図3.2に、TCPのヘッダーフォーマットを示します。ここでは、それぞれのフィールドの役割について解説します。このようなヘッダーの説明図はよく32ビット単位で描かれています。これは、ヘッダー構造が32ビットコンピューターを意識して作られているためです。あくまで表示の方法なので、現在は64ビット環境が主流になりつつありますが、見方を変える必要はありません。実際はすべてのフィールドが行方向に読み出される形で、1次元のビット列として処理されます。

- **始点ポート番号**(*source port*)
  16ビット長のフィールドで、送信元のポート番号を示す

- **終点ポート番号**(*destination port*)
  16ビット長のフィールドで、宛先のポート番号を示す

- **シーケンス番号**(*sequence number*)
  32ビット長のフィールドで、シーケンス番号を示す。このフィールドにより送信したデータの位置が指定され、受信側はこれを参照することで順序制御を行うことができる。

図3.2　TCPヘッダーフォーマット

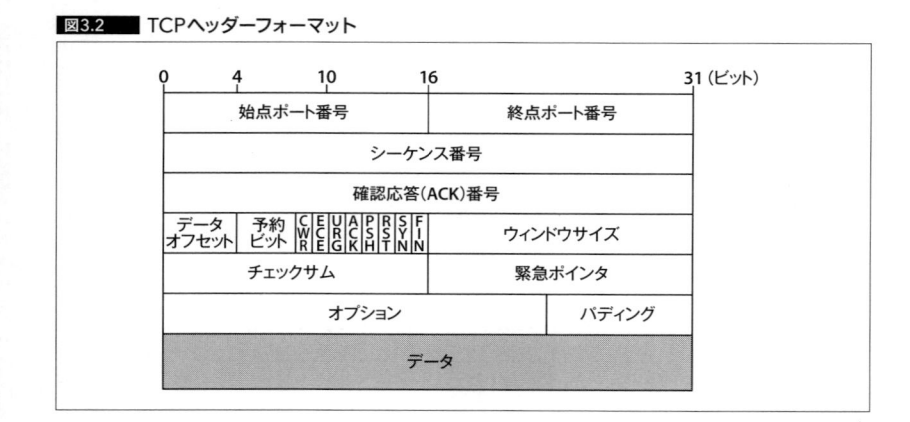

シーケンス番号が最大値に到達した場合には、最小値に戻り巡回して使用される

- **確認応答番号**(*acknowledgement number*)

  32ビット長のフィールドで、受け取ったシーケンス番号に対する確認応答(**ACK**)番号が格納される。正確には、「次に送って欲しいシーケンス番号」が格納されることに注意。つまり、「それ以前のシーケンス番号は正確に受信できている」ということを意味する(この考え方は3.4節以降の詳細な動作を理解するのに重要である)

- **ウィンドウサイズ**(*window*)

  16ビット長のフィールドで、受信側が受信可能なデータサイズをバイト単位で通知する[注1]ために用いられる。送信側は、この通知されたウィンドウサイズを超えてセグメントを送信することはできない。送信側は、輻輳制御アルゴリズム(3.4節)に従いウィンドウサイズ(輻輳ウィンドウ)を制御するが、ここで通知されたウィンドウサイズが優先される。詳細は3.3節のフロー制御にて後述

- **データオフセット**(*data offset*)

  TCPヘッダーはオプション領域を含むことから20〜60バイトの可変長となっている。そのため、TCPヘッダーに続くデータがどこから始まるのかを明示するための情報が必要。このためにデータオフセットが用いられる。言い換えると、TCPヘッダーの長さを意味する。このフィールドは4ビット長、つまり0〜15までの値をとり、その4倍がTCPヘッダーの長さとなるように定義されている。たとえば、TCPヘッダーが20バイトである場合、このフィールドには5(`0101`)が格納される

- **予約**(*reserved*)

  将来の拡張のために用意されているフィールド。TCPの標準仕様(RFC 768)では後述するURGフラグからFINフラグまでが定義されている。2001年に仕様化されたRFC 3268にて、より高度な輻輳制御のためにCWR、ECEのフィールド(後述)が追加された

以下、各コントロールフラグ(*control flag*)は8ビット長を持つフィールドで、それぞれのビットが1にセットされた場合、そのフラグは有効となり、それらが指示する動作を機器に与えることになります。

- URG (*Urgent Pointer field significant*)

  緊急に処理すべきデータが含まれていることを意味する。そのデータは緊急ポインターのフィールドで示される

- ACK (*Acknowledgement field significant*)

  確認応答番号のフィールドが有効であることを意味する。コネクション確立時の一番最初のTCPセグメント以外は、必ず1になっている

- PSH (*Push function*)

  受信したデータをすぐに上位のアプリケーションに渡さなければならないことを意味する。0の場合はしばらくの間バッファに溜めておくことが許される

[注1] 「広告する」とも言います。

- RST (*Reset the connection*)

コネクションを強制的に切断するために用いるフィールド。何らかの異常を検出した場合に、このフィールドを有効にしたパケットが送信される。たとえば、使われていないポート番号に接続要求が来たときである。このような場合には通信はできないので、このフラグを有効化したパケットを返送することにより接続を強制終了させる

- SYN (*Synchronize sequence numbers*)

コネクションの確立時に用いられる。またこのとき、通信を開始する際のシーケンス番号のフィールドが初期値に設定される

- FIN (*no more data from sender*)

通信の最後のセグメントであることを意味する。コネクション切断時に用いられる

- CWR (*Congestion Window Reduced*)

輻輳ウィンドウの減少を通知するフィールド。次のECEフィールドとセットで用いられる

- ECE (*ECN-Echo*)

輻輳が発生したことを通知するときに用いられる。パケットの消失はIP層にて検出され、このときIPヘッダーにおけるECN (*Explicit Congestion Notification*) フラグが有効となる。レイヤー間のパケットの受け渡しの際に、TCPヘッダーのECEフラグが有効化され、送信元に通知される。つまり、データ消失の検知はネットワーク層、通知はトランスポート層というように役割分担されている。通常、複数のレイヤーをまたがる処理は行われないが、異なるレイヤーへの受け渡しの際にのみ情報のやり取りが可能。ECEのように、ヘッダーを経由して情報を付与することでより柔軟な処理が可能となる

- チェックサム (*checksum*)

データが正しく受信されたかを確認するために用いられる16ビットのフィールド。IPヘッダーの一部の情報（送信元IPアドレス、宛先IPアドレス、プロトコル番号、TCPパケット長）[注2]と併せてあるルールに則って計算を行い、その結果を参照することでデータの破損をチェックすることができる。TCPではこの機能は必須となっている。データが破損する原因として、通信経路中に加わる雑音や、経由する通信機器のプログラムのバグなどが考えられる。雑音による誤りは、下位のデータリンク層で補償されることがほとんどであるため、トランスポート層では機器の故障やバグがおもな原因であると考えられている。もしデータが破損していれば再送要求を行うことで正確なデータを受信することができる

- 緊急ポインター (*urgent pointer*)

コントロールフラグのURGフィールドが1に設定された場合にのみ使用される。データフィールドの中で、どこからが緊急データであるのかを示す情報が格納される。正確には、シーケンス番号と、その緊急データの位置によってバイト単位で示される。一般に

注2 これらとTCPヘッダーを合わせて、「TCP疑似ヘッダー」と呼びます。3.2節でも述べますが、コネクションの識別には「送信元IPアドレス」「宛先IPアドレス」「プロトコル番号」「送信元ポート番号」「宛先ポート番号」が用いられることから、これらが誤っていないかを確認するために、疑似ヘッダーを元にチェックサムの計算を行うこととしています。IPv4、IPv6ともに考え方は同じで、IPv6ではIPアドレス長が128ビットとなる分、疑似ヘッダーのサイズが大きくなります。

は、通信や処理の中断に用いられるが、このフィールドをどのように扱うかはアプリケーションによって決めることができる

- **オプション**(*options*)

 オプションは最大40バイトまでの可変長フィールドであり、TCPの機能を拡張させるために用いられる。MSSの値はコネクションの確立時(3.2節)に決定されるが、そのときにこのオプションフィールドを用いている。また、TCPスループットを改善するためのウィンドウスケールオプションもある。本来ウィンドウサイズのフィールドは前述したように16ビットであるため、最大でも$2^{16} = 64$KBまでしか一度に転送できない。これを用いることで最大で1GB(*gigabyte*)まで拡張することが可能となり、RTTが大きい環境や広帯域の環境において高いスループットを実現できるようになる。また、SACKやタイムスタンプの機能(1.6節)も、このオプションフィールドにより実現される

- **パディング**(*padding*)

 TCPヘッダーの長さを32ビットの整数倍とするために、空データとして0を挿入する

- **データ**(*data*)

 TCPペイロードとして、上位層のヘッダーを含む情報がMSS以下となるように格納される

UDPヘッダーフォーマット

UDPのヘッダー構造を**図3.3**に示します。図3.2のTCPヘッダーと比較して、シンプルなものとなっていることがわかります。UDPヘッダーとデータの長さの和が格納される16ビットのパケット長フィールドと、送信元と宛先のポート番号、チェックサムのみです。以下に、それぞれのフィールドの役割を説明します。

- **始点ポート番号**(*source port*)
 UDPデータグラムの送信元のポート番号を示す16ビット長のフィールド

- **終点ポート番号**(*destination port*)
 UDPデータグラムを受信側のポート番号を示す16ビット長のフィールド

図3.3 UDPヘッダーフォーマット

0　　　　　　　　　　　　16　　　　　　　　　31 (ビット)
始点ポート番号 / 終点ポート番号
パケット長 / チェックサム
データ

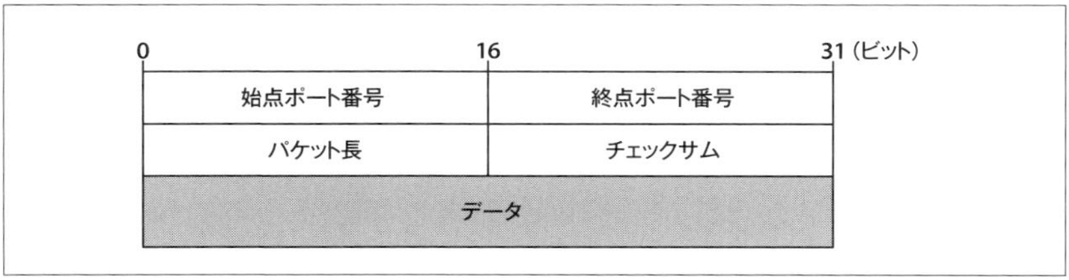

- パケット長(*length*)
  UDPヘッダーとデータグラムの長さの和が格納される16ビットのフィールド

- チェックサム(*checksum*)
  TCPヘッダーのチェックサムと同様、UDPデータグラム全体(UDPヘッダー、IPアドレス、ポート番号)のデータが壊れていないことを確認するためのフィールド。UDPではオプション機能である。これを無効にすることでチェックサムの計算処理を省くことができるため、より高速なデータ転送が可能になるが、信頼性は低くなる。無効にする場合はチェックサムフィールドのビットをすべて0にする

3.2
コネクション管理
3ウェイハンドシェイク

　TCPでは1対1の通信としてコネクションを確立し、その始まりと終わりを管理します。これも信頼性を保証する機能の1つと言えます。本節では、TCPによるコネクションの管理方法について説明します。

コネクションの確立　3ウェイハンドシェイク

　TCPでは通信を開始する前に、通信相手との間でコネクションを確立します。TCPは全二重の通信を提供するプロトコルなので、送受信側の双方からの接続確立要求を行う必要があります。コネクションの確立は下記の手順で行われます。

❶送信側から確立要求としてSYN (コネクションの確立要求) フラグの有効化されたTCPパケットを送信

❷受信側はこれに対するACKと、同時に受信側からの接続確立要求として同TCPヘッダーのSYNフラグを有効化して送信

❸送信側が受信側からのSYNに対するACKパケットを送信

　このように、3回の送信でコネクションの確立が成立するため、**3ウェイハンドシェイク**(*three-way handshake*)と呼ばれます。この流れを**図3.4**に示します。先にSYNパケットを送信する側の接続開始処理を「アクティブオープン」(*active open*)、対して、SYNパケットを受信して接続開始する処理を「パッシブオープン」(*passive* *open*)と呼びます。前述したとおり、SYNとACKはTCPヘッダーのフラグ領域に含まれており、これを利用しています。手順❷において、ACKとSYNを同時に送ることから効率化が図られています。

コネクションの切断 ハーフクローズ

コネクションの終了は片方ずつ行います。これを「ハーフクローズ」(*half-close*)と呼びます。これは、TCPのデータ転送が全二重、つまり双方向にて行われている場合、一方のコネクションが先に転送し終えたとしても、もう一方のデータ転送が継続している可能性があるためです。したがって、ハーフクローズによるコネクション切断が完了するまでには4つのパケットがやり取りされることになります。受信側は、FINに対する最後のACKを受信したらコネクションを切断します。送信側は、最後のACKを送信した後、一定のタイムアウト期間を待ってからコネクションを切断します。これは、送信側からのFINの再送が行われない、つまりACKが正確に送信側へと返送されたことを確認する意味が込められています。双方の切断が完了すれば、TCPによるコネクションの終了となります。

❶送信側は最初にFIN（コネクションの終了要求）を送信

❷受信側はACKを送信し、その次にFINを送信

❸送信側はそのFINを受信して最後のACKを送った後、一定時間待ってコネクション終了

図3.4 3ウェイハンドシェイク

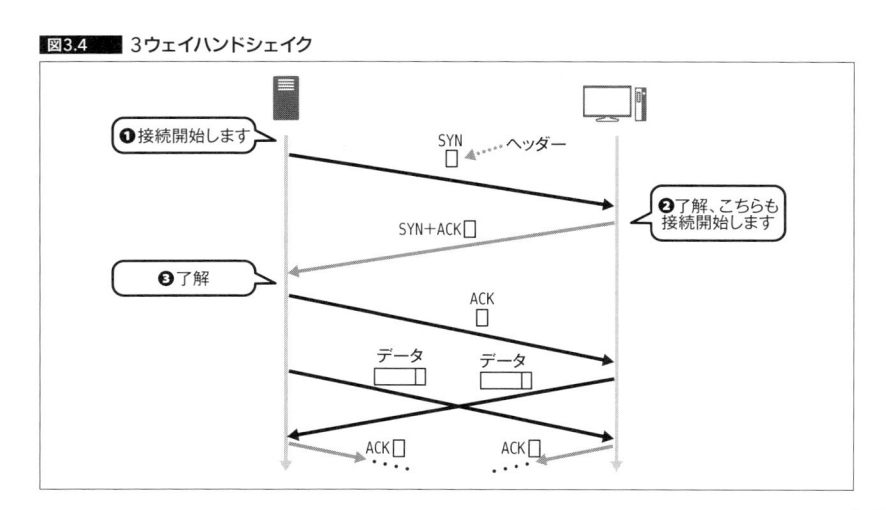

この様子を**図**3.5に示します。先にFINパケットを送信する側のクローズ処理を「アクティブクローズ」、その後に実施される相手側のクローズ処理を「パッシブクローズ」と呼びます。

ポートとコネクション

アプリケーションの識別はポートと呼ばれる、トランスポート層における住所を表す番号によって行われます。第1章では、ポート番号はアプリケーションプロトコルに対応することを説明しました。それ以外にも、ポート番号はネットワーク層のIPアドレスとプロトコル番号（TCPまたはUDP）とともに、通信の識別に利用されます。IPアドレスとポート番号には送信元と宛先があるので、つまり、

- 送信元IPアドレス
- 宛先IPアドレス
- プロトコル番号
- 送信元ポート番号
- 宛先ポート番号

の5つの数字の組み合わせとして識別され、それらのうち一つでも違えば、異なる通信のコネクションとして扱われることになります。

図3.5　　ハーフクローズ

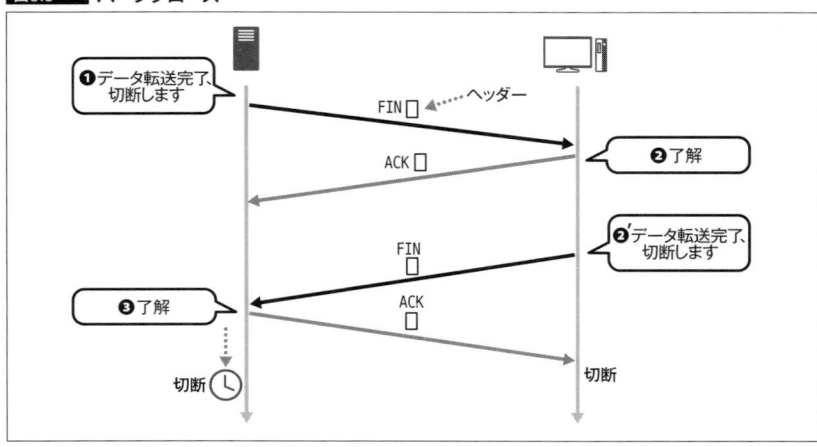

　たとえば、送信元/宛先IPアドレスと送信元/宛先ポート番号がまったく同じであっても、プロトコル番号が異なればそれは異なるコネクションです。また、送信元/宛先IPアドレスとプロトコル番号、宛先ポート番号が同じでも送信元ポート番号が異なれば(つまり異なるアプリケーション)、これも異なるコネクションです。

3.3

フロー制御とウィンドウ制御
多過ぎず少な過ぎず、適切な転送量と受信側バッファ

　ここでは、TCPにおけるデータ転送の基本的な考え方を説明します。転送量は多過ぎず少な過ぎず、状況に応じて適切に制御されなければなりません。それは、どのような情報を元に判断しているのでしょうか。本節と次節で解説します。

フロー制御　*ウィンドウとウィンドウサイズ*

　受信側の機器は、データを処理するために一時的に記憶する領域として「バッファ」を備えています。バッファのサイズは機器によって様々です。受信側では、受け取ったデータをいったん受信バッファに溜めて届け先となるアプリケーションに引き渡します。受信側が受信バッファよりも大きなデータを受信してしまうと、そのデータを取りこぼし、結果としてデータの消失となってしまいます。すると、送信側に無駄な再送をさせてしまうことになります。

　ネットワークの輻輳以前に、まず通信機器としての許容量を把握しコントロールしなければなりません。そこで、受信側は送信側に受信可能なデータサイズを通知し、セグメントの送信量を調整できるようになっています。これを**フロー制御**(流量制御)と言います。

　ここで、TCPはデータ転送に「ウィンドウ」という概念を取り入れています。送信側は与えられたウィンドウサイズ分のセグメントを、ACKを待たずに送信できるという仕組みになっています。TCPのヘッダーにはウィンドウサイズを通知するためのフィールドがあり、受信側は、受信可能なバッファ量をこのウィンドウサイズのフィールドに格納してACKを返答します(**図3.6**)。これはつまり、1.5節

図3.6 フロー制御

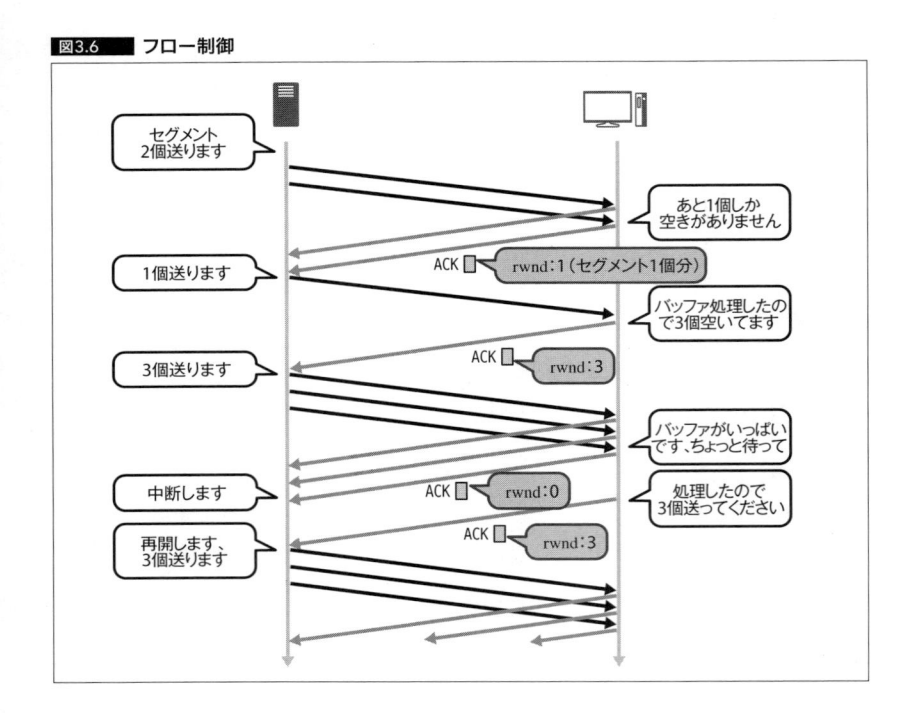

で説明した受信ウィンドウサイズ「rwnd」のことです。

バッファリングと遅延

　受信バッファの容量を超えるデータが送られてきた場合や、バッファが小さ過ぎる場合には、受信ウィンドウサイズrwndを0として通知することになってしまいます。先ほどの図3.6にその様子を示していますが、これらの場合、送信側はデータの送信を中断することになります。受信側でデータを受け取る余裕ができると、改めてACKパケットを送信することでデータ転送の再開を指示します。

　しかし、このように中断を繰り返してしまうようでは**遅延**が大きくなり、転送効率の低下を招きます。転送効率を高く維持するためには、バッファに格納されるデータ量がシステムの処理能力を超えない範囲で、できるだけ大きな値となるように受信ウィンドウサイズを指定することが望まれます。

ウィンドウ制御 　スライディングウィンドウ

　ウィンドウ制御は、送信側で一度に転送可能なデータ量を表すパラメーターであるウィンドウサイズ「swnd」を増減させながら、未送信のデータを転送していく方式のことです。これには「スライディングウィンドウ」という考え方が用いられており、**図3.7**を用いて簡単に説明します。ウィンドウ内にあるセグメントはACKを待たずに送信することができます。

　図3.7 ❶は、4つのセグメント(3、4、5、6)は一度に送信され、ACKの受信を待っている状態です。次に、❷に移行し、3番のセグメントに対するACKを受信するとウィンドウは1つ右へスライドし、かつウィンドウが1つ拡張されたものとします。そして、送信待ちであった7番と8番のセグメントが送信されます。このようにして、ACKが到着するたびに順次新しいセグメントを送出していきます。

　ウィンドウをスライドさせる際に増減させるウィンドウの数(ウィンドウサイズ)は、輻輳の状態等に応じてさまざまなアルゴリズムによって決められます。基本的には、このウィンドウサイズは輻輳ウィンドウサイズ「cwnd」として、次節以降で説明する輻輳制御アルゴリズムによって能動的に決定されます。ただし、受信側のバッファ許容量として通知されたrwnd値がcwndよりも小さければ、こちらが優先されることになります。

おさらい：フロー制御、ウィンドウ制御、輻輳制御

　ここで、「フロー制御」「ウィンドウ制御」「輻輳制御」とさまざまな考え方が出てきたので、それらの関係を整理しておきましょう。**図3.8**のようにまとめました。

図3.7 ■ スライディングウィンドウ

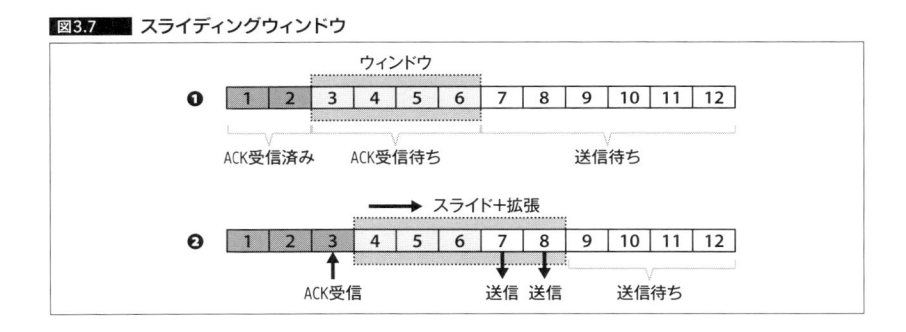

図3.8　　ウィンドウ制御の整理

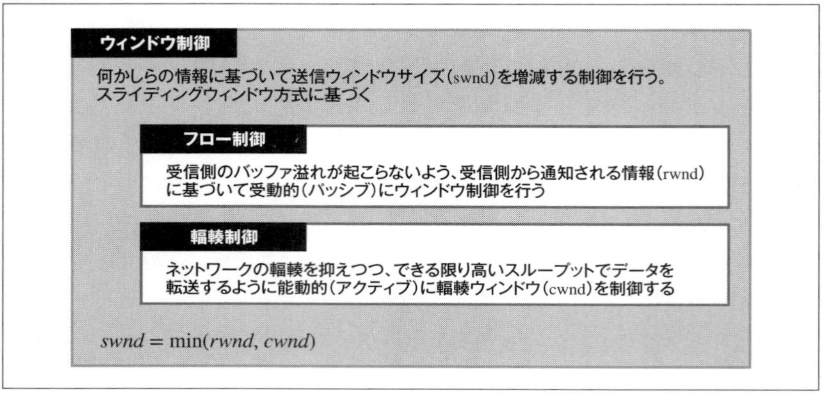

ウィンドウ制御
何かしらの情報に基づいて送信ウィンドウサイズ(swnd)を増減する制御を行う。
スライディングウィンドウ方式に基づく

フロー制御
受信側のバッファ溢れが起こらないよう、受信側から通知される情報(rwnd)
に基づいて受動的(パッシブ)にウィンドウ制御を行う

輻輳制御
ネットワークの輻輳を抑えつつ、できる限り高いスループットでデータを
転送するように能動的(アクティブ)に輻輳ウィンドウ(cwnd)を制御する

$swnd = \min(rwnd, cwnd)$

　まず、「ウィンドウ制御」が上位概念に相当し、スライディングウィンドウ方式
に基づいてデータの転送を行います。

　送信ウィンドウサイズを決定するための方法が「フロー制御」と「輻輳制御」とな
ります。フロー制御は受信側から通知される受け入れ可能なウィンドウサイズ
rwndに基づいて送信ウィンドウサイズswndを決定するものです。これは受動的
な制御と言えるでしょう。輻輳制御は、ネットワークの輻輳をできるだけ抑えつ
つ、できるだけ効率良くデータを転送できるように輻輳ウィンドウサイズcwndを
決定するものです。これは能動的な制御と言えるでしょう。

　最終的には、rwndとcwndを比較し、小さい方がswndとして採用されます。

3.4
輻輳制御
転送量と、中身が見えない自律的なネットワークの状況の推測

　前節において、まず「受信側のバッファの状況」を考慮しながら転送量を調節す
ることが大前提であることがわかりました。続いて考慮すべきは「ネットワークの
状況」です。ただし、ネットワークの中は見えないため、それをどのように推測
し、ウィンドウ制御に反映させるかが鍵となります。

TCPの輻輳制御の基本コンセプト 「ネットワークの状態はよくわからない」という前提

インターネットのような自律的なネットワークは、その中でやり取りされているデータの総量や混雑状況をまったく予測することができません。ただ、ネットワークに大量のデータを送り続けると、どこかの中継点でデータが溢れ、パンク状態になることは容易に想像できます。この状態が輻輳ですが、輻輳が起きた（と考えられる）場合に、送信者自身が適切な制御を行うことができれば、ネットワークの輻輳を抑えることができるはずです。これを実現するために、輻輳制御は重要とされています。

TCPの輻輳制御アルゴリズムは「ネットワークの状態はよくわからない」という前提のもとで、特定の指標に基づき転送量の制御を行っています。

最も典型的なアルゴリズムはLoss-based、つまりセグメントの消失を契機に制御方式を変えるものです。基本的な動作としては、セグメントが消失していないときはネットワークが空いていると判断し転送量を上げ、反対にセグメントが消失するときはネットワークが混雑していると判断し転送量を下げます。Loss-basedでは、転送量の上げ下げを繰り返しながら通信を行います。セグメント消失が起きるまで転送量を上げ続け、消失が引き起こされることによって通信経路の限界を判断します。

その他の輻輳制御アルゴリズムとしては、RTTに基づくDelay-basedと、Loss-basedとDelay-basedの両者を取り入れたHybridの制御方式があります。それぞれのアルゴリズムについては、第4章で紹介します。

ここから紹介する基本的な輻輳制御とは、輻輳ウィンドウサイズcwndを、

- スロースタート
- 輻輳回避
- 高速リカバリー

といったアルゴリズムを使い分けることにより制御することです。

以降では、それぞれのアルゴリズムの動作を解説します。前節にて述べたように、受信ウィンドウサイズrwndがcwndよりも小さければrwndが優先されることになりますが、以降の説明ではrwndは十分大きい値として、おもにcwndによる輻輳制御の振る舞いを解説していきます。

スロースタート

　それぞれのアプリケーションが通信開始とともに大量のデータを送信し始めると、すぐに輻輳が起こってしまうことが予想されます。

　これを防ぐため、通信開始時には**スロースタート**(*slow start*)と呼ばれるアルゴリズムに従ってデータを送信します。送信側はまず輻輳ウィンドウサイズcwndを1セグメントサイズに設定して送信し、それに対するACKを受け取るとcwndを1セグメント(以下、簡単のため1セグメント = MSSとする)増加させます。

$$cwnd = cwnd + mss$$

　つまり、送信側はACKを1つ受け取るごとに2つのセグメントを送信できることになります。受信側から通知されたウィンドウサイズrwndに達するまでこの式に基づき転送量を上げていきます。セグメントの送信からACKを受信する1RTTごとに見た場合、cwndは指数関数的に増加していくように見えます。このスロースタートアルゴリズムにより通信開始時のトラフィック量を抑え、輻輳の発生率を抑えることができると考えられます。

　スロースタートによる通信フローとスライディングウィンドウ、そして輻輳ウィンドウサイズcwndの変化の様子を**図3.9**に示します(さらに簡単のためMSSは1とする)。

　cwndは最小値である1からデータ転送を開始し(❶)、ACKを受け取るごとにcwndは2(❷)、4(❸)、8(❹)と増加していきます。ここで、3.1節でも述べましたが、ACKの番号は受信側において未受信のシーケンス番号となることに注意です。ウィンドウはACKを受け取るごとにスライドしながら、未送信のセグメントを送信します。最大となるcwndを16とすると、これに到達した後は一定値を保ちます。これ以降はACKを受け取ったとしてもcwndは増加させず、受け取ったACKと同数のセグメントを新規に送信することになります。

輻輳回避

　スロースタートは指数的にcwndが拡大するため、時間の経過とともにデータ転送量が大幅に増えていきます。セグメントの消失後にもこのスロースタートによってセグメントを送り続けると、再び輻輳が起こる可能性があります。

　これを防ぐための改良法が**輻輳回避**（*congestion avoidance*）アルゴリズムとして考案されました。再送が起きた時点でのcwndの半分の値をスロースタート閾値（*slow start threshold*、ssthresh）として設定し、cwndがssthreshに達した後は、ACKを受け取るたびに増やす輻輳ウィンドウの増加分を緩やかにします。このときのcwndの更新式は、

$$cwnd = cwnd + mss/cwnd$$

となります。こうすることでウィンドウサイズはRTTごとに1ずつ線形に増加していく形となり、輻輳が発生したときのウィンドウサイズまで徐々に転送量を上げていくことになります。

　このときの通信フローとスライディングウィンドウおよびウィンドウサイズの変化の様子を**図3.10**に示します。ここに示すフローは、cwnd=8で輻輳および再

図3.9 スロースタート

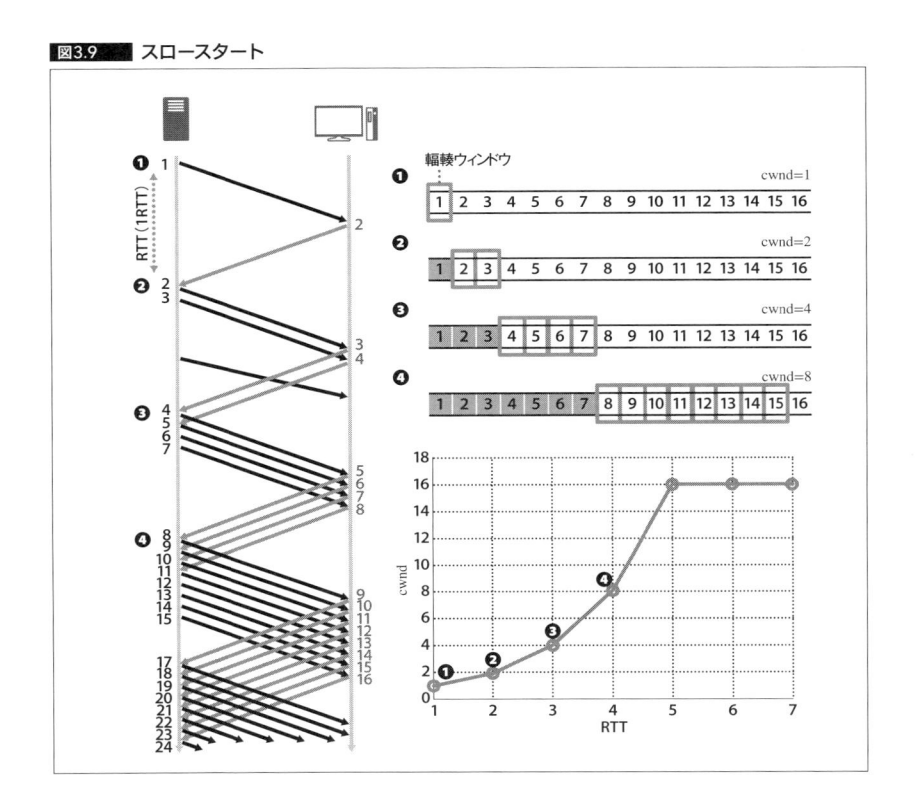

送が発生した場合を想定して、ssthreshが4に設定され、スロースタートからcwnd
が4に達した後の動作を例示しています[注3]。

4つのセグメントを送信し（❶）、それらに対するACKを4つ受信するとcwndを
1増加し、5つのセグメントを送信します（❷）。これと同じ要領でACKをcwndの
数、受信した後にcwndを1ずつ増加し、少しずつデータの転送量を上げていきま
す（❸❹）。ウィンドウサイズの変化からもわかるように、スロースタートではcwnd
が指数的に増加していきますが、輻輳回避段階（❶以降）では線形的であり、増加
の仕方が緩やかであることがわかります。つまり、輻輳状態となったcwndに到達
するまでに時間がかかるため、その分多くのデータを転送できることになります。

....
注3　順序が入れ替わってしまいますが、再送からスロースタートの流れについては後述の3.5節を参照して
ください。

図3.10 　**輻輳回避**

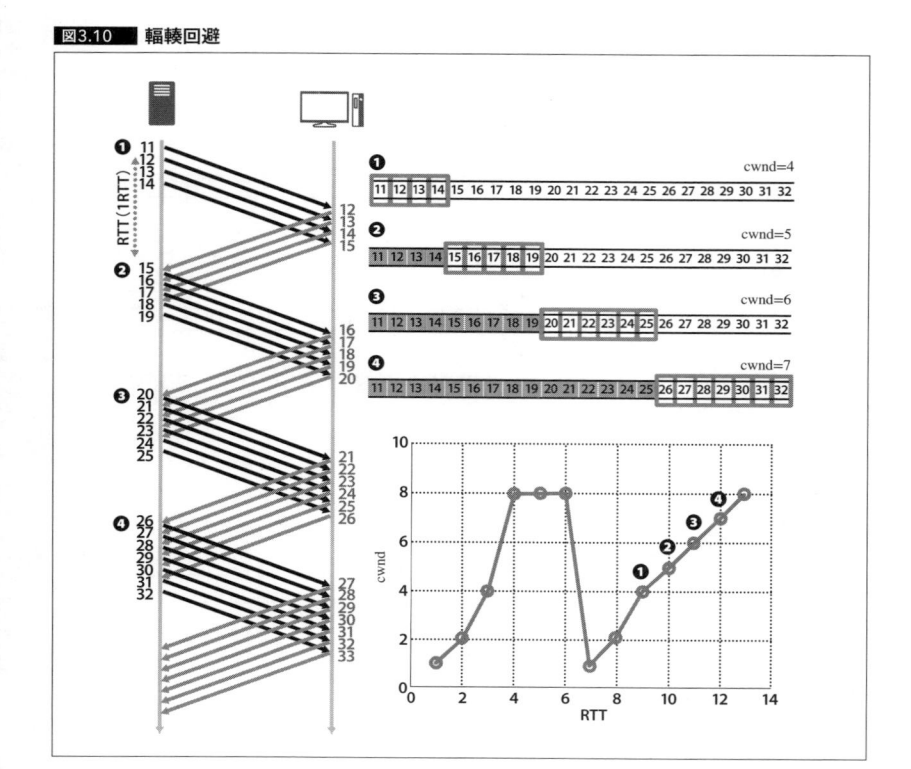

高速リカバリー

　「輻輳回避」は、輻輳が発生するまでのセグメント送信量に改良を施してそれを起きにくくする工夫でした。一方、輻輳の検出時、毎回スロースタートから再開するのでは転送効率が必ずしも良いとは言えません。そこで、輻輳検出による再送後のcwndを小さくし過ぎないように改良をすることで、転送効率を向上させるという工夫が考案されました。それが**高速リカバリー**（*fast recovery*）です。

　高速リカバリーは、輻輳の程度が小さい場合に有効と考えられます。タイムアウトによる再送は、輻輳の程度が大きいと考えられ、スロースタートからの再開が適しています。一方、輻輳が軽度と考えられる場合の再送制御として**重複ACK**（*duplicate ACK*）の受信を契機とする手法があります。これを「高速再転送」と呼び、詳しい仕組みついては次節にて説明しますが、この場合にスロースタートから再開するのでは転送量を落とし過ぎと考えられます。そこで、高速リカバリーによる、ある程度転送量を維持できるようなウィンドウ制御を行います。

　図3.11に、高速リカバリーによる輻輳ウィンドウの変化の様子を示します。詳細な動作フローについては高速再転送とともに説明する必要があるため、3.6節にて、具体的な輻輳制御アルゴリズムであるRenoおよびNewRenoの動作例を用いて解説します。

　図3.11において、時間（*t*）= 6のときに高速再転送が実施されたとすると、ウィンドウサイズcwndを半分に減少させ、同時にこの値をssthreshとして保存します。そして、cwndにさらに3セグメント加えた大きさに設定します。この3セグメン

図3.11　高速リカバリー

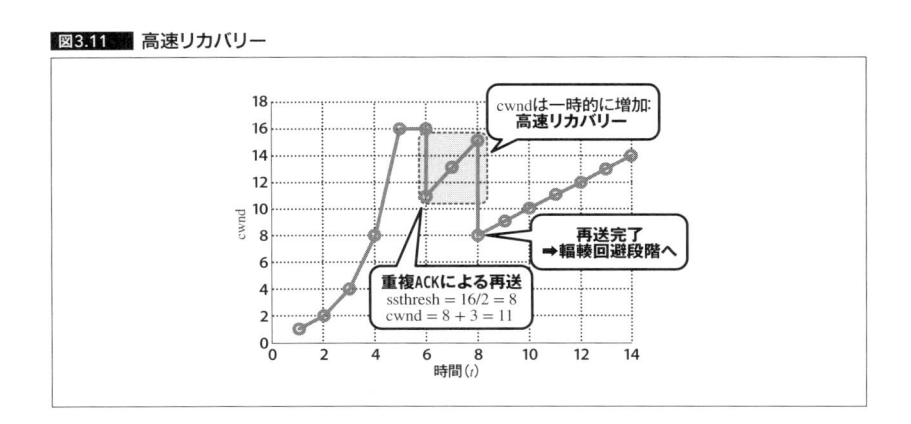

トというのは、高速再転送では重複するACKを3つ受信することを契機に再送されることに基づいており、少なくとも3セグメントは正確に受信側に届いているということが考えられるためです（p.90の図3.14を参照）。

　その後、再送セグメントが正確に受信側に到達するまでは重複ACKは送信され続けますが、これを受け取るたびにウィンドウを1ずつ増やし、ウィンドウ内に送出していないセグメントがあれば送信します。そのため、$t=6$以降はcwndは一時的に少し増加し、輻輳検出後の過度なスループットの低下を防ぐことができます。$t=8$において再送したセグメントに対する新しいACKが到着すると、cwndをssthreshに設定し、輻輳回避段階へ入ります。

　以上のように、TCPの輻輳制御アルゴリズムは、

- 輻輳が起きない限界近くまで転送量を上げること
- 輻輳検出後の再開時にできるだけ転送量を下げ過ぎないようにすること

という2つの処理を与えることで、できるだけ効率良くデータ転送することを狙いとしていることがわかります。Renoでは、この高速リカバリーが採用されています。また、NewRenoでは、高速再転送～高速リカバリー段階において複数のセグメント消失が生じた際の改良がなされています。

3.5

再送制御
確実かつ効率的に、高信頼通信の要

　データを消失なく相手先へ送り届ける手段として、**再送**は最も重要な機能です。一方、効率的なデータ転送のためにはデータの消失を無駄なくいち早く検出し、迅速に対応することも求められます。

　本節では、確実かつ効率的な再送制御を実現するための考え方や機能について解説します。

高信頼通信に必須な再送制御

　ネットワーク中でセグメントまたはACKが消失した場合、そのセグメントは再

送されなければなりません。再送は、通信の信頼性を提供する最も重要な機能と言えます。これと同時に、転送効率も考慮されなければなりません。これらは、どのようにして通信機器のプロトコルとして実装されているのでしょうか。

セグメントの消失は、

- 再送タイマーがタイムアウトした場合
- 重複するACKが一定数以上届いた場合

の2つのケースで判断され、それらを契機としてセグメントの再送が行われます。以下では、「**1**再送タイマーによるタイムアウト制御」「**2**重複ACKの利用」の、2つの再送制御アルゴリズムについて解説します。

1 再送タイマーによるタイムアウト制御

データの消失を検出する一つの手段は、「送信側にACKが届いたか否か」です。これを判断するために、タイマーを用います。セグメント送信後、当該セグメントに対応するタイマーをセットし、一定時間待ってもACKが返信されない場合、つまり、タイムアウトとなった場合に、送信側は再度セグメントを送信します。

図3.12にその動作例とスライディングウィンドウの変化の様子を示します。輻輳ウィンドウサイズcwndが8のとき、それぞれのセグメントに対してタイマーがセットされます（**❶**）。

ここで、10番のセグメントが消失したとします。8、9番のセグメントは正確に届けられたというACKが返答されるので、これらの受信とともにウィンドウをスライドさせ、未送信のセグメントが送信されます（**❷**）。ウィンドウサイズ8を最大値と仮定し、ここではウィンドウの増加はないものとします。

この後、受信側は10番のセグメントを要求するACKを送信し続けますが、送信側は、これではウィンドウをスライドさせることはできないため、以降のセグメントは送信されません。そうしているうちに、10番のセグメントに対する再送タイマーがタイムアウトとなります。ここで10番のセグメントを再送するとともにcwndを初期値の1に設定します（**❸**）。

ここからスロースタートの再開となります。再送セグメントが正確に受信側に到達すれば、18番のセグメントを要求する（つまり、17番までの正確な受信を伝える）ACKが返答されます。以降はスロースタートのウィンドウ制御アルゴリズ

ムに従い、cwndをACKの受信ごとに1ずつ増加していきます(**❹**)。

　再送タイマーはセグメントが送出されるたびにセットされますが、このとき、適切なRTO(再送タイムアウト値)を決定することが重要となります。タイムアウト値が長過ぎると転送効率の低下を招き、逆に短過ぎると、正確にデータを転送できているにもかかわらず不要な再送が頻発してしまい、ネットワークに余計な負荷を与えることになります。データを送出してからACKを受信するまでの往復時間RTTは、ネットワークの混み具合や経路の長さによってその値が大きく変動します。

　そこでRTOについて、RTTを元に随時算出/更新することでRTTの変化に動的に対応できるようにしますが、RTTの急激な変化にも対応できるようなRTOの決定手法が求められます。以下では、RTOを決定する2通りの手法について説明します。

図3.12　タイムアウトによる再送

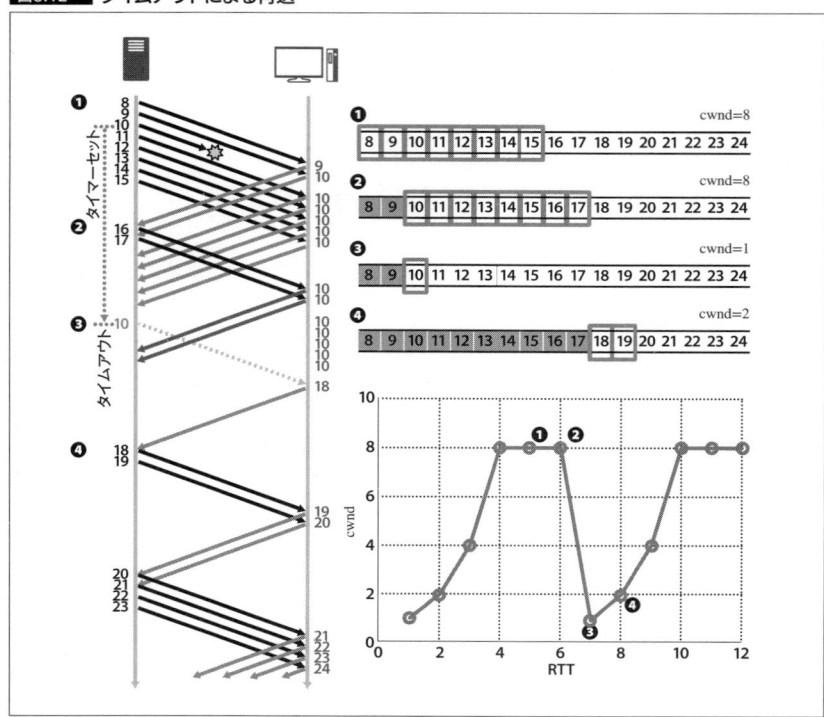

─────── SRTTから求める従来からの手法　RTO決定法①

　TCPの基本仕様RFC 793では、RTTの計測値を平滑化した値であるSRTT（*Smoothed Round Trip Time*）からRTOを求める手法が定められています。これにより、RTTの変動に動的に対応することを狙いとしています。*SRTT*および*RTO*は、以下の計算式から算出されます。

$$SRTT = \alpha \times SRTT + (1 - \alpha) \times RTT$$
$$RTO = \beta \times SRTT$$

　ここで、αは「平滑化係数」と呼ばれ、RFC 793での推奨値は0.8〜0.9とされています。βは「遅延変動係数」と呼ばれ、推奨値は1.3〜2.0です。RTTを計測するたびにSRTTを更新しながら、それに対していくらか大きい値をRTOとして用いる、ということがわかります。

─────── Jacobsonによる新しいアルゴリズム　RTO決定法②

　しかし、上記の再送タイムアウト値の決定法には、計測したRTTのばらつきが考慮されてないという問題点がありました。RTTのばらつきが大きくなると、従来の計算式による平滑化では急速なRTTの変化に対応できず、RTOがRTTよりも小さくなってしまう場合があります。つまり、正確にセグメントが届いているにもかかわらず誤ってタイムアウトと判断し、不要な再送処理を行ってしまいます。

　そこで、この問題を解決するためにRTTの分散を利用する新たな再送タイムアウト値の決定手法が、1988年にVan Jacobsonにより提案されました。この手法では、以下の式に基づいて*RTO*が求められます。

$$Err = RTT - SRTT$$
$$SRTT = SRTT + g1 \times Err$$
$$v = v + g2 \times (|Err| - v)$$
$$RTO = SRTT + 4 \times v$$

　*SRTT*は*Err*を用いて平滑化されます。*Err*は*SRTT*と*RTT*の誤差を示しており、これを平均の評価値として扱います。*SRTT*の算出式では、測定値のずれを$g1$ずつ荷重平均した値として*SRTT*を求めています。vは平均偏差であり、ずれの幅（偏差）を$g2$ずつ荷重平均した値として求められます。そして、*RTO*は*SRTT*と平均偏差を組み合わせて決定されます。

　標準偏差ではなく平均偏差を利用する理由は、標準偏差の計算に平方根の計算が伴うためであり、平均偏差を利用することによりRTOの決定に費やされる計算量を大幅に減少させることができます。また、2つの平滑化係数$g1$、$g2$の値にはそれぞれ推奨値があり、$g1$の値は0.125、$g2$の値は0.25とされています。RTOの計算において平均偏差の4倍を$SRTT$に加えている理由は、ほとんどのRTTは平均偏差の4倍以内に収まるという仮定に基づいているためです。

　RTTの分散を考慮したこのRTO決定法は、RTTの変動の大きな状況にも適応でき、現在多くの実装においてこの手法が採用されています。

　RTTの変動例に対する振る舞いの違い

　ここで示した2つのRTO決定法について、あるRTTの変動例に対するそれぞれの振る舞いの違いを**図3.13**に示します。従来のRTO決定法（Original）ではRTTの急激な増加に対応できず、$RTO < RTT$となる場合が確認できます。つまり、不要な再送の原因を作っていることを意味します。分散を考慮したJacobsonの手法では急なRTTの増加が生じた場合にも適切に追従できており、不要な再送を回避できるということがわかります。

　TCPの仕様ではACKの返答をもってRTTの計算が行われますが、一つ問題があります。ACKが返答されるまでに時間がかかり、無駄な再送をしてしまった場合、再送セグメントと当初のACKを用いてRTTが計算されてしまうケースがあります。すると、そのRTT計測値が極端に小さくなり、RTOの値も正確ではなくなってしまいます。このような誤動作を回避するために、再送したセグメントについてはRTTの計算は行いません。しかし、このときRTOが更新されないことになるため、これはこれでRTOがRTTの変動に適切に追従できなくなります。

図3.13　RTT、RTOの変動例

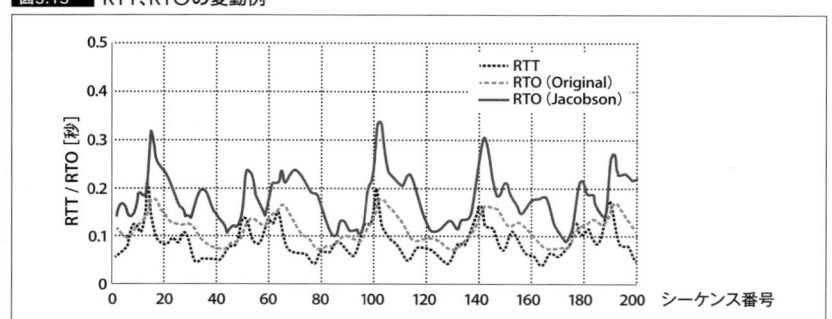

そのため安全側の対策として、再送が生じた際にはRTOを2倍にします。再送が連続して起こった場合にはRTOが指数関数的に増加しますが、こうなると再送までに多くの時間待たなければならず、転送効率が低下してしまいます。RTOは最大64秒まで増加し、これを超えても再送に失敗した場合は、ネットワークや受信側ホストに異常が発生していると判断し、強制的にコネクションを切断します。

❷重複ACKの利用　高速再転送アルゴリズム

　高速リカバリーの前提として動作するのが、**高速再転送**(*fast retransmit*)**アルゴリズム**です。ただし、高速リカバリーは輻輳回避、高速再転送は再送制御に関わるものであるため、それぞれは独立する機能です。Tahoeでは高速再転送のみが実装されており、次のバージョンであるRenoに高速再転送と高速リカバリーが実装されています。それぞれの動作の詳細は、3.6節にて解説します。

　セグメント消失の判断にタイムアウトまで待つのは、場合によっては待ち過ぎていることも考えられ、転送効率の低下を招きます。そこで、効率的な再送制御としてACKを利用する方法が考案されました。セグメントが消失した場合、受信側では期待するシーケンス番号とは異なるデータを受信することになります。このような場合、受信側は消失したセグメントを再度受け取るまでそのセグメントを要求するACKを送り続け、送信側は同じシーケンス番号を要求するACKを受信し続けることになります。高速再転送アルゴリズムでは、この特徴を利用します。

　送信側は、受信したACKに続いてさらに3回連続して同じACKを受け取ると、当該セグメントは消失したと判断し、再送タイマーのタイムアウトを待たずに再送処理を行います。このアルゴリズムはタイムアウトによる再送制御と比べ高速に動作することから、「高速再転送」と呼ばれます。RFC 2581に、後に述べる高速リカバリーアルゴリズムとともにその詳細が記述されています。なぜ3回かと言うと、1回や2回の重複ACK受信の段階においては、単にセグメントの順序が入れ替わっているだけ、という可能性もあるためです。できるだけ不要な再送を避けるように考えられています。

　図3.14に、高速再転送の動作フローの例を示します。8つのセグメントを送り出したとき、12番のセグメントが消失したとします。送信側は12番のセグメントを要求するACKの受信までは新たなセグメントを送信できますが、その後はウィンドウをスライドすることはできないため送信は止まります。ここで、12番を要

求する ACK を重複して3回受信したとき（つまり、ACKの受信総数としては4個）、当該セグメントは消失したと判断して再送を行います。これにより、再送タイムアウトを待つことなく再送が行われ、転送効率を高めることが可能となります。

輻輳回避アルゴリズムと再送制御の複合的な動作と輻輳ウィンドウの変化

　ここで、これまでに説明した輻輳回避アルゴリズムと再送制御が複合的に動作したときの輻輳ウィンドウ cwnd の変化の例を**図3.15**に示します。

　送信開始直後はスロースタートにて伝送を行い、cwnd が16に達するまで指数的に増加し、これを最大値としてセグメントを送信し続けるものとします。次に、図3.15❶の時点で再送タイムアウトにより再送が行われたとします。ssthresh をそのときの cwnd の半分の値である8に設定した後、スロースタート段階に入り、cwnd が ssthresh に達すると輻輳回避段階に移ります。

　❷の時点では、重複 ACK 受信による再送が行われ、ssthresh は14の半分である7に設定され、cwnd はこのときの ssthresh に3を加えた値の10となり、高速リカバリー段階に入ります。その後、重複 ACK をさらに受信しながら一時的にウィンドウは増加し、未送信のセグメントを送信します。

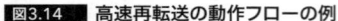

図3.14　**高速再転送の動作フローの例**

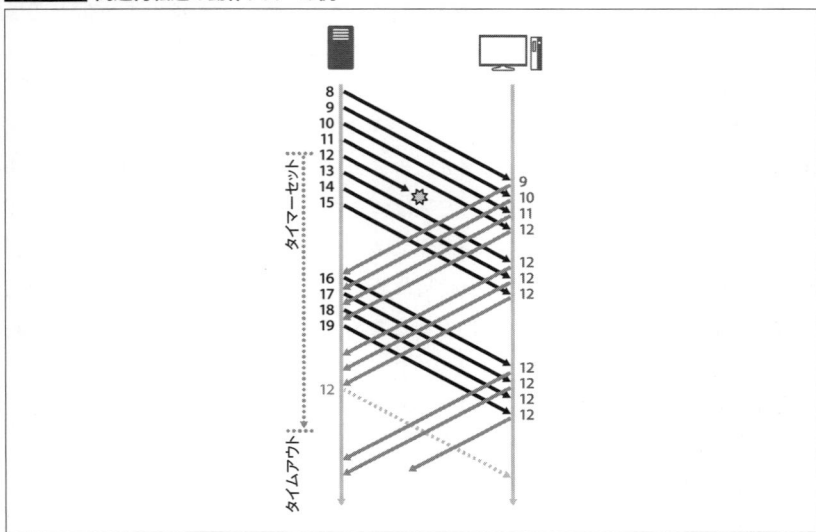

❸において再送されたセグメントに対するACKを受信すると、cwndはssthreshの7に設定され、輻輳回避段階へ移ります。その後また再送タイムアウトとなった❹では、再びスロースタートとなり、輻輳回避段階へと移ります。

　TCPではこのような動作を繰り返すことによって、ネットワークの混雑状況に柔軟に対応しながら高信頼かつ効率の良いデータ転送を実現しています。

3.6
TCP初期の代表的な輻輳制御アルゴリズム
Tahoe、Reno、NewReno、Vegas

　前節までは、**機能別**の説明を行いました。TCPには、それらのアルゴリズムが実装されたいくつかのバージョンが存在します。本節では、再送から輻輳制御に至る**複合的な動作**を、TCP初期のバージョンを例に取り解説します。

輻輳制御アルゴリズムの進化

　これまでに解説した内容から、TCPの基本的な考え方は、

- ACKを受け取った時のウィンドウの増やし方(通常時、輻輳時)
- 確実性が高く、かつ高速な再送方法は?
- 輻輳検出時のウィンドウサイズをどう設定するか

図3.15 輻輳ウィンドウの変化

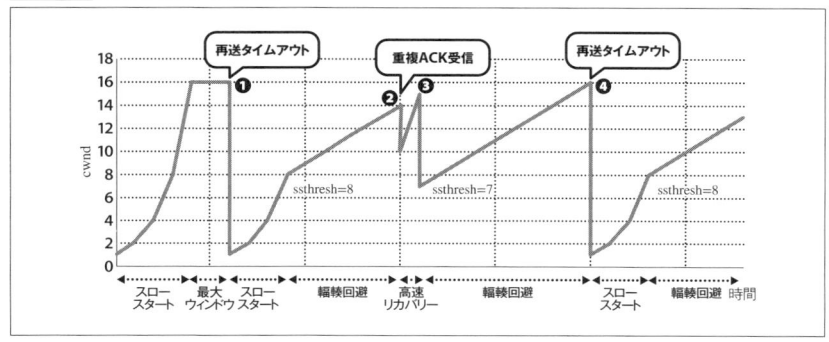

であることがわかります。TCPの発展期〜普及期においては、これらの改良による高性能化が図られてきました。

- スロースタート、輻輳回避、高速再転送のアルゴリズムを採用したTahoe
- 高速リカバリーのアルゴリズムを採用したReno
- さらに高速リカバリーに改良を加えたNewReno
- ウィンドウ制御の考え方を変えたVegas

などが存在します。

　TCPのアルゴリズムとしての動作の理解には、時系列で見た送受信側の動作フローと、スライディングウィンドウの変化を同時に把握することが重要です。以降では、これらの動作を詳しく解説します。

Tahoe　初期のTCPアルゴリズム

　Tahoeは、初期のTCPアルゴリズムです。採用されているアルゴリズムは、

- スロースタート
- 輻輳回避
- 高速再転送

の3種類です。**図3.16**の例を用いて、その動作フローとスライディングウィンドウの様子を説明します。

　まず、再送が起こったものとして、スロースタート➡輻輳回避に移行した段階から始めます。このときの輻輳ウィンドウcwndを4とします（❶）。送信側は4つのセグメント（11〜14番）を送信し、それらに対するACKを受信するたびに輻輳回避のアルゴリズムに従いcwndを拡大します。4つのACKを受け取った後、cwndは5となり、5つのセグメント15〜19番までを送信します。

　ここで、16番のセグメントが消失したとします。受信側は、15番までを正常に受信できており、16番を要求するACKを返答し続けることになります（❷）。2つめのACK以降は重複ACKであり、ウィンドウはスライドされないため新たなセグメントは送信されません。

　重複ACKの受信が3個に到達したとき（16番のACK自体は4つ受信することになります）、16番のセグメントは消失したと判断し再送を行います（❸）。同時に

cwndは1にリセットされ、スロースタートからの再開となります。再送後も16番のセグメントを要求するACKが受信されますが、やはりウィンドウはスライドできないため新たなセグメントは送信されません。

再送セグメントに対するACKには、20番までを受け取り、新たに21番を要求することが示されているため、送信側はこれを受信することでcwndを1つ増加するとともに2つのセグメント（21、22）を送信することができます（❹）。以降も、スロースタートアルゴリズムに従い、ssthreshまでcwndを増加していきます（❺）。

Reno　高速リカバリー

Tahoeでは、輻輳が軽度と考えられる高速再転送後にcwndを最小値から再開するため、転送効率に改善の余地がありました。そこで、Renoでは高速リカバリーの機能が追加されました。3.4節でも述べましたが、高速リカバリーでは、高速

図3.16　Tahoeの動作フロー例

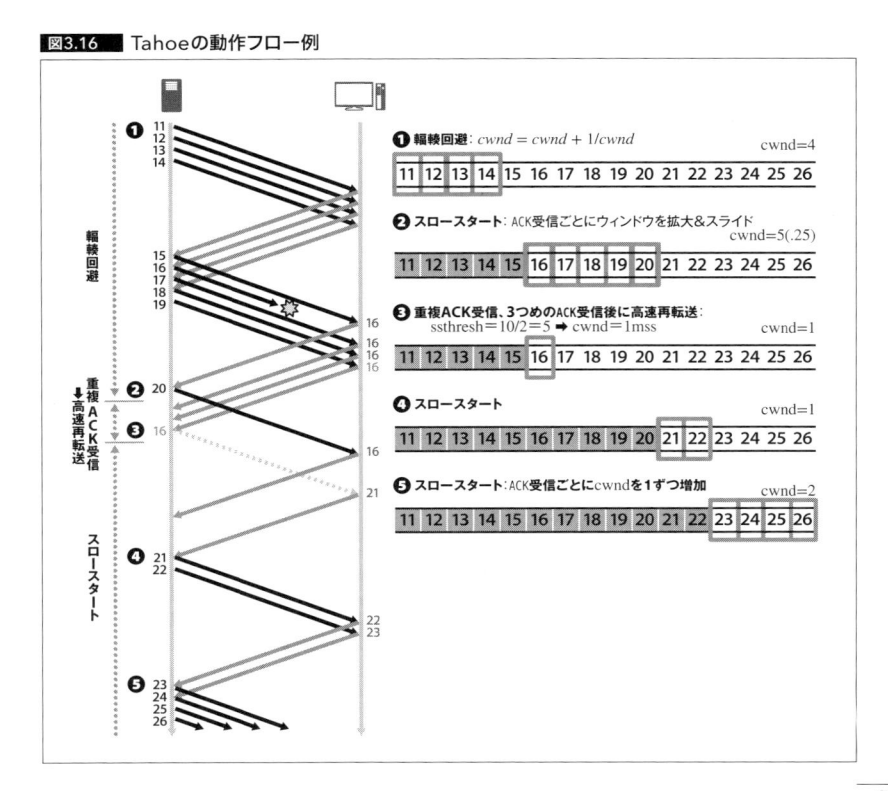

再転送後にも継続してデータを送信し続けるように動作します。

図3.17に、Renoにおける動作フローとスライディングウィンドウの変化の例を示します。送信開始直後はスロースタートにて伝送を行い、cwndが8に達したとき(図3.17❶)に一部のセグメント(3番)が消失したものとします。受信側は3番のセグメントを未受信のため、これを要求するようACKを返答し続けます。送信側では、まだスロースタート段階のためACKを受け取るたびにcwndを1ずつ増加しながらセグメントを送信します(❷)。

次に、送信側は同じ3番を要求するACKを受信します。ここから重複ACKの受信フェーズとなり、これが3つに到達したとき、当該セグメントが消失したと判断して再送処理を行うとともに高速リカバリー段階に移ります(❸)。このとき、cwndは10まで拡大していたので、その半分である5に重複ACK分の3を追加し、cwndを5 + 3 = 8に設定します。また、輻輳回避段階に入るときのssthreshとして半分にしたウィンドウサイズの5を記憶しておきます。

引き続き、3番を要求する重複ACKは届きますが、これを受信するごとにcwnd

図3.17 ■ Renoの動作フロー例

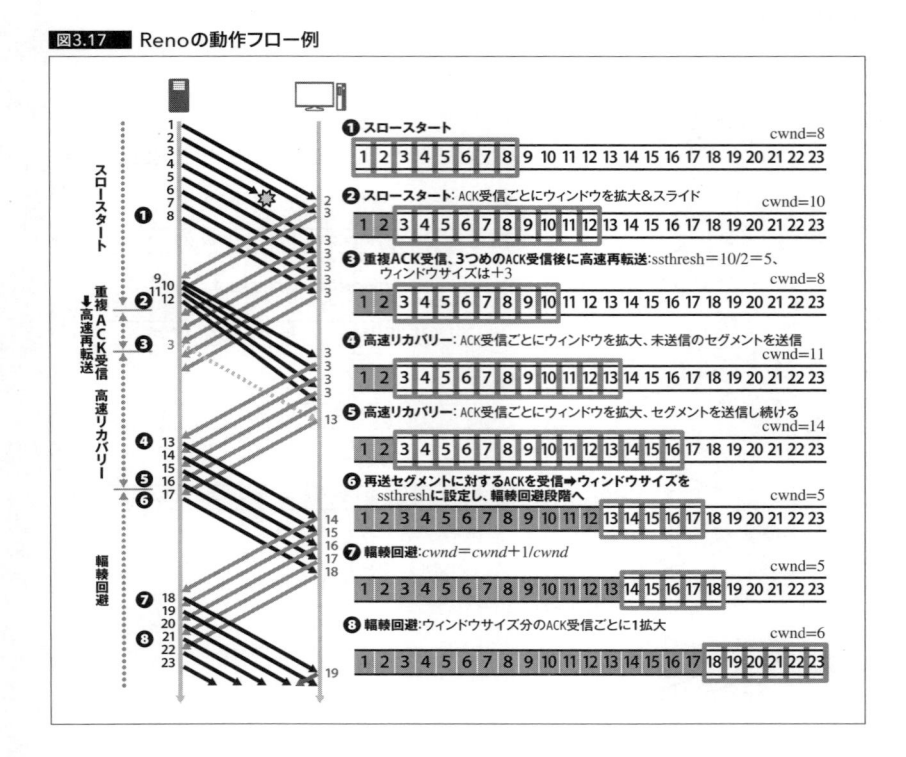

94

を1ずつ増加していきます。ウィンドウが拡大した結果、未送信のセグメントがウィンドウに含まれればそれを送信します（❹〜❺）。このとき、cwndは14まで拡大しています。

再送したセグメントに対するACKが受信されれば、再送処理が完了したと判断し、輻輳回避段階へと移ります（❻）。cwndをssthreshの値（＝5）に設定し、ACKの受信ごとにウィンドウをスライドさせながらセグメントを送信し（❼）、ACKをcwndの数だけ受信したらウィンドウを1つ拡大して送信するセグメントの数を少しずつ増やしていきます（❽）。

Renoにおける高速リカバリーでは重複ACKの受信による再送後も輻輳ウィンドウを拡大することにより、セグメントの送信が一時的に止まってしまうことを防ぎ、転送効率を高められることがポイントです。

しかし、Renoにおいても課題が残りました。それは、複数のセグメントが消失した場合です。2つめ以降の消失セグメントに対しても重複ACKの受信による再送は適用されますが、図3.17からもわかるように、3番セグメントの再送後もしばらくはこれを要求するACKが送られてくるため、次の消失セグメントの重複ACKを受け取ろうにも時間がかかってしまい、最終的にはタイムアウトとなるケースが考えられます。

これに対処するために、高速リカバリーに改良が施されたNewRenoが考案されました。

NewReno　新たなパラメーター（recover）の導入

高速リカバリー段階において複数の消失セグメントの再送に対応したバージョンがNewRenoです。これまでと同様に、**図3.18**にその動作例を示します。

cwndが8に達したとき、ここでは2つのセグメント（3番と5番）が消失したものとします（❶）。1番と2番は正常に受信されたため、これに対するACKの返答によりウィンドウは2つ拡大かつスライドし、新たに4つのセグメントが送信されます（❷）。次に、図3.17の場合と同様に重複ACKによる3番セグメントの高速再転送が行われます（❸）。ssthreshを5、cwndを8に設定します。ここで新たなパラメーターとして、「recover」を導入します。recoverにはこの時点で送信された最大のシーケンス番号を記録します。つまり、recover＝12となります。

この後、高速リカバリー段階に移り、重複ACKであっても受信の都度、ウィン

ドウを拡大し未送信のセグメントを送信します（**❹**）。そして、再送セグメント（3番）に対する ACK を受信します（**❺**）。これは次に消失した5番のセグメントを要求するものとなります。送信側は、先ほど記録した recover（12）と ACK が要求するシーケンス番号（5）を比較します。**❺**の時点では、recover ＞ ACK であることから、未送信のセグメントを要求するものではない、ということがわかります**注4**。そこで送信側は要求された5番のセグメントを、重複 ACK の受信を待たずに再送し（**❺**）、引き続き高速リカバリーのアルゴリズムに従って動作します。cwnd は5番の重複 ACK の受信とともに拡大され、未送信のセグメントを送信し続けます（**❻**）。そして、5番が正確に届けられると、受信側は新たなセグメントである16

注4　ここで、もし Reno であれば、再送が完了したと認識してウィンドウサイズを ssthresh まで減らし、データの送出量を抑えるため、消失した5番のセグメントを要求する重複 ACK の数が極端に減る恐れがあります。図3.18の例では**❻**のタイミングで3回の重複 ACK 受信となるため高速再転送は行われるはずですが、少し時間がかかってしまいます。このように、従来の Reno では最初の消失セグメントに対する重複 ACK が支配的となり、その次の消失セグメントのための ACK の返答があまり行われないことになります。このような ACK は「Partial ACK」と呼ばれています。

図3.18　**NewRenoの動作フロー例**

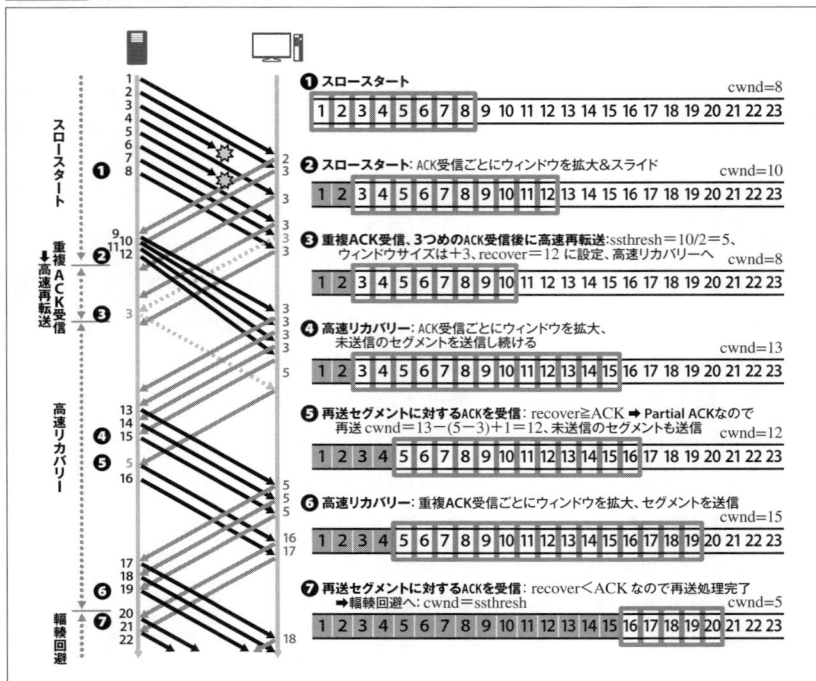

番を要求するACKを返答します。

これを受信した送信側は、再びrecover（12）とACKが要求するシーケンス番号（16）を比較します。今度はrecover < ACKであることから、未送信のセグメントが要求されている、つまり再送処理が完了したと判断し、輻輳回避段階へと移ります（**❼**）。

以上の例のように、NewRenoでは新たなパラメーターとしてrecoverを採用し、再送セグメントに対するACKの要求シーケンス番号と比較することで、次の消失セグメントを判断できるようになりました。これにより、高速リカバリー段階における再送の効率がさらに改善されました。

Vegas　Delay-basedの制御方式の登場

VegasはこれまでのLoss-basedの考え方とは異なり、ウィンドウサイズの制御にRTTを利用する**Delay-based**の制御方式をとります。RTTを元にネットワークの混雑度合い（スループットを指標とする）を予測し、その変動に応じて転送量を調整します。そのため、セグメントの消失は格段に減少し、安定して高いスループットが実現されるようになりました。

Vegasによる輻輳ウィンドウの更新式は、以下で与えられます。

$$cwnd = \begin{cases} cwnd + 1 & (Diff < \alpha_v \text{の場合}) \\ cwnd - 1 & (Diff > \beta_v \text{の場合}) \\ cwnd & (\text{上記以外}) \end{cases}$$

ここで、α_vおよびβ_vは送信バッファ内に保持するセグメントの下限値と上限値をそれぞれ示し、このα_vとβ_vの間に$Diff$が収まるように$cwnd$の制御を行います。Vegasの動作は2つの閾値の設定にも依存しますが、それぞれの典型値は$\alpha_v = 1$、$\beta_v = 3$とされています。また、$Diff$はRTTをもとに推定した転送データ量を示す指標であり、以下のように計算されます。

$$Diff = \left(\frac{cwnd}{RTT_{min}} - \frac{cwnd}{RTT} \right) RTT_{min}$$

RTT_{min}は観測したRTTの最小値、RTTは最新のRTTを表します。$Diff$は、期待される最大のスループット（*expected throughput*）$\frac{cwnd}{RTT_{min}}$と、実際のスループット

(*actual throughput*) $\frac{cwnd}{RTT}$ の差を表しており、実際のスループットが低下すると *Diff* は大きくなるため、この場合には *cwnd* を小さくし、実際のスループットが向上すれば *cwnd* を大きく制御します。

　Vegasによる輻輳ウィンドウ制御の概念を**図3.19**に示します。横軸は輻輳ウィンドウサイズ、縦軸はそのときに達成されるスループットです。ここで、ウィンドウサイズに比例して大きくなっていく期待されるスループットに対し、ある時刻での *cwnd* により得られる実際のスループットが定まります。この実際のスループットの値が、2つの閾値 $\frac{\alpha_v}{RTT}$ と $\frac{\beta_v}{RTT}$ の間に安定して収まるように次の *cwnd* を制御します。

3.7
まとめ

　本章ではTCPの基本機能を解説しました。それらが考案された背景には予測不可能なネットワークの振る舞いをいかにしてコントロールし、その通信リソースを最大限有効利用していくのかという、さまざまな工夫があることがわかると思います。

　TahoeからReno、NewRenoのように、ある機能を実装した結果、判明した改善点に対して新たなアルゴリズムを追加し、進化してきた例もあれば、これとは別の発想で機能を刷新したVegasのような例もあります。また、外部からの攻撃な

図3.19　**Vegasによる輻輳ウィンドウの変化**

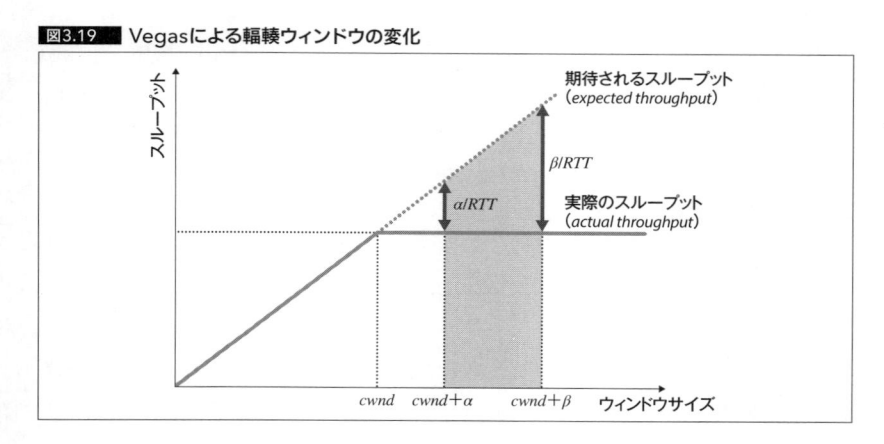

ど、セキュリティ面での脆弱性に対しても対応できるような機能が追加されたものもあります。

　ネットワークは日々、変化または進化を続けています。これに適応するため、もしくはさらに効率化を図るために、本章で紹介したアルゴリズムをベースに、Scalable、Veno、BIC、YeAH等、多数の新たなアルゴリズムが提案されています。それらの詳細を理解するには、基本となるTCPアルゴリズムの本質を理解することが重要です。また、アルゴリズムの動作の理解には、状態遷移に基づいて考えることも有用です。

　次の第4章以降では、さまざまなTCPアルゴリズムの特徴について、状態遷移に基づく詳細な解説とともにシミュレーションによる動作/比較を交えながら紹介していきます。

参考文献

- 『マスタリングTCP/IP 入門編 第5版』(竹下隆史／村山公保／荒井透／苅田幸雄著、オーム社、2012)
- 「TCP詳説」(西田佳史、Internet Week 99、パシフィコ横浜、1999)
  URL https://www.nic.ad.jp/ja/materials/iw/1999/notes/C3.PDF
- 「Transmission Control Protocol」(RFC 793)
- 「TCP Slow Start, Congestion Avoidance, Fast Retransmit」(RFC 2001)
- 「TCP Congestion Control」(RFC 2581)
- 「The NewReno Modification to TCP's Fast Recovery Algorithm」(RFC 6582)
- Van Jacobson／Michael J. Karels 「Congestion Avoidance and Control」(Proceedings of SIGCOMM'88)
- 「TCP (Transmission Control Protocol) の改善」(甲藤二郎／村瀬勉著、『知識の森』3群4編-2章、電子情報通信学会、2014)
  URL http://www.ieice-hbkb.org/files/03/03gun_04hen_02.pdf

第4章

　ここまでも取り上げてきましたが、「輻輳」とは、通信ネットワークにおける混雑を意味する言葉です。いかに輻輳を避けてTCPでデータ送信量を制御するか、古くから研究が進められてきました。

　本章では、TCPにおける**輻輳制御**の仕組みを概説し、Wiresharkやns-3を用いたシミュレーションによりその振る舞いを詳細に観察します。

　4.1節では、輻輳制御の目的、基本設計、状態遷移、そして**輻輳制御アルゴリズム**に関する基本を説明します。4.2節では、代表的な輻輳制御アルゴリズムをまとめて解説し、それぞれの特徴を定性/定量の両面から示します。4.3節では、Wiresharkを用いて、仮想マシン間のファイル転送におけるTCPの動作を分析します。4.4節では、ns-3を用いて、パケットキャプチャーでは捉えきれないTCPの内部変数の挙動を詳らかにします。

［押さえておきたい］
プログラマーのための
輻輳制御アルゴリズム

増え続ける通信量と
ネットワークの動き

4.1
輻輳制御の基本の考え方
目的と設計、更新式の基礎

　ネットワーク（通信ネットワーク）は、複数の端末で共有されることが普通です。そのため、自分勝手に大量のデータを送信すると、パケットの混雑が発生し、ネットワーク全体に大きな損害を与える可能性があります。これは「輻輳」と呼ばれ、これまで輻輳を回避するための仕組みが研究されてきました。

　本節では、TCPにおける**輻輳制御**の基本的な考え方を概説します。

輻輳制御の目的

　パケットを車、通信経路（無線、有線）を道路、ルーターを道路標識と考えると、「通信ネットワーク」は「道路ネットワーク」と似ています。なるほど、どちらも出発地と目的地があり、他者とネットワークを共有することを前提としています。ネットワークのキャパシティ以上の流入があると、内部で混雑が発生するところも同じです。

　通信ネットワークと道路ネットワークが根本的に違うのは、混雑時に、パケットが廃棄されてしまう可能性がある点です[注1]。加えて、運転手が自律的に経路を選択する自動車と違い、ネットワーク上のパケットは意思を持ちません。よって、通信ネットワークでは、送信ノードが送信時点でネットワークの混み具合を判断して、送信するパケット量を調整する必要があります。

　通信ネットワーク上の混雑（**輻輳**）を避けるための技術は「輻輳制御」と呼ばれ、長年研究されてきました。輻輳が発生すると、処理しきれなくなったパケットが廃棄され、送信者と受信者が大きな損失を被ります。それだけでなく、ネットワークの一部が一時的に利用できなくなるため、他の利用者にも迷惑をかけてしまいます。とくにTCPは、確認応答できないパケットを再送する仕組み（**再送制御**）を採用しているため、輻輳時に同じパケットを何度も送信することになり、実質的なデータ送信量が著しく低下してしまいます。そのため、古くからTCPの輻輳を回避するための研究が進められてきました。本章ではその研究成果を概観し、Wiresharkおよびns-3で動作を確認します。

....
注1　道路で混雑が発生したとしても、車が廃棄されることはないですよね。

なお、文献によっては輻輳制御(*congestion control*)を輻輳回避(*congestion avoidance*)と表記するものもありますが、以降の説明で輻輳状態の一つを「Congestion avoidance状態」と表記することから、これと区別するために本書では輻輳制御という用語で統一します。

輻輳制御の基本設計

TCPの送信ノード(*TCP sender*)と受信ノード(*TCP receiver*)とその間にあるゲートウェイで構成されるシンプルなネットワークを想定して、まずは輻輳制御の全体像を把握しましょう(**図4.1**)。

TCPの輻輳制御では、送信ノードが、送受信ノード間の往復遅延時間(**RTT**)や受信ノードからの確認応答(**ACK**)をもとにネットワークの混み具合を推測し、送信可能なデータ数swndを調整します。

図4.2は、ある送信ノードにおけるセグメントの送信状況を表します。1番から6番までのセグメントは送信済みですが、7番以降は未送信です。送信済みのセグメントのうち、1番から3番までは確認応答が完了(*acked*)しており、4番から6番までは未完了(*inflight*)です。

第3章で述べたとおり、cwndは**輻輳ウィンドウサイズ**と呼ばれ、送信ノードがACKを待たずに一度に送信可能なセグメント数の上限値を表します。一方で、rwndは**受信ウィンドウサイズ**と呼ばれ、受信ノードが受信可能なセグメント数の上限値を表し、この値は受信ノードから送信ノードに通知されます。したがって、

図4.1 ネットワーク構成

図4.2 送信可能なデータ量(swnd)

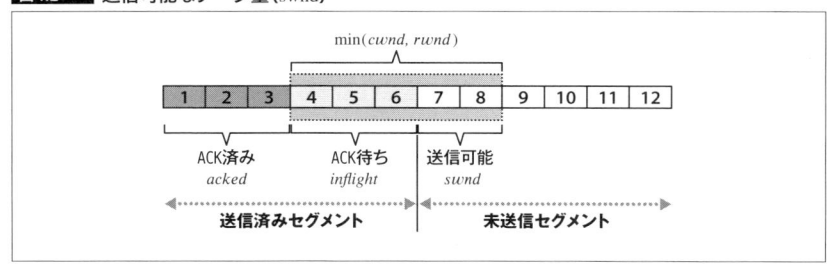

min(*cwnd, rwnd*) は、送信ノードと受信ノードの両方の事情を考慮したときに、ACK を待たずに一度に送信できる MSS を表します。図4.2の状況では、min(*cwnd, rwnd*) が5ですので、送信可能なセグメントは7番と8番になります。以上を数式で表すと、次の通りです。

$$swnd = \min(cwnd, rwnd) - inflight$$

ここで注意しておきたい点は、*swnd* を決定づける要素のうち、送信ノードが直接制御可能なのは *cwnd* のみである、という点です。では、どのように *cwnd* を制御すれば、輻輳を回避できるでしょうか。

たとえば、RTT が大きい場合は、ネットワーク上でパケットが詰まっていると考えられます。あるいは、受信ノードから同じ ACK が複数回送られてきた場合は、ネットワーク上でパケットが廃棄されていると考えられます。いずれの場合も、*cwnd* を小さくし、送信データ量を抑えた方が懸命でしょう。逆に、RTT が小さい場合は、ネットワークはスカスカで、ほとんど混雑はないと考えられます。*cwnd* を大きくし、送信データ量をどんどん増やすべきでしょう。

感覚的には上記のポリシーでうまくいきそうですが、一つの疑問が生じます。具体的に RTT がどの程度大きくなれば、混雑していると判断できるのでしょうか。あるいは、同じ ACK が何回送られてきたら、パケットが廃棄されていると確信できるでしょうか。これは非常に難しい問題です。なぜならば、通信ネットワークは他者と共有されることがほとんどであり、送信ノードがリアルタイムに全体像を把握することは現実的に不可能だからです[注2]。

この問題に取り組むため、TCP の研究者たちは多くの輻輳制御アルゴリズムを提案してきました。輻輳制御アルゴリズムは、ACK をもとにパケットロスや遅延を推測し、*cwnd* を更新します。

輻輳制御の有限オートマトン

TCP の輻輳制御アルゴリズムは有限オートマトン(*finite state machine*、有限状態機械)を採用して、状況に応じて *cwnd* の更新式を使い分けます。有限オートマトンとは、大雑把には、有限個の状態(*state*)を持ち、その状態間の遷移を記述する

注2　ただし、TCP 送信ノードが、自分でネットワークを構築し、かつ参加者の挙動をすべて制御できる環境であれば話は別です。しかし、そのような環境ではそもそも輻輳は生じる可能性がないため、制御は必要ないでしょう。

数学的な枠組みです。工学的な問題との相性が良く、たとえば自動販売機、構文解析、半導体設計、そして通信プロトコル等に応用されています[注3]。

　輻輳制御アルゴリズムを表現する有限オートマトンは、いくつか存在します。たとえば、Kurose らは RFC 5681 に則った有限オートマトンを示しました[注4]が、パケットロスを契機に $cwnd$ を調整する Loss-based 型の輻輳制御アルゴリズムを前提としているため、本書で扱う一部のアルゴリズムに対応していません（Loss-based 型については 4.2 節で詳説）。

　そこで、本書では、Linux の実装（`net/ipv4/tcp.h`）に準拠し、**図4.3** に示すような有限オートマトンを想定します。

─── 5つの状態

　図4.3 に示す有限オートマトンは、以下の5つの状態を持ちます。

- **Open**：いわゆる正常な状態。後述する Slow start と Congestion avoidance 状態を内包する。新たに ACK を受信したときの $cwnd$ の更新式（図4.3 ❶）は、輻輳制御アルゴリズムによって異なる

- **Disorder**：Open 状態で、同じ ACK を二つ連続で受信した状態。軽微な輻輳が発

注3　紙幅の都合もあり、有限オートマトンの厳密な定義は扱えないため、興味のある方は計算機工学の教科書等を参照してみてください。

注4　『Computer Networking – A Top-Down Approach (6th Edition)』（James Kurose／Keith Ross 著、Addison Wesley、2012）

図4.3 ■ 輻輳制御アルゴリズムの状態遷移図

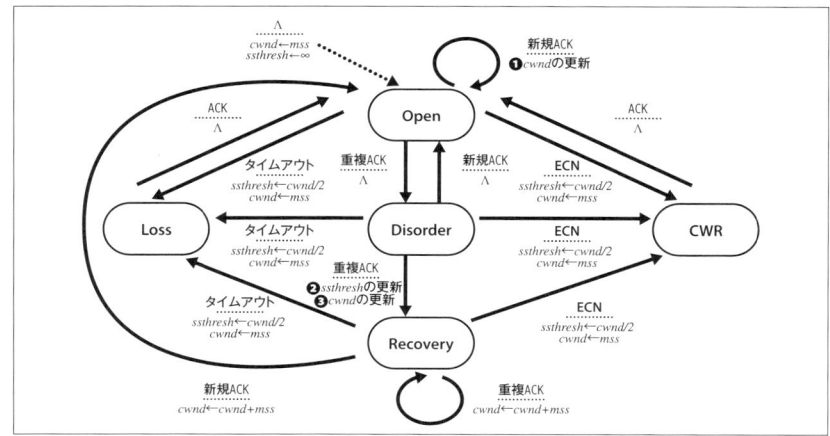

生している可能性がある。もう一度同じACKを受信するとRecoveryに遷移する。DisorderからRecoveryに遷移するときの*ssthresh*および*cwnd*の更新式（図4.3 ❷ ❸）は、輻輳制御アルゴリズムによって異なる

- **Recovery**：Open状態で、同じACKを3つ連続で受信した状態。深刻な輻輳が発生している可能性がある。Recovery状態から新しいACKを受信するとOpen状態に遷移する

- **CWR**：ECN（*Explicit Congestion Notification*）を受信した状態。動作としてはLossと変わらない

- **Loss**：RTTが再送タイムアウト時間（**RTO**）より大きくなる、つまりACKのタイムアウトを検知してから、新たなACKを受信するまでの状態。深刻な輻輳が生じている可能性がある

―――――**状態遷移図**　遷移条件と遷移後の動作

　図4.3のような図を、状態遷移図と呼びます。状態遷移図とは、有限オートマトンのような状態機械（*state machine*）を表現するための図で、各頂点が状態、各辺が状態間の推移を表します。各辺の添字は、点線の上側が遷移条件を、点線の下側が遷移後の動作を表しています。

　たとえば、**Disorder**から**Loss**に伸びている矢印の添字は、Disorder状態からタイムアウトするとLoss状態に遷移することと、遷移後に*ssthresh*が*cwnd*の半分に、*cwnd*が*mss*になることを表しています。ここで*ssthresh*は**Slow start**状態から**Congestion avoidance**状態に遷移する*cwnd*の閾値を表しますが、Slow start状態とCongestion avoidance状態については次項で取り上げます。

　Λは該当する動作がないことを表し、点線の上側のΛは遷移条件無し、つまり矢印の先の状態が初期状態であることを表し、点線の下側のΛは遷移後の動作がないことを表しています。

　図4.3の❶〜❸は、輻輳制御アルゴリズムごとの特徴が顕著に表れる部分です。4.2節では、この部分に着目し、代表的な輻輳制御アルゴリズムを比較します。

輻輳制御アルゴリズムの例　NewReno

　4.2節で本格的な輻輳制御アルゴリズムの比較に入る前に、まずは代表的なアルゴリズムである「NewReno」の更新式を見てイメージを掴みましょう。

　NewRenoは**Open**状態において、以下の2つのサブ状態を持ちます。

- **Slow start**：*cwnd* が *ssthresh* より小さいとき、この状態に遷移する。Slow start 状態では、通信ネットワーク上で輻輳が発生する可能性が低いと判断し、経過時間に対して指数関数的に *cwnd* を増加させる

- **Congestion avoidance**：*cwnd* が *ssthresh* 以上になったとき、この状態に遷移する。Congestion avoidance 状態では、文字どおり輻輳を回避するため、経過時間に対して線形関数的に *cwnd* を増加させる

以上をまとめると次のような擬似コードを得ます。これは図4.3 ❶に相当します。

$$\textbf{If } cwnd \leq ssthresh$$
$$\textbf{Then } cwnd \leftarrow cwnd + mss$$
$$\textbf{Else } cwnd \leftarrow cwnd + \frac{mss}{cwnd}$$

Slow start 状態では、ACK を1つ受信するたびに *cwnd* を *mss* 増やし、1RTT で *cwnd* が2倍になります。これを繰り返すため、*cwnd* と経過時間の関係は指数関数的です。一方で Congestion avoidance 状態では、ACK を1つ受信するたびに *cwnd* を $\frac{mss}{cwnd}$ だけ増やすため、1RTT で *cwnd* が *mss* だけ増えます。これを繰り返すため、*cwnd* と経過時間の関係は線形関数的です。

Disorder 状態から Recovery 状態に遷移するとき、以下の擬似コードのように *ssthresh* と *cwnd* を更新します。これは、図4.3 ❷❸に相当します。

$$ssthresh \leftarrow \frac{cwnd}{2}$$
$$cwnd \leftarrow ssthresh + 3 \cdot mss$$

Column

Linuxにおける輻輳制御アルゴリズムの実装

興味のある方は、Linux における TCP の実装について調べてみましょう。「The Linux Kernel Archives」[注a] から Linux カーネルのソースコードを入手可能です。

本書の範疇を超えているため詳細は省きますが、輻輳制御アルゴリズムは net/ipv4/tcp_{アルゴリズム名}.c 形式で実装されています。たとえば、後述する BIC アルゴリズムの特徴である二分探索（*binary search*）は、net/ipv4/tcp_bic.c の bictcp_update() 関数の内部で実装されています。他の輻輳制御アルゴリズムについても調べてみましょう。

....

※ URL https://www.kernel.org

NewRenoは後続の輻輳制御アルゴリズムの基礎になっており、更新式を部分的に踏襲するものが多く存在します。そこで4.2節では、NewRenoと異なる更新式を用いている部分のみ抜粋して、各輻輳制御アルゴリズムの特徴を示します。

4.2
輻輳制御アルゴリズム
理論×シミュレーションで深まる理解

本節では代表的な輻輳制御アルゴリズムを解説します。提案された背景/目的、更新式、シミュレーション結果をそれぞれ確認します。また、輻輳制御アルゴリズムを分類する上で重要な、3種類のフィードバック形式についても言及します。

本書で紹介する輻輳制御アルゴリズム　Loss-based、Delay-based、Hybrid

これまで、非常に多くの輻輳制御アルゴリズムが研究されてきました。紙幅の都合上、そのすべてを取り上げることはできませんので、**図4.4**のように代表的なものを抜粋して紹介します。

図4.4では、四角い囲みが各輻輳制御アルゴリズムの名称と提案年を表します。横軸は時間軸で、右に位置するものほど新しい輻輳制御アルゴリズムであることを表します。

塗りつぶしの色はフィードバック形式の違いを表し、白が**Loss-based**、黒が**Delay-based**、そして灰色が**Hybrid**を表します。Loss-basedは「パケットロス」を、Delay-basedは「遅延」を、Hybridは「その両方」を基準にcwndを更新する輻輳制御アルゴリズムです。

矢印は、Open状態における更新式の流用関係を表します。NewRenoは、BBR以外のすべての輻輳制御アルゴリズムで部分的に流用されていることがわかります。CUBICはBICの改良版ですので、BICからCUBICに矢印が引かれています。YeAHは、NewRenoと、その他のアグレッシブな輻輳制御アルゴリズム（CUBIC、HighSpeed、Scalable、H-TCP）を状況に応じて使い分けます。Venoは、名前のとおりNewRenoとVegasを融合した輻輳制御アルゴリズムです。

近年提案/実装された輻輳制御アルゴリズムの中でも、**CUBIC**および**BBR**はと

くに重要です。CUBICは、Loss-based型で主流の輻輳制御アルゴリズムの一つであり、Linux 2.6.19以降で標準搭載されています。一方でBBRは、Delay-based型で主流の輻輳制御アルゴリズムの一つです。BBRは、Googleが2016年9月に発表して以降、Linuxカーネル4.9以降で利用可能となり、Google Cloud PlatformやYouTube等でも用いられています。CUBICとBBRについては、第5章および第6章で詳しく説明します。本節では、CUBICやBBRを理解する上で避けて通れない、その他の11種類の輻輳制御アルゴリズムを、古いものから順に紹介します。なお、便宜上、原論文と異なる記号を用いることがあります。

NewReno　輻輳制御アルゴリズムのリファレンスモデル

　NewRenoは、1990年に提案されたRenoを改良し、1996年に提案された輻輳制御アルゴリズムです。NewRenoは輻輳制御アルゴリズムのリファレンスモデルとして利用されています。NewRenoとの親和性[注5]は「TCP friendly」あるいは「TCP compatibility」と呼ばれ、NewReno以降の輻輳制御アルゴリズムに対する要求条件の一つになっているほどです。

> 注5　NewRenoフローと共存時に、一方的に帯域を専有しない性質。

図4.4　**本書で紹介する輻輳制御アルゴリズム**

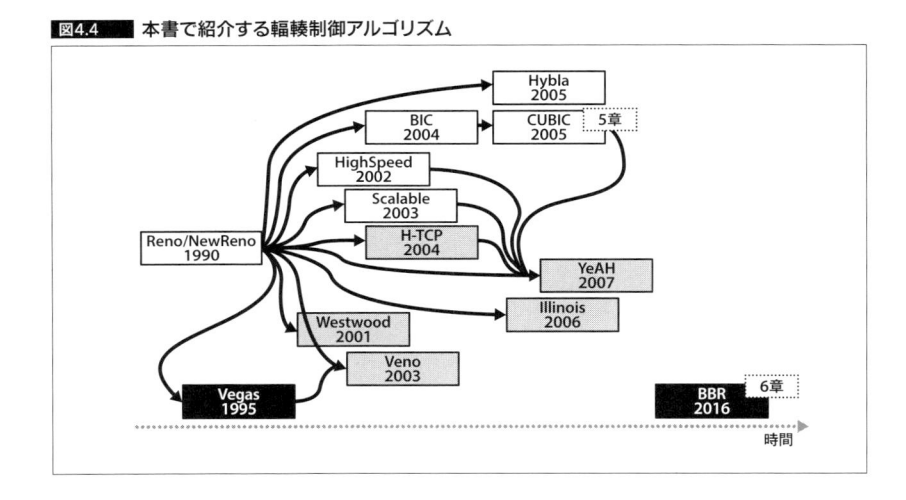

——— AIMD

NewRenoの更新式は4.1節で述べたとおりですので、ここでは別の視点からその位置づけを説明します。NewReno および、それ以降の Loss-based 型の輻輳制御アルゴリズムの一部は、AIMD（*Additive Increase/Multiplicative Decrease*）として一般化できます。AIMDは以下の特徴を持つ輻輳制御アルゴリズムの総称です。

- **Open**状態のサブ状態として **Slow start** と **Congestion avoidance** を持つ
  - Slow start 状態においては、指数関数的に $cwnd$ が増加する
  - Congestion avoidance 状態においては、線形関数的に $cwnd$ が増加する（*additive increase*）
- **Recovery** 状態に遷移するとき、$cwnd$ を（1 より小さい）定数倍に減少させる（*multiplicative decrease*）

——— AIMDと更新式

以上を更新式として書くと、次のようになります。

$$\textbf{If } cwnd \leq ssthresh$$
$$\textbf{Then } cwnd \leftarrow cwnd + mss$$
$$\textbf{Else } cwnd \leftarrow cwnd + \frac{\alpha \cdot mss}{cwnd}$$

まず、Open 状態で新しい ACK を受信した際の更新式（前出の図4.3 ❶）は、以上の擬似コードで表現できます。α は Congestion avoidance 状態における RTT あたりの $cwnd$ の増加量に相当し、NewReno の場合は $\alpha = 1$ です。

Disorder 状態から Recovery 状態に遷移する際の更新式（前出の図4.3 ❷❸）は、以下の擬似コードで表現できます。β は、Recovery 遷移時の $cwnd$ の割引率に相当し、NewReno の場合は $\beta = 0.5$ です。

$$ssthresh \leftarrow (1 - \beta) \cdot cwnd$$
$$cwnd \leftarrow ssthresh + 3 \cdot mss$$

なお、書籍や論文によっては AIMD の Recovery 遷移時の $cwnd$ の更新式を $cwnd \leftarrow (1 - \beta)cwnd$ とするものもありますが、ここでは RFC 5681 と整合させるため、上記の更新式を採用します。また、両者の違いは遷移の契機となる重複 ACK を $cwnd$ の更新式に反映するか否かという表現上の違いに過ぎず、本質的には同じ動作を表しています。

─────── ns-3によるシミュレーション結果　NewReno

　理解を深めるため、ns-3によるシミュレーション結果も掲載します。**図4.5**のネットワーク構成で、送信ノードから受信ノードに20秒間のファイル転送を行います。本書のGitHubリポジトリからソースコードをダウンロードすれば、お手元で条件を変えてシミュレーションを行うことも可能です。ns-3を用いたシミュレーションの詳細は、4.4節を参照してください。

　図4.6は送信ノードの内部変数の推移を表します。1段めはcwnd、2段めはssthresh（図中ssth、以下同様のグラフで同じ）、3段めはRTT、4段めは状態遷移を表します。2段めに関して、ssthreshの初期値は非常に大きいため、グラフ中からはみ出していることに注意してください（図4.6❶）。また、4段めに関しては、グレーで塗りつぶしている状態に遷移していることを表します。たとえば、最初の約2秒間はOpen状態に属しており、その後はRecovery状態に遷移したことを表します。

　図4.6では、次のような状態遷移を確認できます。まず、シミュレーション開始から1.93秒付近まで、Open（Slow start）状態で指数関数的にcwndが増加します（❷）。1.93秒付近で重複ACKを複数回受信し、Disorder状態を経てRecovery状態に遷移するため、cwndが約半分に減少し（❸）、ssthreshもそれに合わせて減少します（❹）。ここで、Disorder状態の滞在時間が非常に短いため、図4.6中の4段めでは描画されていないことに注意が必要です（❺）。2.7秒付近で新しいACKを受信し、一瞬だけOpen状態に戻りますが、その後すぐに重複ACKを受信し、Disorder状態を経てRecovery状態に遷移します（❻）。この一連の遷移で、cwndとssthreshはさらに半分程度に減少します（❼❽）。3.0秒付近で再び新しいACKを受信し、Open状態に遷移します（❾）。Congestion avoidance状態にあるため、cwndは線形関数的に増加します（❿）。図4.6の4段めで小さなピークが立っていることから、輻輳直後に到着したパケットはRTTが大きいことも確認できます（⓫）。

───────────────

　前述したとおり、以降では、NewRenoと異なる更新式を用いている部分のみ抜粋して、各輻輳制御アルゴリズムの特徴を示します。

図4.5　ns-3におけるネットワーク構成

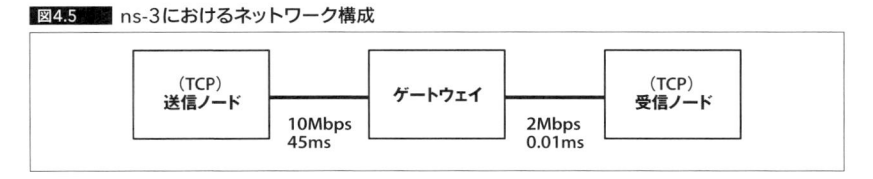

図4.6　NewRenoの振る舞い

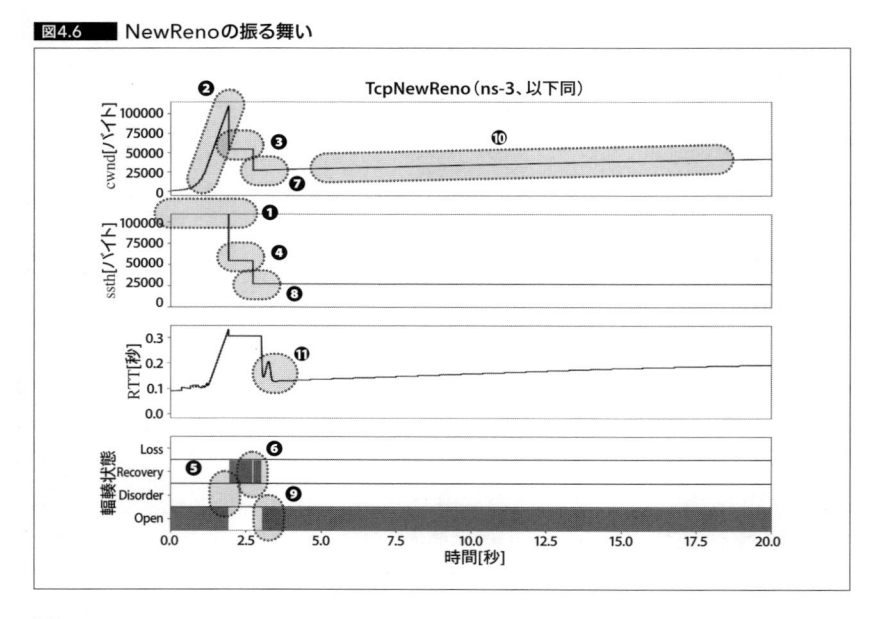

Vegas　Delay-based型の代表的な輻輳制御アルゴリズム

NewRenoをはじめとするLoss-based型の輻輳制御アルゴリズムは、輻輳イベントを契機にデータ送信量を調整するため、原理的に輻輳の発生を避けられないという課題がありました。この課題を解決するため、RTTの増減を契機にデータ送信量を調整する、Delay-based型の輻輳制御アルゴリズムが注目され始めました。Vegasは、1995年に提案された、Delay-based型の代表的な輻輳制御アルゴリズムの一つです。

——————更新式　Vegas

Vegasは、RTTをもとに推定した通信路中のバッファ量 $Diff$ を唯一の指標とし、送信データ量を調整します。ここで、RTT_{base} はRTTの最小値、RTT は最新のRTTを表します。

$$Diff \leftarrow \frac{cwnd}{RTT_{base}} - \frac{cwnd}{RTT}$$

右辺第1項は期待される送信レート、右辺第2項は実際の送信レートを表すため、その差である $Diff$ は通信路中にバッファされているデータの送信レートに相

当します。Vegasでは、この$Diff$がすべての計算の基準になります。たとえば、Slow start状態からCongestion avoidance状態への遷移条件は、$Diff$が一定値より大きいことです。Congestion avoidance状態においても、$Diff$と二つの閾値α_{vegas}およびβ_{vegas}($\alpha_{vegas} < \beta_{vegas}$)を比較して、$cwnd$を調整します。

$$\textbf{If} \ \ Diff < \alpha_{vegas}$$
$$\textbf{Then} \ cwnd \leftarrow cwnd + \frac{1}{cwnd}$$
$$\textbf{Else If} \ \ Diff > \beta_{vegas}$$
$$\textbf{Then} \ cwnd \leftarrow cwnd - \frac{1}{cwnd}$$

$Diff$がα_{vegas}より小さい場合は、通信路中にバッファされているパケットはほとんどなく、輻輳の可能性は低いと判断し、$cwnd$を増加させます。一方で$Diff$がβ_{vegas}より大きい場合は、通信路中にバッファされているパケットがたくさんあるため、輻輳の可能性が高いと判断し、$cwnd$を減少させます。$Diff$がα_{vegas}とβ_{vegas}の間の場合は、$cwnd$を変更しません。$\beta_{vegas} - \alpha_{vegas}$の大きさが$cwnd$の安定性を調整するパラメーターであり、これが大きいと$cwnd$が安定しますが、RTTの変化に対して感度が悪くなり、輻輳のリスクが高まります。一方で$\beta_{vegas} - \alpha_{vegas}$が小さいと、RTTの変化に対して即座に$cwnd$を調整できますが、わずかな変動にも過剰に反応してしまうため、$cwnd$が不安定になります。

Slow start状態における$cwnd$の更新式は、基本的にNewRenoと同様ですが、1RTTごとに更新と$Diff$の計測を交互に行う点が異なります。

━━━━━ ns-3によるシミュレーション結果　Vegas

NewRenoと同様の条件でシミュレーションした結果を**図4.7**に示します。上述したとおり、Slow start状態において、1RTTごとにcwndを更新している様子が確認できます（図4.7❶）。Congestion avoidance状態に遷移後、cwndおよびRTTが安定しており、Vegasの特徴が色濃く表れていると言えます（❷❸）。4段めを見ると、20秒間一度も重複ACKを受信することなく、Open状態のままデータを送信できていることが確認できます（❹）。これは、NewRenoをはじめとするLoss-based型の輻輳制御アルゴリズムとVegasの最も大きな違いです。

Westwood　無線通信向けHybrid型輻輳制御アルゴリズム

　Westwoodは、2001年に、おもに無線通信向けに提案されたHybrid型輻輳制御アルゴリズムです。NewRenoは、Recovery状態に遷移する際にとくに根拠なく *ssthresh* の値を半減します。これでは、たとえば無線通信などの、輻輳イベント以外でパケットロスが発生しやすい通信路における帯域利用効率が悪化してしまいます[注6]。

──── 更新式　Westwood

　そこで、WestwoodはACKの受信間隔から推定したend-to-endの帯域をもとに、Recovery遷移時の *ssthresh* を更新する方法(*faster recovery*)を提案します。ここで、*BWE* はACKから推定したend-to-endの帯域を、RTT_{base} はRTTの最小値を表します。

$$ssthresh \leftarrow BWE \cdot RTT_{base}$$
$$cwnd \leftarrow ssthresh + 3 \cdot mss$$

注6　伝送路が安定している有線通信と異なり、無線通信では電波強度の減衰や変動が激しいことから、さまざまな技術を駆使してもパケットロスは 10^{-2} 程度となります。

図4.7　Vegasの振る舞い

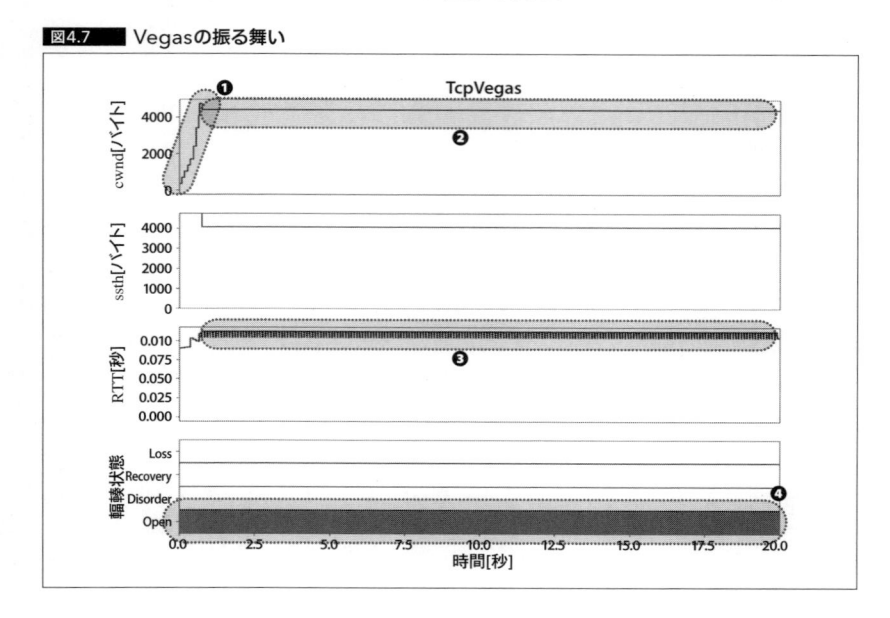

Loss状態に遷移する場合も、同様に*ssthresh*を更新します。*cwnd*は*mss*に初期化されることにご注意ください。

$$ssthresh \leftarrow BWE \cdot RTT_{base}$$
$$cwnd \leftarrow mss$$

——— ns-3によるシミュレーション結果　Westwood

NewRenoと同様の条件でシミュレーションした結果を**図4.8**に示します。Recovery遷移時やLoss遷移時の*ssthresh*の振る舞いが、他の輻輳制御アルゴリズムとは異なることが確認できます。たとえば今回のケースでは、*ssthresh*がその最小値[注7]に更新されています(図4.8 ✪)が、これは*BWE*が非常に小さく見積もられてしまったことが原因と考えられます。紙幅の都合もありこれ以上詳しくは扱えませんが、4.4節で紹介するns-3を用いてさまざまな条件で実験を行うと、なぜ*BWE*が小さくなってしまったか、踏み込んだ分析が可能になるでしょう。

[注7]　ns-3.27の実装(`src/internet/model/tcp-westwood.cc`)では、*ssthresh*の計算結果の下限は2 *mss*とされています。

図4.8　Westwoodの振る舞い

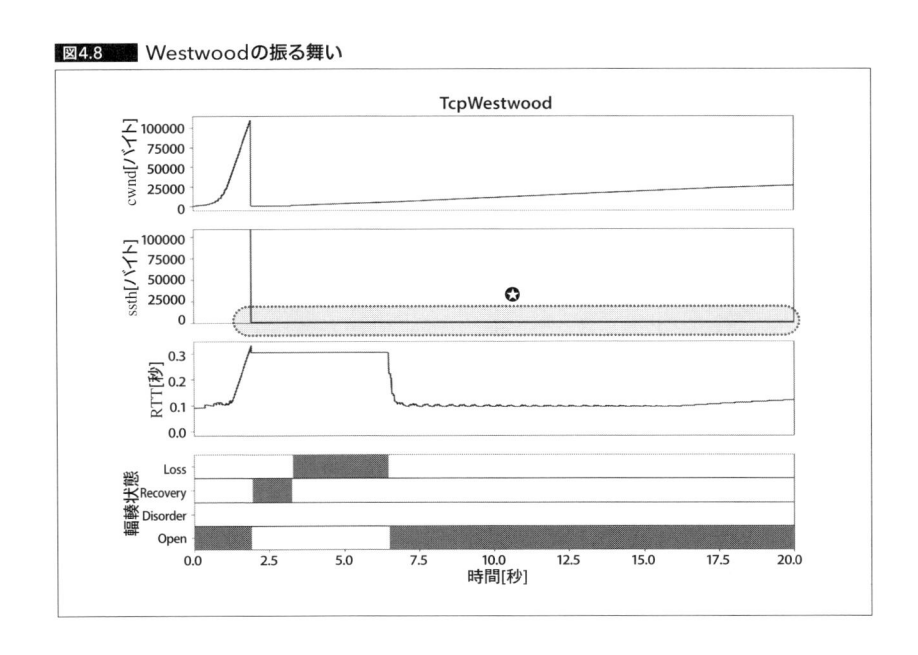

HighSpeed ロングファットパイプ向けLoss-based型の輻輳制御アルゴリズム**1**

HighSpeedは2002年、**ロングファットパイプ**（*long fat pipe*、高速かつ遠距離な通信路）向けに提案されたLoss-based型の輻輳制御アルゴリズムです。このアルゴリズムは、Congestion avoidance状態における*cwnd*の増加が大きく、またRecovery状態における*cwnd*の回復が早いという特徴があります。上記の動作は、*cwnd*が一定値W_{thresh}より大きいか、パケットロス率pが一定値P_{thresh}より小さいときのみ実行されるため、HighSpeedとNewRenoが共存する通信路で輻輳が発生したときに、HighSpeedが帯域を一方的に専有することはないよう配慮されています。

なお、代表的なロングファットパイプ向けのLoss-based型輻輳制御アルゴリズムとして、HighSpeedのほかにScalable、BIC、CUBICが挙げられます。本章ではScalableとBICを、第5章ではCUBIC（5.3節でBICについても取り上げる）を解説しますので、それぞれの違いに注目して読み進めてみましょう。

——— 更新式 HighSpeed

HighSpeedは、AIMDを拡張した輻輳制御アルゴリズムです。αおよびβは下式のような関数になります。なお、P_1 $(P_1 < P)$はパケットロス率の目標値を表し、W_1 $(W_1 > W)$は*cwnd*の目標値を表します。

$$\beta(cwnd) = (\beta(W_1) - 0.5)\frac{\log(cwnd) - \log(W_{thresh})}{\log(W_1) - \log(W_{thresh})} + 0.5$$

$$\alpha(cwnd) = \frac{2 \cdot cwnd^2 \cdot \beta(cwnd) \cdot p(cwnd)}{2 - \beta(cwnd)}$$

ここで、$p(cwnd)$は下式を満たすよう計算されます。

$$\log(p(cwnd)) = \big(\log(P_1) - \log(P_{thresh})\big)\frac{\log(cwnd) - \log(W_{thresh})}{(log(W_1) - \log(W_{thresh})} + \log(P_{thresh})$$

——— ns-3によるシミュレーション結果 HighSpeed

NewRenoと同様の条件でシミュレーションした結果を**図4.9**に示します。HighSpeedの狙いどおり、Congestion avoidance状態における*cwnd*の増加が大きく（図4.9**❶**）、Recovery状態に遷移したときの*cwnd*の落ち込みが小さい（**❷**）ことが確認できます。

Scalable ロングファットパイプ向けLoss-based型輻輳制御アルゴリズム❷

Scalableは、2003年に提案された、ロングファットパイプ向けのLoss-based型輻輳制御アルゴリズムです。Scalableの特徴はCongestion avoidance状態においても、指数関数的に$cwnd$を増加させることです。

更新式　Scalable

Open状態における更新式は、以下の擬似コードで表現できます。ここで、a[注8]は$0 < a < 1$を満たします。原論文では、$a = 0.01$が推奨されています。

$$\textbf{If } cwnd \leq ssthresh$$
$$\textbf{Then } cwnd \leftarrow cwnd + mss$$
$$\textbf{Else } cwnd \leftarrow cwnd + a \cdot mss$$

Recovery遷移時の更新式は、AIMDと同様に以下の擬似コードで表現できます。原論文では、$\beta = 0.125$ が推奨されています。

....
注8　このaは、AIMD（p.110）のα（アルファ）とは異なります。

図4.9 HighSpeedの振る舞い

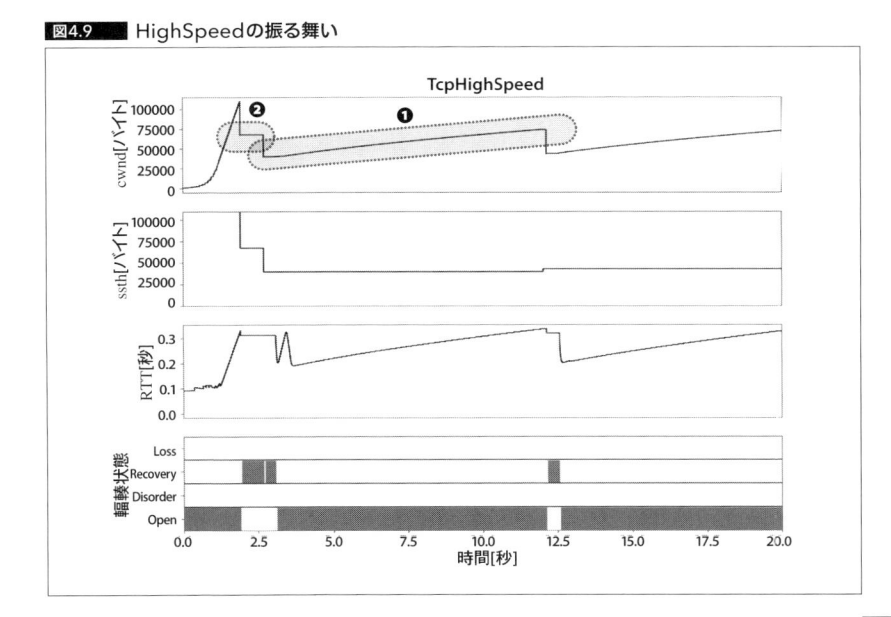

$$ssthresh \leftarrow (1 - \beta) \cdot cwnd$$
$$cwnd \leftarrow ssthresh + 3 \cdot mss$$

——————**ns-3によるシミュレーション結果**　Scalable

　NewRenoと同様の条件でシミュレーションした結果を**図4.10**に示します。Congestion avoidanceにおいても指数関数的にcwndを増加させていることがわかります（図4.10❶）。また、Recovery状態に遷移した場合も、cwndやssthreshは大きく減少していないことが確認できます（❷）。一方で、Recovery状態への遷移頻度は、本章で紹介する輻輳制御アルゴリズムの中で最も高く（❸）、最もアグレッシブであると言えます。先に紹介したVegasとは対照的です。

Veno　無線通信向けのHybrid型輻輳制御アルゴリズム

　Venoも2003年に提案された、おもに無線通信向けの輻輳制御アルゴリズムです。

図4.10　Scalableの振る舞い

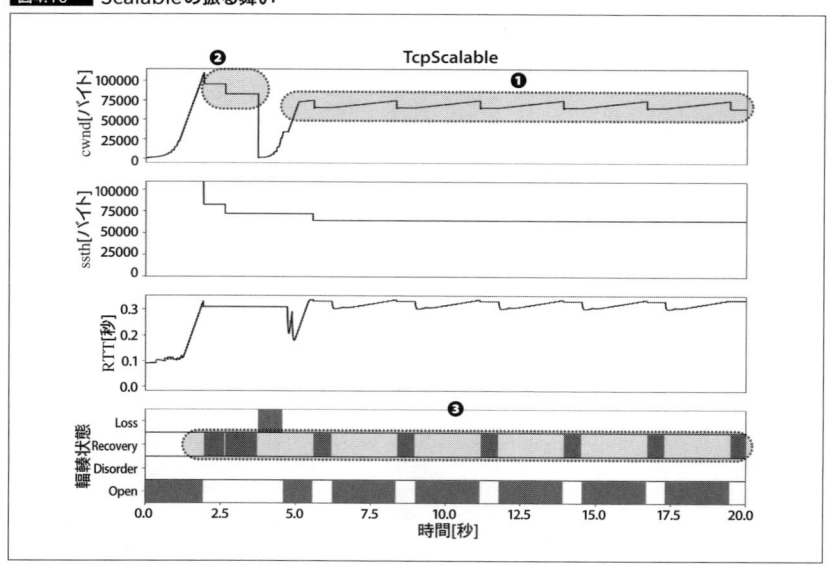

NewRenoをはじめとする従来のAIMDでは、ランダムなパケットロスに起因する（輻輳とは関係がない）重複ACKと、輻輳に起因する重複ACKを区別できないため、無線通信において過剰に送信レートが低くなるという課題がありました。そこで、Venoは、Vegasで導入された$Diff$を用いて輻輳度合いを推定することで、この問題を回避する方法を採用しています。前述したとおり、Venoの名前の由来はRenoとVegasです。Venoは重複ACKとRTTの両方を用いてデータ送信量を制御するため、Hybrid型の輻輳制御アルゴリズムに該当します。VenoはAIMDの一種です。

───── **更新式** Veno

Venoでは、下式のNを常に計算し、通信路中の輻輳度合いを測る指標として用います。

$$N = Diff \cdot RTT_{base} = \left(\frac{cwnd}{RTT_{base}} - \frac{cwnd}{RTT} \right) \cdot RTT_{base}$$

Open状態における更新式は、以下の擬似コードで表現できます。Congestion avoidance状態かつ$N \geq \beta_{veno}$のとき、通信路中にバッファされているデータ量が大きいため、2回に1回だけ$cwnd$を更新することに注意してください。

If $cwnd \leq ssthresh$

    Then $cwnd \leftarrow cwnd + mss$,　　　　　　　　　　（ACK1回ごと）

    Else If $N < \beta_{veno}$

        Then $cwnd \leftarrow cwnd + \dfrac{mss}{cwnd}$,　　　　　　　（ACK1回ごと）

        Else $cwnd \leftarrow cwnd + \dfrac{mss}{cwnd}$,　　　　　（ACK2回に1回ごと）

Recovery遷移時の更新式は、以下の擬似コードで表現できます。$N < \beta_{veno}$のとき、通信路中にバッファされているデータ量が小さく、無線通信のランダムパケットロスに起因する重複ACKと考えられるため、$ssthresh$の減少を抑えます。

$$\textbf{If } N < \beta_{veno}$$
$$\textbf{Then } ssthresh \leftarrow 0.8 \cdot cwnd$$
$$\textbf{Else } ssthresh \leftarrow 0.5 \cdot cwnd$$
$$cwnd \leftarrow ssthresh + 3 \cdot mss$$

 **ns-3によるシミュレーション結果**　Veno

NewRenoと同様の条件でシミュレーションした結果を**図4.11**に示します。

今回はランダムパケットロスが発生しないシミュレーション環境だったため、NewRenoとほぼ同じ結果が得られました。4.4節で紹介するns-3を用いて、パケットエラーレートを変えてVenoの動作を観察すると、より深い理解を得られるでしょう。

BIC　ロングファットパイプ向けのLoss-based型輻輳制御アルゴリズム **3**

BIC(*Binary Increase Congestion control*)は、2004年に提案された、ロングファットパイプ向けのLoss-based型輻輳制御アルゴリズムです。

図4.11　Venoの振る舞い

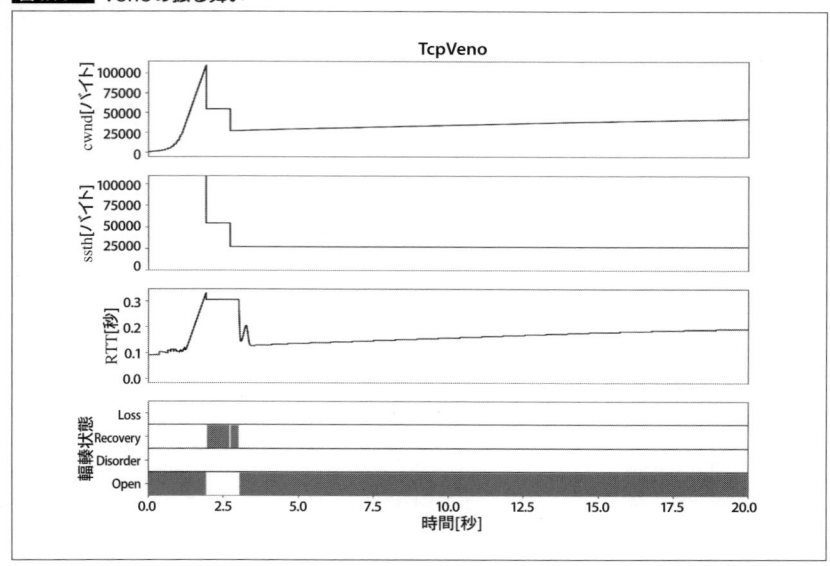

同じくロングファットパイプ向けのアルゴリズムとして Scalable や HighSpeed が存在しますが、RTT公平性（*RTT fairness*）が著しく悪いという課題がありました。RTT公平性とは、RTTが異なる複数のフローが共存するときに、公平に帯域を共有できる性質を指します。とくに Scalable はRTT公平性が悪く、RTTが小さいフローがほぼすべての帯域を専有してしまいます。これは、*cwnd* が指数関数的に増加するため、2つのフローの *cwnd* の差が広がり続けることが原因です。

── **更新式** BIC

この問題を解決するため、BIC は *cwnd* が対数関数的に増加する方法を提案します。BIC は最適な *cwnd* を二分探索（*binary search*）で計算するアルゴリズムです。つまり、Recovery 状態に遷移する直前の *cwnd* を W_{max} として、現在の *cwnd* と W_{max} の中間を新たな *cwnd* として採用します。

Recovery 状態に遷移する際の更新式は、以下の擬似コードで表現できます。こで、*cwnd* が閾値 W_{thresh} より小さい場合は、NewReno と同様に動作することに注意してください。また、Recovery 遷移直前の *cwnd* が W_{max} より小さい場合は、利用可能な帯域が減少傾向にある可能性が高いため、収束を早める目的で W_{max} を通常より小さい値に（W_{max} と新たな *cwnd* の中間の値に）更新します。これを「Fast convergence」（高速収束）と呼びます。

$$
\begin{aligned}
&\textbf{If } cwnd < W_{thresh} \\
&\quad \textbf{Then } cwnd \leftarrow 0.5 \cdot cwnd \\
&\textbf{Else} \\
&\quad \textbf{If } cwnd < W_{max} \\
&\quad\quad \textbf{Then } W_{max} \leftarrow \frac{cwnd + (1 - \beta) \cdot cwnd}{2} \\
&\quad \textbf{Else } W_{max} \leftarrow cwnd \\
&\quad cwnd \leftarrow (1 - \beta) \cdot cwnd
\end{aligned}
$$

Open 状態における更新式は、以下の擬似コードで表現できます。ここで、Recovery 遷移時と同様に、*cwnd* が閾値 W_{thresh} より小さい場合は、NewReno と同様に動作します。また、α_{max} は α の上限値です。

$$\textbf{If } cwnd < W_{thresh}$$
$$\quad \textbf{Then } \alpha \leftarrow 1$$
$$\quad \textbf{Else}$$
$$\qquad \textbf{If } cwnd < W_{max}$$
$$\qquad\quad \textbf{Then } \alpha \leftarrow \frac{W_{max} - cwnd}{2 \cdot mss}$$
$$\qquad\quad \textbf{Else } \alpha \leftarrow \frac{cwnd - W_{max}}{mss}$$
$$\quad \alpha \leftarrow \min(\alpha,\ \alpha_{max})$$
$$\quad \alpha \leftarrow \max(\alpha,\ 1)$$
$$cwnd \leftarrow cwnd + \frac{\alpha \cdot mss}{cwnd}$$

── ns-3によるシミュレーション結果　BIC

　NewRenoと同様の条件でシミュレーションした結果を**図4.12**に示します。1段めに注目すると、Loss状態からOpen状態に遷移後、対数関数的に直前の最大cwndに漸近することが確認できます（図4.12❶）。指数関数的にcwndが増加するScalableと比較し、Recovery状態への遷移が少ないのが特徴的です（❷）。

図4.12　BICの振る舞い

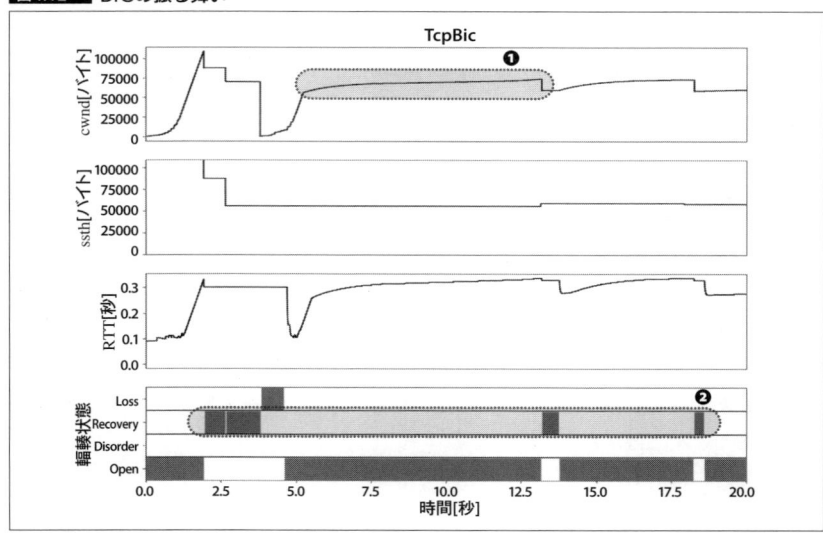

H-TCP　ロングファットパイプ向けのHybrid型輻輳制御アルゴリズム

H-TCPは、2004年に提案された、ロングファットパイプ向けのHybrid型輻輳制御アルゴリズムです。H-TCPは、AIMDのパラメーターであるαおよびβを、RTT等を用いて計算する点が特徴的です。

━━━━━ 更新式　H-TCP

具体的には、αは、次の擬似コードで計算されます。ここで、Δ（デルタ）は直前の輻輳イベントからの経過時間を表します。Δ_{thresh}は事前に設定する必要があるパラメーターです。また、最後の$\alpha \leftarrow 2(1-\beta)\alpha$は、TCP friendlyであるために必要な調整式です。

$$\textbf{If } \Delta \leq \Delta_{thresh}$$
$$\textbf{Then } \alpha \leftarrow 1$$
$$\textbf{Else } \alpha \leftarrow 1 + 10(\Delta - \Delta_{thresh}) + \left(\frac{\Delta - \Delta_{thresh}}{2}\right)^2$$
$$\alpha \leftarrow 2(1-\beta)\alpha$$

βは、次の擬似コードで計算されます。ここで、Bは最新の輻輳イベントの直前のスループット、B_{last}は最新の一つ前の輻輳イベントの直前のスループット、RTT_{min}はRTTの最小値、RTT_{max}はRTTの最大値を示します。

$$\textbf{If } \left|\frac{B - B_{last}}{B}\right| > 0.2$$
$$\textbf{Then } \beta \leftarrow 0.5$$
$$\textbf{Else } \beta \leftarrow \frac{RTT_{min}}{RTT_{max}}$$

━━━━━ ns-3によるシミュレーション結果　H-TCP

NewRenoと同様の条件でシミュレーションした結果を**図4.13**に示します。3.0秒付近でOpen状態に遷移後、cwndの増量が時間とともに大きくなっていることが確認できます（図4.13 ❷）。これにより、ロングファットパイプでも効率的に帯域を利用できる一方で、輻輳発生時に多くのパケットが廃棄されてしまうという課題が指摘されています。

Hybla　RTTが大きな通信路に対応するLoss-based型の輻輳制御アルゴリズム

　Hyblaは、2005年に提案された Loss-based 型の輻輳制御アルゴリズムです。NewReno による *cwnd* とスループットは、RTTが大きくなるほど急激に小さくなることが知られていました。

────更新式　Hybla

　そこで Hybla は、衛星通信のような RTT が大きい通信路においてもスループットが低下しないよう、以下のように Open 状態の更新式を修正しました。

$$\textbf{If } cwnd \leq ssthresh$$
$$\textbf{Then } cwnd \leftarrow cwnd + (2^{\rho} - 1) \cdot mss$$
$$\textbf{Else } cwnd \leftarrow cwnd + \frac{\rho^2 \cdot mss}{cwnd}$$

　ここで、ρ（ロー）はパラメータ RTT_0 で正規化された RTT です。

$$\rho = \frac{RTT}{RTT_0}$$

図4.13　H-TCPの振る舞い

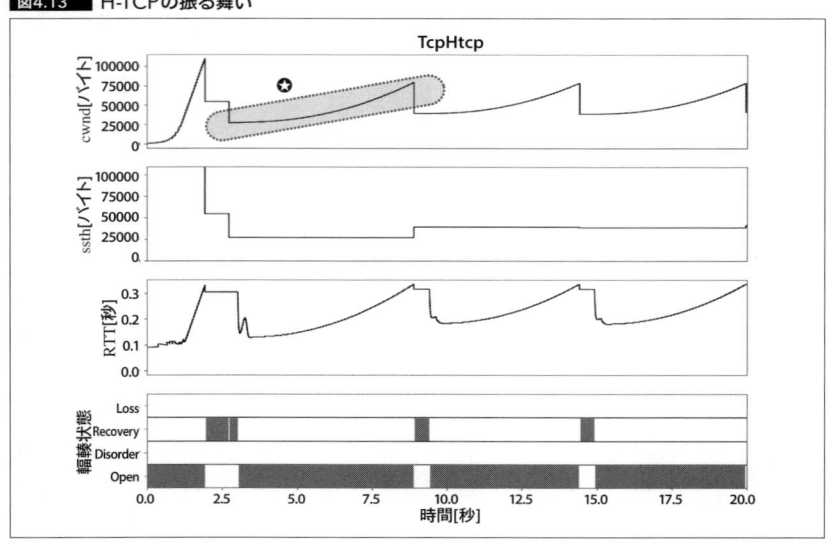

━━━━ ns-3によるシミュレーション結果　Hybla

　NewRenoと同様の条件でシミュレーションした結果を**図4.14**に示します。Slow
start状態において高速に*cwnd*を増加させた（図4.14**❶**）ことで、Loss状態に遷移し
てしまっています（**❷**）。4.4節で紹介するns-3を用いて、さまざまなRTTでHybla
の動作を観察すると、より深い理解を得られるでしょう。

Illinois　BICと比較しておきたいHybrid型輻輳制御アルゴリズム

　Illinoisは、2006年に提案された、ロングファットパイプ向けのHybrid型輻輳
制御アルゴリズムです。従来のロングファットパイプ向けのLoss-based型輻輳制
御アルゴリズムは、*cwnd*が大きくなるに伴いその増分が大きくなるため、輻輳発
生時に大量のパケットが廃棄されるという課題がありました。

　そこでIllinoisは、AIMDのパラメーターであるαおよびβの値をRTTに応じて
調整することで、輻輳が発生する可能性が高い領域では*cwnd*の増分が小さくなる
よう制御します。お気づきのように、BICとIllinoisは問題定義や解決アプローチ
が非常に似ています。

図4.14　Hyblaの振る舞い

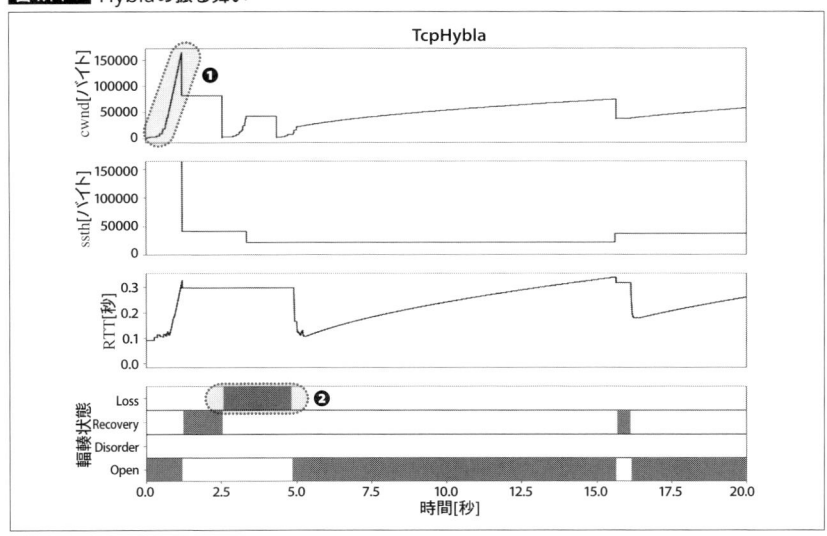

———— **更新式** Illinois

Illinoisでは、Congestion avoidance状態において、ACKを受信するたびに平均キューイング遅延（後述）d_aおよびその上界d_mを計算します。ここで、T_{max}は最大RTT、T_{min}は最小RTT、T_aは直近$cwnd$回分の平均RTTを表します。

$$d_a \leftarrow T_a - T_{min}$$
$$d_m \leftarrow T_{max} - T_{min}$$

上記のd_aおよびd_mをもとに、中間パラメーターである$\overset{\text{カッパ}}{\kappa}$を計算します。ここで、$0 < \alpha_{min} \leq 1 \leq \alpha_{max}$、$0 < \beta_{min} \leq \beta_{max} \leq \frac{1}{2}$、$W_{thresh} > 0$、$0 \leq \overset{\text{イータ}}{\eta_1} < 1$、そして$0 \leq \eta_2 \leq \eta_3 \leq 1$は事前に設定するパラメーターです。下記の計算は複雑に見えますが、これは後ほど計算するαおよびβが連続の関数になるよう調整した結果です[注9]。

$$d_1 \leftarrow \eta_1 d_m$$
$$d_2 \leftarrow \eta_2 d_m$$
$$d_3 \leftarrow \eta_3 d_m$$
$$\kappa_1 \leftarrow \frac{(d_m - d_1)\alpha_{min}\alpha_{max}}{\alpha_{max} - \alpha_{min}}$$
$$\kappa_2 \leftarrow \frac{(d_m - d_1)\alpha_{min}}{\alpha_{max} - \alpha_{min}} - d_1$$
$$\kappa_3 \leftarrow \frac{\beta_{min}d_3 - \beta_{max}d_2}{d_3 - d_2}$$
$$\kappa_4 \leftarrow \frac{\beta_{max} - \beta_{min}}{d_3 - d_2}$$

上記のκ_1およびκ_2を用いて、AIMDのαを計算します。d_aが大きくなり輻輳の可能性が高くなるほど、α（RTTあたりの$cwnd$の増加量）が小さくなります。繰り返しになりますが、αが連続な関数になるようκ_1およびκ_2の値は設計されています。

$$\textbf{If } d_a \leq d_1$$
$$\textbf{Then } \alpha \leftarrow \alpha_{max}$$
$$\textbf{Else } \alpha \leftarrow \frac{\kappa_1}{\kappa_2 + d_a}$$

注9 導出過程は Shao Liu／Tamer Başar／R. Srikant「TCP-Illinois: a loss and delay-based congestion control algorithm for high-speed networks」(ACM、New York、Article 55、2006)を参照。

また、上記のκ_3およびκ_4を用いて、AIMDのβを計算します。d_aが大きくなり輻輳の可能性が高くなるほど、β（Recovery遷移時の$cwnd$の割引率）が大きくなります。繰り返しになりますが、βが連続な関数になるよう、κ_3およびκ_4の値は設計されています。

$$\textbf{If} \ \ d_a \leq d_2$$
$$\textbf{Then} \ \beta \leftarrow \beta_{min}$$
$$\textbf{Else If} \ \ d_a < d_3$$
$$\textbf{Then} \ \beta \leftarrow \kappa_3 + \kappa_4 d_a$$
$$\textbf{Else} \ \beta \leftarrow \beta_{max}$$

———— ns-3によるシミュレーション結果 Illinois

NewRenoと同様の条件でシミュレーションした結果を**図4.15**に示します。Congestion avoidance状態に移行するまでは、d_aを計測しないため、NewRenoと同様に振る舞うことが確認できます。Recovery状態からOpen状態（Congestion avoidance状態）に遷移した後、cwndの増加が緩やかになっていることがわかります（図4.15 ✪）。

一方で、同様の問題設定から生まれたBICは、最初のOpen状態からNewRenoよ

図4.15 Illinoisの振る舞い

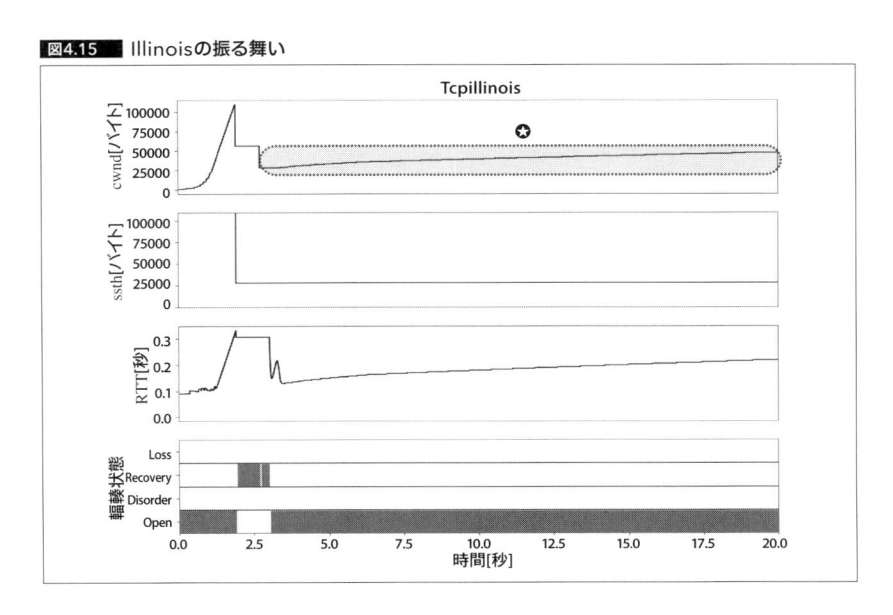

りアグレッシブに振る舞うため、このシミュレーション環境ではIllinoisより効率
的に帯域を利用できていることがわかります。4.4節で紹介するns-3を用いて、さ
まざまな条件でBICとIllinoisを比較すると、より深い理解を得られるでしょう。

YeAH　2つのモードを持つ、ロングファットパイプ向けのHybrid型輻輳制御アルゴリズム

YeAH（*Yet Another Highspeed*）は、2007年に提案された、ロングファットパイプ
向けのHybrid型輻輳制御アルゴリズムです。YeAHは、**Slow**と**Fast**という2つの
モードを使い分けることで、以下の条件を同時に満たします。

- ロングファットパイプにおいて帯域利用効率が高いこと
- 急激な$cwnd$の増加によるネットワークへの過剰な負荷を避けること
- Renoと公平に帯域を共有できること（**Renoとの親和性**）
- RTTが異なるフロー間で公平に帯域を共有できること（**RTT公平性**）
- ランダムなパケットロスに対して性能がロバスト（*robust*、頑健）であること
- バッファが小さいリンクが存在しても高い性能を発揮すること

——— 更新式　YeAH

YeAHは、以下のQとLをRTTごとに計算し、モードを切り替えます。ここで、
RTT_{base}はRTTの最小値を、RTT_{min}は当該RTTにおけるRTTの最小値を表します。
このことから、Qは通信路中にバッファされたデータ量に相当することがわかり
ます。

$$Q \leftarrow (RTT_{min} - RTT_{base}) \cdot \frac{cwnd}{RTT_{min}}$$

$$L \leftarrow \frac{RTT_{min} - RTT_{base}}{RTT_{base}}$$

QおよびLが$Q < Q_{max}$かつ$L < \dfrac{1}{\phi}$を満たすとき、YeAHはFastモードに、それ以
外のとき、YeAHはSlowモードになります。ここで、Q_{max}および$\overset{\text{ファイ}}{\phi}$は設定可能な
パラメーターです。

Fastモードにおいて、YeAHはScalableやH-TCPのような、アグレッシブな輻輳
制御アルゴリズムと同様に振る舞います。一方で、Slowモードにおいて、YeAH

は基本的にNewRenoと同様に振る舞います。ただし、$Q > Q_{max}$のときは、通信路中にバッファされているデータ量を減少させるために、RTTごとに$cwnd$をQずつ小さくする点が異なります。

しかし、NewReno等のバッファを一切考慮しない[注10]輻輳制御アルゴリズムと共存する場合、YeAHが減少させたデータバッファを食いつぶしてしまうため、結局輻輳は回避できません。そのため、YeAHは、Slowモードで動作した回数とFastモードで動作した回数をもとにバッファを一切考慮しないアルゴリズムと共存しているか推定し、結果に応じて処理を切り替える仕組みを持ちます。

── ns-3によるシミュレーション結果 YeAH

NewRenoと同様の条件でシミュレーションした結果を**図4.16**に示します。YeAHは終始Slowモードに該当しており、NewRenoの結果と比較して目立った違いは確認できません。4.4節で紹介するns-3を用いて、ロングファットパイプでYeAHの動作を観察すると、より深い理解を得られるでしょう。

....

注10　原論文では「Greedy」(欲張り) と表現されています。

図4.16 YeAHの振る舞い

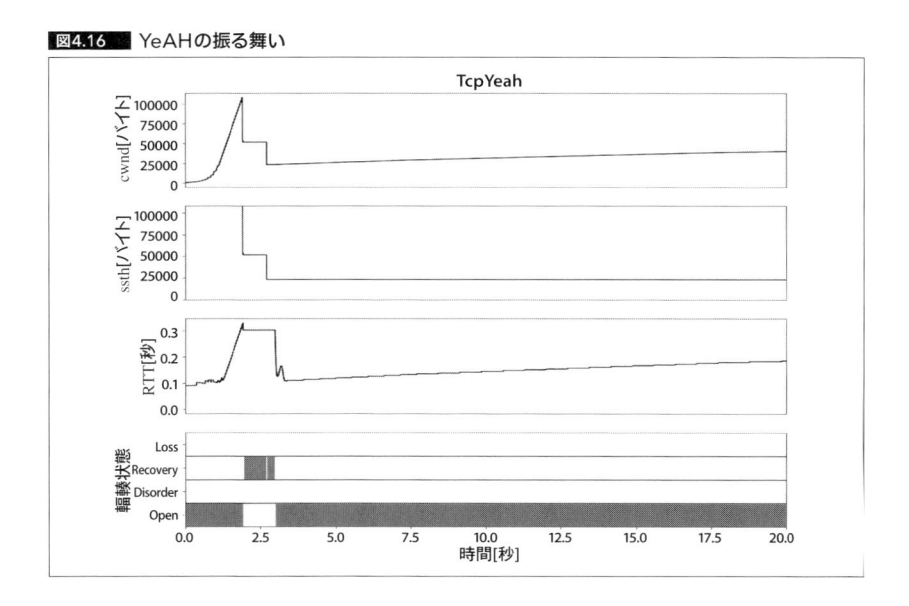

4.3

プロトコルアナライザー「Wireshark」実践入門

輻輳制御アルゴリズムの観察❶

　百聞は一見に如かず。本節ではプロトコルアナライザー「Wireshark」を使って、実際の輻輳制御アルゴリズムの振る舞いを観察してみましょう。ここでは、WiresharkのTCP Stream Graphs機能を使って、シーケンス番号、スループット、RTT、および送信ウィンドウサイズの推移を確認します。また、仮想マシン上で輻輳制御アルゴリズムを変更する方法も紹介します。

Wiresharkとは

　Wireshark は、最もメジャーなプロトコルアナライザーの一つです。プロトコルアナライザー（*protocol analyzer*）とは、ネットワークに流れるデータを解析する装置やプログラムを指します。ノートパソコン上で動作する軽量かつ無償のものから、専用装置上で動作するプロ向けの高価なものまでさまざまなものが存在し、Wireshark は前者に属します。無償であるにもかかわらず、多様な機能を提供していることから、多くの企業、非営利団体、政府組織、学術機関でデファクトスタンダードとして利用されています。

　以下では、Wireshark を使って、TCPの輻輳制御アルゴリズムの振る舞いを観察します。

Wiresharkの環境構築

　Wireshark は、Windows、macOS、Linux に対応しており、簡単にインストールすることができます[注11]。

　本書では、実行環境を統一するため、VirtualBox[注12] と Vagrant[注13] を用いて仮想マシン上に Ubuntu の環境を構築します。原稿執筆時点（2019年4月1日）で、後述する ns-3 のインストールガイドが Ubuntu 18.04 に対応していないため、本書では

注11　詳細なインストール方法は以下の公式サイトを参照してください。　**URL** https://www.wireshark.org
注12　Oracle VM VirtualBox　**URL** https://www.virtualbox.org
注13　Vagrant (by HashiCorp)　**URL** https://www.vagrantup.com

Ubuntu 16.04 を採用します。本シミュレーションでは、Ubuntu 16.04 上で起動した Wireshark を X Window System 経由で物理マシン上に描画することで、TCP の輻輳制御アルゴリズムの振る舞いを観察します。ここでもう一度、本書冒頭(p.viii)で述べた VirtualBox、Vagrant および X server の環境構築が完了していることを確認しておきましょう。

────── ネットワーク構成

図4.17 にネットワーク構成を示します。以降、物理マシンにインストールされた OS を「ホスト OS」、仮想マシンにインストールされた OS を「ゲスト OS」と呼びます。本シミュレーションでは、2台の仮想マシンをつなぐプライベートネットワークを構築し、1つめのゲスト OS(guest1)から2つめのゲスト OS(guest2)に 100MB (*megabyte*)のファイルを FTP で転送する様子を Wireshark でキャプチャーします。

────── セットアップ

前述の環境構築が済んでいることを確認したら、本書の GitHub リポジトリ[注14]を任意のディレクトリにクローンしましょう。wireshark/vagrant ディレクトリに移動し、vagrant up を実行します。これで、2台の仮想マシン上に Ubunut 16.04 環境が構築されます。

....

注14　**URL** https://github.com/neko9laboratories/tcp-book

図4.17　Wiresharkシミュレーションにおけるネットワーク構成

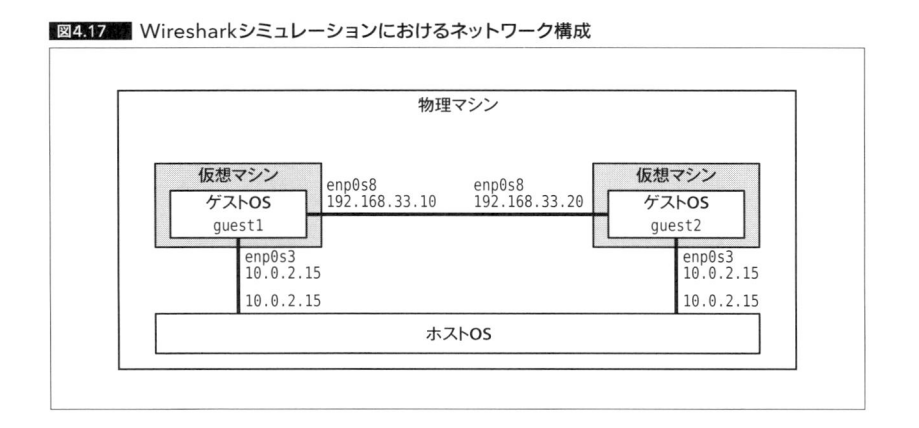

```shell
$ git clone https://github.com/neko9laboratories/tcp-book.git
$ cd tcp-book/wireshark/vagrant
$ vagrant up
```

　以下のコマンドでゲストOSにSSH接続しましょう。ログインメッセージが表示され、プロンプトが「vagrant@guest1:~$」に変わります。

```shell
$ vagrant ssh guest1

> Welcome to Ubuntu 16.04.5 LTS (GNU/Linux 4.4.0-139-generic x86_64)
>
> * Documentation:  https://help.ubuntu.com
> * Management:     https://landscape.canonical.com
> * Support:        https://ubuntu.com/advantage
>
> Get cloud support with Ubuntu Advantage Cloud Guest:
> http://www.ubuntu.com/business/services/cloud
>
> 0 packages can be updated.
> 0 updates are security updates.
>
> New release '18.04.1 LTS' available.
> Run 'do-release-upgrade' to upgrade to it.

vagrant@guest1:~$
```

━━━━ Wiresharkの起動&停止

　Wiresharkを起動してみましょう。

```shell
vagrant@guest1:~$ wireshark
```

　図4.18のような画面が表示されWiresharkが起動することを確認したら、準備は完了です。いったんログアウトして、仮想マシンを停止しましょう。

```shell
vagrant@guest1:~$ exit
$ vagrant halt
```

WiresharkによるTCPのヘッダー分析

輻輳制御アルゴリズムの様子を観察する前に、まずWiresharkにおけるTCPのヘッダー分析の方法を押さえましょう。まずは、仮想マシンを立ち上げます。

shell
```
$ vagrant up
```

本シミュレーションでは、WiresharkとFTPコマンドを同時に実行する必要があるため、**図4.19**のように**シェルを2つ開く**ことに注意しましょう。それぞれのシェルで、guest1にログインします。

shell
```
$ vagrant ssh guest1
vagrant@guest1:~$
```

1つめのシェルで、Wiresharkを起動します[注15]。

shell
```
vagrant@guest1:~$ wireshark
```

....

注15 2つめのシェルは後ほど使用しますので、しばらくログインしたままにしておきましょう。

図4.18 Wiresharkの起動

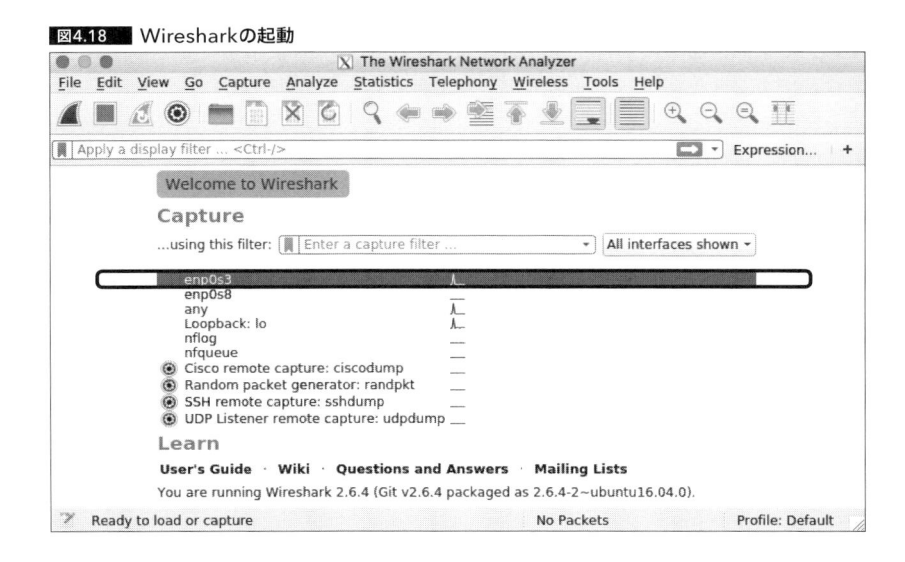

───── キャプチャーするインターフェースの選択とパケットの観察

　キャプチャーするインターフェースを選択します。前出の図4.17で示したとおり、enp0s3はホストOS向けのインターフェース、enp0s8はguest2向けのインターフェースです。ここでは、enp0s3を選択して(前出の図4.18を参照)、Wiresharkにおけるパケット分析について簡単に説明します注16。

　enp0s3を選択すると、**図4.20**のようにenp0s3を出入りするパケットがリアルタイムに表示されるはずです。Wiresharkのデフォルト画面は、大きく分けて3つの領域に分かれています。図4.20の上段の**1**はenp0s3を出入りした各パケットの一覧、中段の**2**は**1**で選択したパケットの詳細表示、そして下段の**3**はバイナリデータでの表示です。

　enp0s3では、ホストOSとゲストOSの間で継続的にパケットが送受信されており、**1**に表示されるパケットがどんどん増えていくのが確認できます。図中**4**にある四角いボタン注17をクリックして、いったんキャプチャーを停止しましょう。

───── パケットのTCPのヘッダー分析

　本シミュレーションではTCPの振る舞いに注目しますので、図4.20**1**のパケット一覧で❶[Protocol]欄が「TCP」となっているパケットを1つ選択します。**図4.21**は、図4.20 ❷の[Source]欄(送信元IPアドレス)がホストOS「10.0.2.2」、[Destination]欄(宛先IPアドレス)がゲストOS「10.0.2.15」のパケット(図4.20❸)を選択した状態を表します。

　中段で各レイヤーのパケット情報を確認しましょう。このパケットは、データ

注16　Wiresharkについて詳しくは、「Wireshark user's guide」が参考になるでしょう。
　　　　URL https://www.wireshark.org/docs/wsug_html_chunked

注17　マウスをホバーすると「stop capturing packets」と表示されるボタン。実際には赤色。

図4.19　2つのシェルでguest1にSSH接続

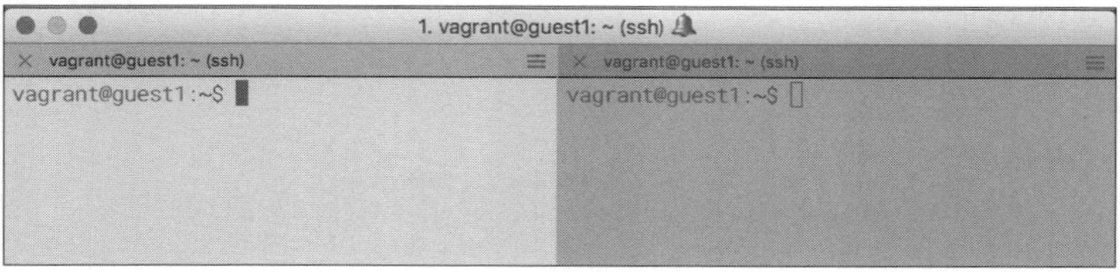

図4.20 ホスト向けインターフェースenp0s3のキャプチャー

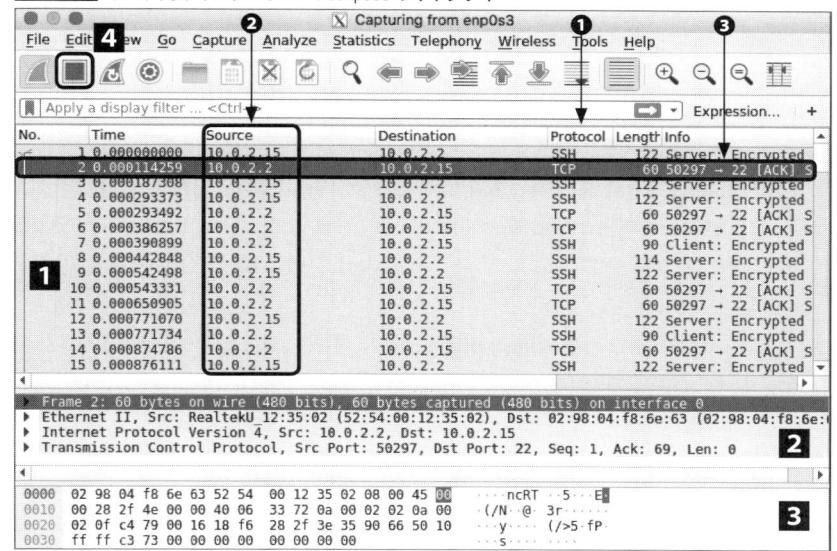

図4.21 WiresharkにおけるTCPのヘッダー分析（前出の図4.20❷を拡大）

```
▶ Frame 2: 60 bytes on wire (480 bits), 60 bytes captured (480 bits) on interface 0
▶ Ethernet II, Src: RealtekU_12:35:02 (52:54:00:12:35:02), Dst: 02:98:04:f8:6e:63 (02:98:04:f8:6e:
▶ Internet Protocol Version 4, Src: 10.0.2.2, Dst: 10.0.2.15
▼ Transmission Control Protocol, Src Port: 50297, Dst Port: 22, Seq: 1, Ack: 69, Len: 0
    Source Port: 50297
    Destination Port: 22
    [Stream index: 0]
    [TCP Segment Len: 0]
    Sequence number: 1     (relative sequence number)
    [Next sequence number: 1     (relative sequence number)]
    Acknowledgment number: 69     (relative ack number)
    0101 .... = Header Length: 20 bytes (5)
  ▼ Flags: 0x010 (ACK)
      000. .... .... = Reserved: Not set
      ...0 .... .... = Nonce: Not set
      .... 0... .... = Congestion Window Reduced (CWR): Not set
      .... .0.. .... = ECN-Echo: Not set
      .... ..0. .... = Urgent: Not set
      .... ...1 .... = Acknowledgment: Set
      .... .... 0... = Push: Not set
      .... .... .0.. = Reset: Not set
      .... .... ..0. = Syn: Not set
      .... .... ...0 = Fin: Not set
      [TCP Flags: ·······A····]
    Window size value: 65535
    [Calculated window size: 65535]
    [Window size scaling factor: -1 (unknown)]
    Checksum: 0xc373 [unverified]
    [Checksum Status: Unverified]
    Urgent pointer: 0
  ▼ [SEQ/ACK analysis]
      [This is an ACK to the segment in frame: 1]
      [The RTT to ACK the segment was: 0.000114259 seconds]
  ▼ [Timestamps]
      [Time since first frame in this TCP stream: 0.000114259 seconds]
      [Time since previous frame in this TCP stream: 0.000114259 seconds]
```

リンク層としてイーサネットを、インターネット層としてIPを、そしてトランス
ポート層としてTCPを使っていることがわかります。TCPをクリックすると、レ
イヤーの詳細が展開されます。

　たとえば、「Source Port」（送信元ポート番号）が「50297」であり、「Destination Port」
（宛先ポート番号）が「22」であり、「Sequence number」（シーケンス番号）が「1」であ
り、「Acknowledgement number」（確認応答番号）が「69」であり、「Flags」（フラグ）は
「ACK」のみが立っており、「Window size value」（受信ウィンドウサイズ）が「65535」
であることがわかります。このように、Wiresharkを使えば、任意のパケットのヘ
ッダーを分析できます。

　ここまで確認できたら、Wiresharkをいったん終了しましょう。**図4.22**のよう
なメッセージが表示されることがありますが、［Stop and Quit without Saving］ボタ
ンを選んでOKです。

Wiresharkによる輻輳制御アルゴリズムの観察

　それでは、TCPの輻輳制御の様子を観察してみましょう。今回のシミュレーシ
ョンでは、guest1の enp0s8 (192.168.33.10)から、guest2の enp0s8
(192.168.33.20)に対して、FTPで100MBのファイルを転送します。繰り返しに
なりますが、本シミュレーションではWiresharkによるパケットキャプチャーと、
FTPによるファイル転送を同時に実行するため、2つのシェルでguest1にログイ
ンする必要があります。再度、お手元の環境を確認しておいてください。

──────**採用している輻輳制御アルゴリズムの確認**　sysctlコマンド（Ubuntu）

　まず、guest1で採用している輻輳制御アルゴリズムを見てみましょう。Ubuntu
では、以下の sysctl コマンドで確認できます。

図4.22　Wiresharkを終了する際に表示されることがあるメッセージ

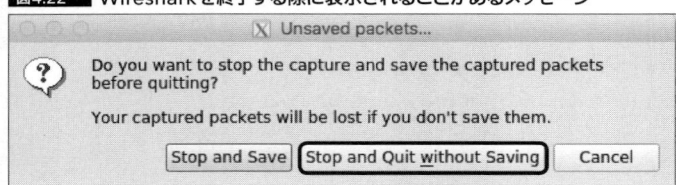

```shell
vagrant@guest1:~$ sysctl net.ipv4.tcp_congestion_control
> net.ipv4.tcp_congestion_control = reno    ←輻輳制御アルゴリズムはRenoである
```

　Renoを採用していることを確認しました。それでは、1つめのシェルでWireshark
を起動しましょう。

```shell
vagrant@guest1:~$ wireshark
```

━━━ インターフェースの選択とパケット送受信状況の確認

　前項ではホストOSに対するインターフェースであるenp0s3を選択しましたが、
今回はもう一つのゲストOS（guest2）に対するインターフェースであるenp0s8を
選択します。**図4.23**に示すように、この時点では、まだ1つのパケットも送受信
されていなことが確認できます。

　それでは、2つめのシェルで以下のコマンドを実行し、FTP送信を開始してみま
しょう。このとき、**図4.24**のようにWiresharkと2つのシェルを同時に眺めると、
パケットの動きをリアルタイムに観察できてお勧めです。

```shell
vagrant@guest1:~$ ftp -n < src/wireshark/ftp_conf.txt
```

図4.23　enp0s8の初期状態

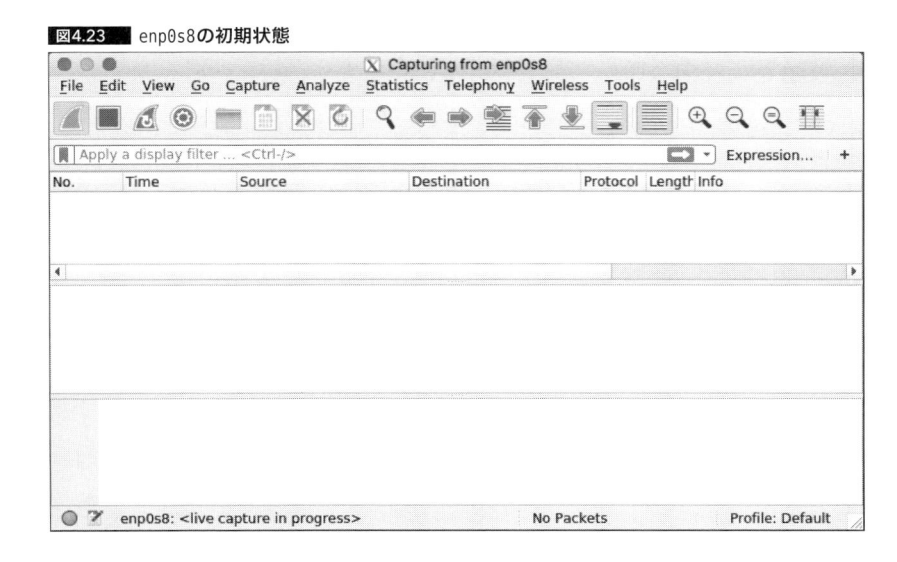

　上記では、ftp コマンドに –n オプションを付けることで、ログインセッション
を起動せずに、ftp_conf.txt に記載した FTP コマンドを自動実行しています。ftp_
conf.txt は以下のようなバッチファイルです。

```
ftp_conf.txt
open 192.168.33.20  ←open 【ドメイン名】
user vagrant vagrant      ←user 【ユーザー名】【パスワード】
prompt    ←プロンプトモードをオフ
put tempfile    ←tempfileのアップロード
```

　さて、先ほどの ftp コマンドは問題なく実行できたでしょうか。**図 4.25** は ftp コ
マンド実行後の状態を表します。100MB のファイルを送信するために、約 0.6024
秒間で 5697 パケットが guest1 と guest2 の間で送受信されたことがわかります。
　図 4.26 のように上段のパケット一覧を上から眺めていくと、まず ARP（1.1 節
を参照）で 192.168.33.20 の MAC アドレスを確認し、次に TCP の 3 ウェイハンド
シェイクにより TCP コネクションを確立する、という流れを追うことができます。

─────**輻輳制御アルゴリズムの挙動の観察**　TCP Stream Graphs 機能
　次に、Wireshark の［Statistics］メニューにある **TCP Stream Graphs** 機能を使っ
て、輻輳制御アルゴリズムの挙動を観察しましょう。ただし、上段で選択した送
信元(IP アドレス、ポート番号)から宛先(IP アドレス、ポート番号)に対するパケ

図4.24　**FTPコマンド実行前**

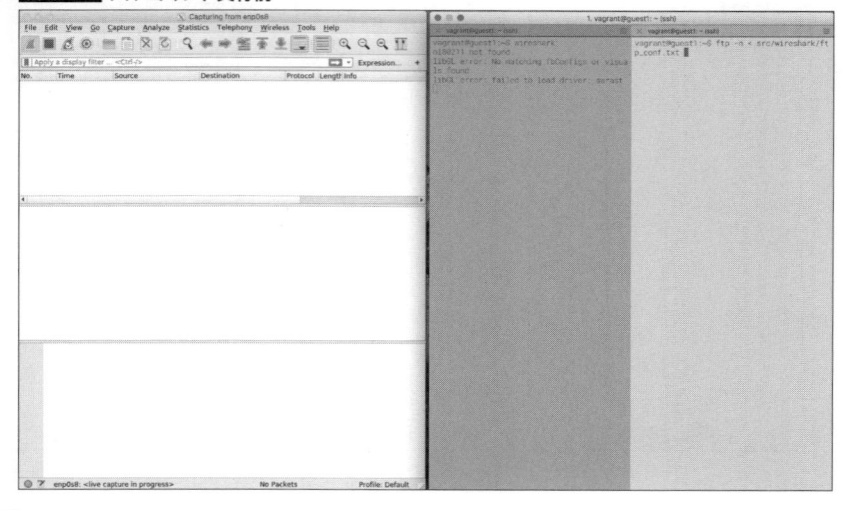

ットの集計結果のみ表示されますので、注意が必要です。

　FTPではTCPコネクションを2つ確立し、1つめを制御用、2つめをファイル転送用に用います。前者はクライアント（guest1）側からサーバー（guest2）に対しポート番号21番を用いる一方で、後者はサーバー（guest2）からクライアント（guest1）に対しポート番号20番を用います。本シミュレーションで注目するのはファイル転送用のTCPコネクションですので、送信元IPアドレスが192.168.33.10で、宛先IPアドレスが192.168.33.20、宛先ポート番号が20のパケットを探します。環境にも依存しますが、上からおよそ20行め付近のパケットがこれに該当します。このパケットを選択した状態で、[Statistics]メニューの[TCP Stream Graphs]を選択しましょう。

図4.25　FTPコマンド実行後

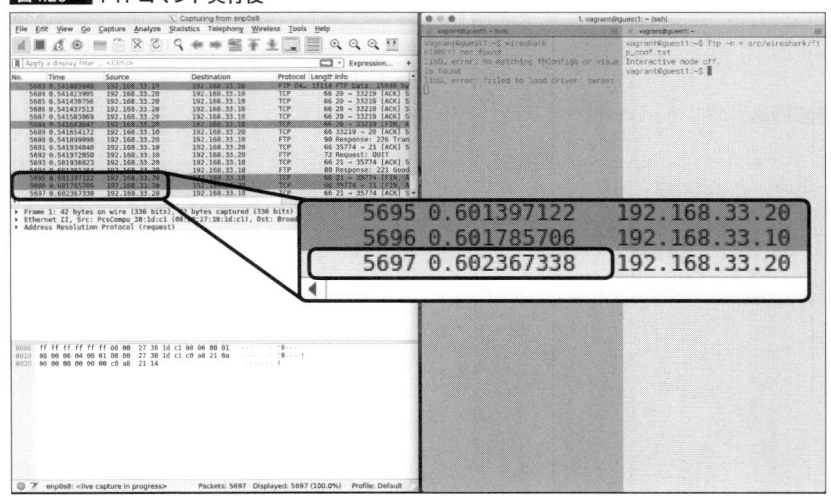

図4.26　FTPファイル転送時の最初の数パケット

No.	Time	Source	Destination	Protocol	Length	Info
1	0.000000000	PcsCompu 38:1d:c1	Broadcast	ARP	42	Who has 192.168.33
2	0.000267529	PcsCompu 99:00:8c	PcsCompu 38:1d:c1	ARP	60	192.168.33.20 is a
3	0.000273192	192.168.33.10	192.168.33.20	TCP	74	35774 → 21 [SYN] S
4	0.000468759	192.168.33.20	192.168.33.10	TCP	74	21 → 35774 [SYN, A
5	0.000483268	192.168.33.10	192.168.33.20	TCP	66	35774 → 21 [ACK] S
6	0.002601696	192.168.33.20	192.168.33.10	FTP	86	Response: 220 (vsF
7	0.002643806	192.168.33.10	192.168.33.20	TCP	66	35774 → 21 [ACK] S
8	0.002705309	192.168.33.10	192.168.33.20	FTP	80	Request: USER vagr
9	0.002831046	192.168.33.20	192.168.33.10	TCP	66	21 → 35774 [ACK] S
10	0.002910336	192.168.33.20	192.168.33.10	FTP	100	Response: 331 Plea
11	0.002945613	192.168.33.10	192.168.33.20	FTP	80	Request: PASS vagr
12	0.041300035	192.168.33.20	192.168.33.10	FTP	66	21 → 35774 [ACK] S
13	0.051493823	192.168.33.20	192.168.33.10	FTP	89	Response: 230 Logi
14	0.051631793	192.168.33.10	192.168.33.20	FTP	72	Request: SYST
15	0.051934929	192.168.33.20	192.168.33.10	TCP	66	21 → 35774 [ACK] S

━━━━━ 描画できる5種類のグラフ

図4.27 は TCP Stream Graphs 機能を起動する画面を示します。この機能では、以下の5種類のグラフを描画することができます。

- Time Sequence (Stevens)
- Time Sequence (tcptrace)
- Throughput
- Round Trip Time
- Window Scaling

図4.27 ┃ WiresharkのTCP Stream Graphs機能

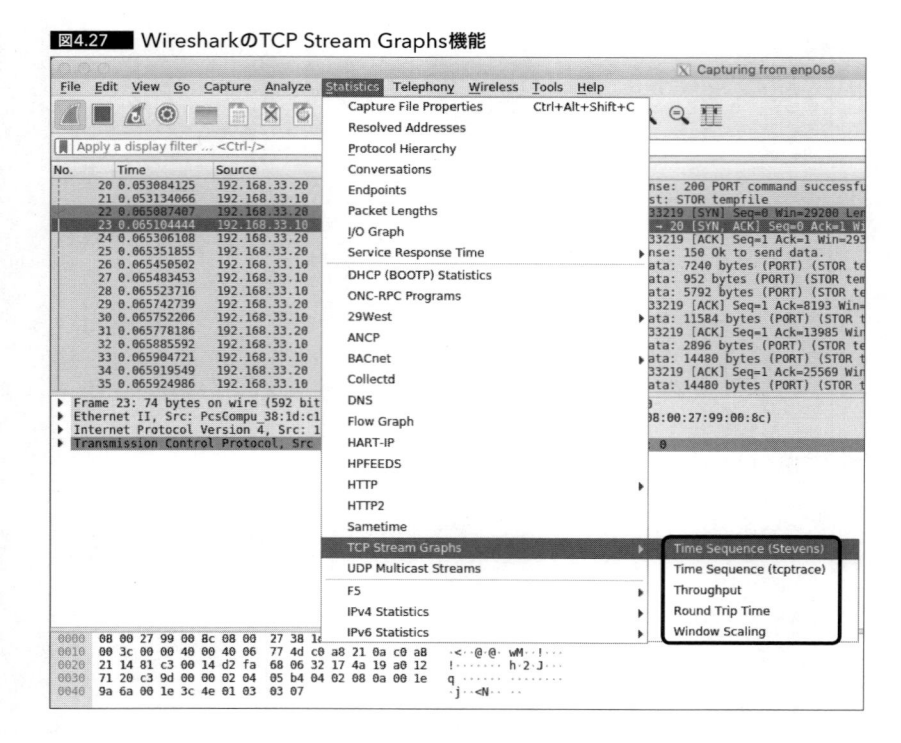

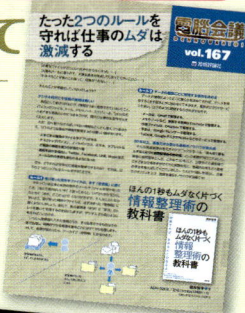
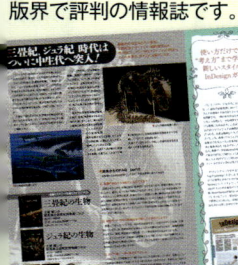

電子書籍を読んでみよう！

技術評論社　GDP	検索

と検索するか、以下のURLを入力してください。

https://gihyo.jp/dp

1 アカウントを登録後、ログインします。
【外部サービス（Google、Facebook、Yahoo!JAPAN）でもログイン可能】

2 ラインナップは入門書から専門書、趣味書まで1,000点以上！

3 購入したい書籍を 🛒 カート に入れます。

4 お支払いは「**PayPal**™」「**YAHOO!**ウォレット」にて決済します。

5 さあ、電子書籍の読書スタートです！

Time Sequence (Stevens)は、送信シーケンス番号の時間変化を描画します（**図4.28**）。「TCP/IP Illustrated」シリーズ（Kevin R. Stevens 著、Addison-Wesley Professional）に登場する図と同じものを描画できるため、「**Stevens**」と呼ばれています。

Time Sequence (tcptrace)は、**図4.29**のように送信シーケンス番号だけでなく、ACK や SACK 等の時間変化も合わせて描画します。

図4.28 TCP Stream GraphsのTime Sequence (Stevens)

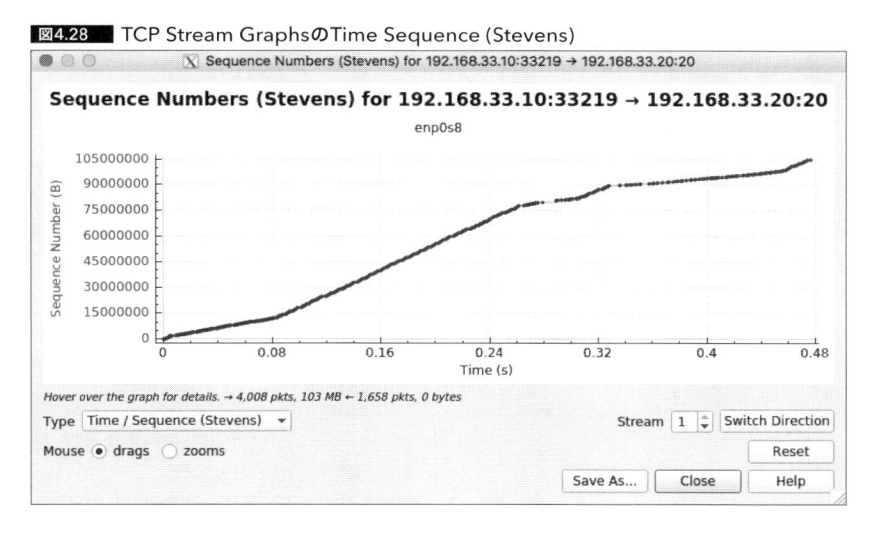

図4.29 TCP Stream GraphsのTime Sequence (tcptrace)

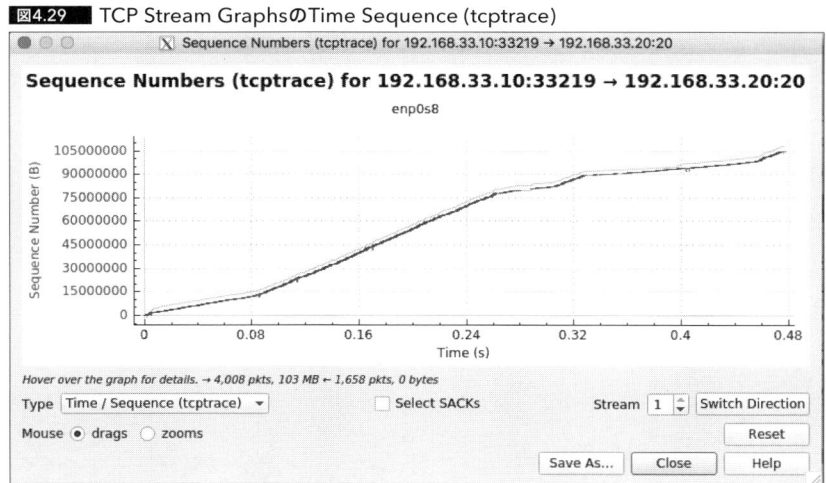

　Throughputは、図4.30のようにセグメント長と平均スループットの時間変化を描画します。

　Round Trip Timeは、図4.31のようにRTTの時間変化を描画します。

　Window Scalingは、図4.32のように受信ウィンドウサイズ(rwnd)と、送信中のデータ量(swnd)の時間変化を描画します。

図4.30　TCP Stream GraphsのThroughput

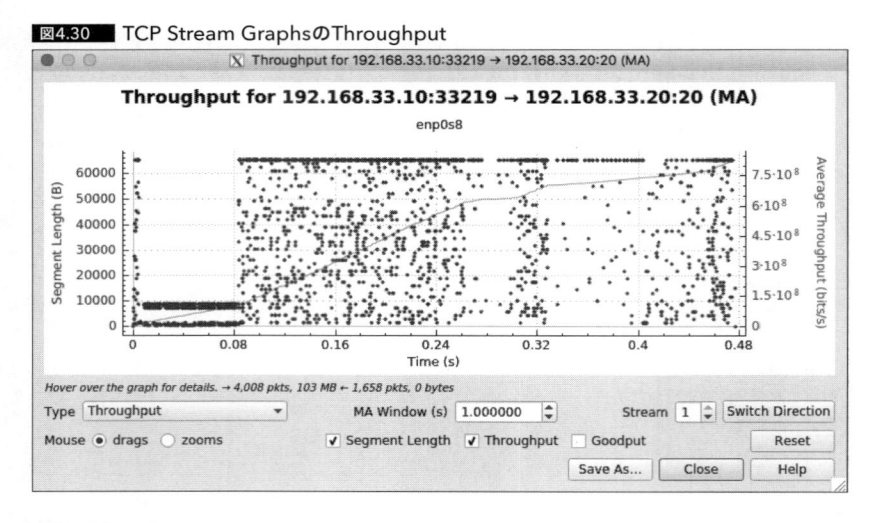

図4.31　TCP Stream GraphsのRound Trip Time

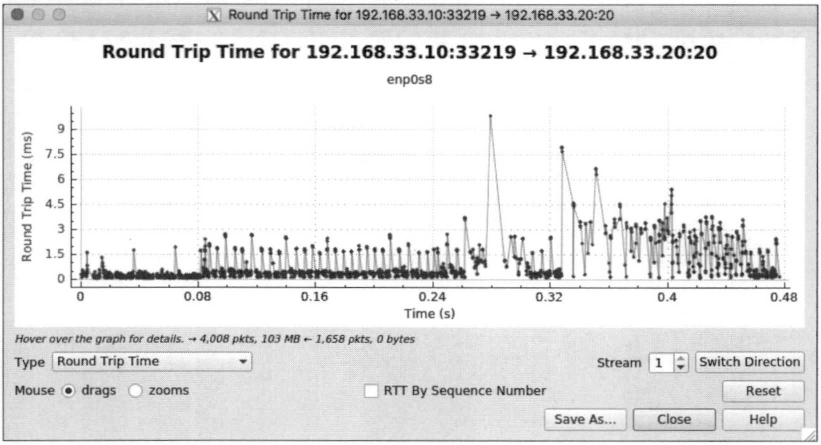

――――**輻輳制御アルゴリズムの切り替え**　sysctlコマンド（Ubuntu）

それでは、Renoではなく他の輻輳制御アルゴリズムを採用した場合は、どのような挙動を示すのでしょうか。Ubuntuでは、以下のsysctlコマンドで輻輳制御アルゴリズムを変更できます。

shell

```
vagrant@guest1:~$ sudo sysctl -w net.ipv4.tcp_congestion_control=bic
```

上記ではBICの例を紹介しましたが、他の輻輳制御アルゴリズムにも変更可能です。好きなものに変更して、挙動を確認してみましょう。

―――――

本章では、Wiresharkを使って、FTPでファイル送信した際の送信シーケンス番号やACKの振る舞いの変化を観察しました。このシミュレーションにより輻輳制御アルゴリズムの外面的な挙動は確認できましたが、cwndやssthreshなど、内面的な変数の挙動までは確認できませんでした。

そこで次章では、ネットワークシミュレーターであるns-3を用いて、輻輳制御アルゴリズムの内部変数をトレースします。

図4.32　TCP Stream GraphsのWindow Scaling

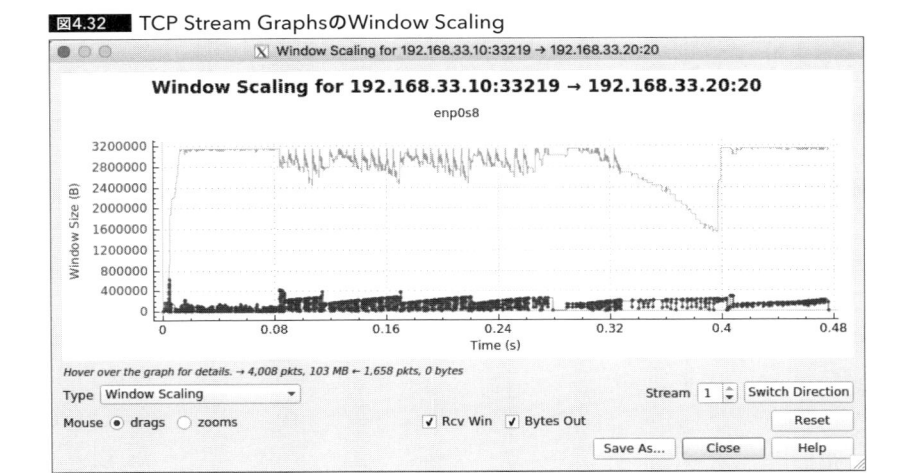

4.4
より深い理解へ。ネットワークシミュレーター「ns-3」入門
輻輳制御アルゴリズムの観察❷

　輻輳制御アルゴリズムをより深く理解するため、本節では離散イベント駆動型ネットワークシミュレーターであるns-3を使って、cwndやssthreshなどの内部変数の挙動を観察します。前節と同様、仮想環境の設定ファイルを用意しましたので、手元で動かしながら輻輳制御の世界を楽しみましょう。

ns-3の基本

　ns-3（*Network Simulator 3*）は、ネットワーク研究と教育への利用を目的とした、離散イベント駆動型ネットワークシミュレーターです。離散イベント駆動型ネットワークシミュレーターとは、たとえばパケットの送受信などのイベントを契機に、システムの挙動を離散的に変化させるものを指します。ns-3は、2006年からGNU GPL v2ライセンスのもとでオープンソースで開発されており、実システムでは実行困難な、高度に制御された再現性の高いネットワークシミュレーション環境を提供します。

　ns-3は、複数のライブラリを組み合わせて構築されており、外部ソフトウェアへの拡張も容易です。たとえば、アニメーション描画、データ分析、可視化ツールなどと連携可能であり、単一のGUI上での操作のみを前提とする他のネットワークシミュレーターと比較し、非常に高いモジュール性を有しています。ns-3は、Linux、FreeBSD、およびCygwin上で動作します。

　ns-3では、C++あるいはPythonシナリオファイルを記述することで、任意のネットワーク構成を実現可能です。複数のサンプルシナリオが同梱されているため、まずはそれらを眺めてみることをお勧めします。本節では、ns-3のサンプルシナリオである tcp-variants-comparison.cc を一部修正した chapter4-base.cc を用いて、輻輳制御アルゴリズムの比較シミュレーションを行います。出力されたファイルの分析と可視化には、Pythonを用います。

ns-3の環境構築

　Wiresharkと同様に、VirtualBoxとVagrantで仮想マシン上にUbuntu 16.04の実行環境を構築し、そのうえでns-3を実行します。そのため、p.viiiで述べたようなVirtualBox、VagrantおよびXクライアントの環境構築が必要になります。なお、本節でも、物理マシンにインストールされたOSをホストOS、仮想マシンにインストールされたOSをゲストOSと呼びます。

　VirtualBoxおよびVagrantのインストールが済んでいることを確認したら、本書のGitHubリポジトリ[注18]を任意のディレクトリにクローンしましょう（❶）。ns3/vagrantディレクトリに移動（❷）し、vagrant upを実行します（❸）。これで、仮想マシン上でUbuntu 16.04が立ち上がり、ns-3の環境構築が実行されます。

```shell
$ git clone https://github.com/neko9laboratories/tcp-book.git ←❶
$ cd tcp-book/ns3/vagrant ←❷
$ vagrant up ←❸
```

　なお、原稿執筆時点（2019年4月1日）で、第5章や第6章で利用するCUBICやBBRのモジュールがns-3.28以上に対応していないため、本書ではn-3.27を利用します。ns-3の環境構築には時間がかかりますので、気長にお待ちください[注19]。

　続いて、ゲストOSにSSH接続しましょう。

```shell
$ vagrant ssh
> Welcome to Ubuntu 16.04.5 LTS (GNU/Linux 4.4.0-139-generic x86_64)
>
>  * Documentation:  https://help.ubuntu.com
>  * Management:     https://landscape.canonical.com
>  * Support:        https://ubuntu.com/advantage
>
>   Get cloud support with Ubuntu Advantage Cloud Guest:
>     http://www.ubuntu.com/business/services/cloud
>
> 13 packages can be updated.
> 6 updates are security updates.
>
> New release '18.04.1 LTS' available.
> Run 'do-release-upgrade' to upgrade to it.
```

注18　**URL** https://github.com/neko9laboratories/tcp-book
注19　筆者の手元の環境で1時間程度かかりました。

```
>
>
vagrant@ubuntu-xenial:~$
```

　上記のように、プロンプトが「vagrant@ubuntu-xenial:~$」に変わったら、SSH
接続成功です。

ns-3によるネットワークシミュレーションのための基礎知識

　輻輳制御アルゴリズムの比較シミュレーションに入る前に、ns-3におけるネットワークシミュレーションの基本を押さえましょう。紙幅の都合上、本シミュレーションを理解する上で最低限必要な知識の説明に留めます[注20]。

　ゲストOSにSSH接続した状態で、ns3/ns-allinone-3.27/ns-3.27に移動します。以降、このディレクトリをns-3のホームディレクトリと呼び、とくに強調しない限り、パス表記をこのディレクトリからの間接参照パスで表します。

shell
```
vagrant@ubuntu-xenial:~$ cd ns3/ns-allinone-3.27/ns-3.27
```


━━━ おもなディレクトリ構成
　ホームディレクトリにおいて、とくに重要なディレクトリやファイルについて
説明します。

shell
```
vagrant@ubuntu-xenial:~/ns3/ns-allinone-3.27/ns-3.27$ tree -L 2
> .
> ├── scenario_4.py  データ加工および可視化用のPythonスクリプト
> ...
> ├── data  出力ファイルを保存するためのディレクトリ
> ...
> ├── examples  ns-3に基本搭載されているサンプルシナリオを保存するためのディレクトリ
> │   ├── tcp  本シミュレーションで用いるシナリオファイルの元になった、
>                tcp-variants-comparison.ccが保存されているディレクトリ
> ...
> ├── requirements.txt  ファイル加工および可視化のために必要なPythonライブラリをまとめたファイル
> ...
```

注20　詳細な説明は、以下の公式マニュアルや解説書などが参考になるでしょう。
　　　• 「ns-3 Manual」URL https://www.nsnam.org/docs/manual/ns-3-manual.pdf
　　　• 『ns3によるネットワークシミュレーション』(銭飛著、森北出版、2014)

```
> ├── scratch  ns-3に基本搭載されている、ユーザーが独自に作成したシナリオファイルを保存するためのディレクトリ
> │   ├── chapter4-base.cc  本シミュレーションで用いるシナリオファイル
> ...
> ├── src  ns-3のソースコードが保存されているディレクトリ。独自のプロトコルを実装する際は、このディレクトリを扱うことになる
> │   ├── internet  TCPの輻輳制御アルゴリズムが実装されているディレクトリ
> ...
> ├── waf  シナリオファイルをコンパイルおよび実行を担うファイル
> ...
> ├── wscript  wafの設定ファイル
```

——— ns-3のコマンド

ns-3では、`./waf --run {シナリオファイル名} {コマンドライン引数}`という
コマンドでシミュレーションを開始します。デフォルト設定で指定可能なシナリ
オファイルは、ホームディレクトリ(`./`)か`scratch/`ディレクトリに存在するもの
のみです。参照可能なディレクトリを追加するためには、`wscript`を修正する必
要があります[注21]。たとえば、`scratch/chapter4-base.cc`というシナリオファイル
を実行する場合は、以下のコマンドを入力します。ここで、拡張子(`.cc`)を外すこ
とに注意してください。

```shell
vagrant@ubuntu-xenial:~/ns3/ns-allinone-3.27/ns-3.27$ ./waf --run chapter4-base
> Waf: Entering directory '/home/vagrant/ns3/ns-allinone-3.27/ns-3.27/build'
─一部略
> [1969/1980] Linking build/bindings/python/ns/spectrum.so
> Waf: Leaving directory '/home/vagrant/ns3/ns-allinone-3.27/ns-3.27/build'
> Build commands will be stored in build/compile_commands.json
> 'build' finished successfully (2m0.891s)
```

指定可能なコマンドライン引数は、以下のように`--PrintHelp`というコマンド
ライン引数を追加して実行することで確認できます。このとき、シナリオファイ
ル名からコマンドライン引数までダブルクォーテーション(`""`)で囲む必要がある
ことに注意してください。

```shell
vagrant@ubuntu-xenial:~/ns3/ns-allinone-3.27/ns-3.27$ ./waf --run "chapter4-base --PrintHelp"
> Waf: Entering directory '/home/vagrant/ns3/ns-allinone-3.27/ns-3.27/build'
> Waf: Leaving directory '/home/vagrant/ns3/ns-allinone-3.27/ns-3.27/build'
> Build commands will be stored in build/compile_commands.json
> 'build' finished successfully (0.799s)
> chapter4-base [Program Arguments] [General Arguments]
```

注21 詳細は前出の『ns3によるネットワークシミュレーション』(銭飛著、森北出版、2014)を参照。

```
>
> Program Arguments:
>    --transport_prot:    Transport protocol to use: TcpNewReno, TcpHybla, TcpHigh↵
Speed, TcpHtcp, TcpVegas, TcpScalable, TcpVeno, TcpBic, TcpYeah, TcpIllinois, TcpW↵
estwood, TcpWestwoodPlus [TcpWestwood]
>    --error_p:           Packet error rate [0]
>    --bandwidth:         Bottleneck bandwidth [2Mbps]
 一部略
>    --sack:              Enable or disable SACK option [true]
>
> General Arguments:
>    --PrintGlobals:            Print the list of globals.
>    --PrintGroups:             Print the list of groups.
>    --PrintGroup=[group]:      Print all TypeIds of group.
>    --PrintTypeIds:            Print all TypeIds.
>    --PrintAttributes=[typeid]: Print all attributes of typeid.
>    --PrintHelp:               Print this help message.
```

次項では、chapter4-base.ccについて詳しく解説します。

シナリオファイル「chapter4-base.cc」

本シミュレーションで用いるchapter4-base.ccは、ns-3.27のサンプルシナリオ
の一つであるexamples/tcp/tcp-variants-comparison.ccを元に作成したシナリ
オファイルです。具体的には、examples/tcp/tcp-variants-comparison.ccでト
レースできないACKや状態遷移をトレースするため、一部のコードを追加しまし
た。変更内容の詳細については、ソースコードにコメントを記載しております。
ご興味のある方はご覧ください。

chapter4-base.ccで想定するネットワーク構成を、**図4.33**に示します。

このシナリオファイルでは、送信ノードから受信ノードに対して、ファイル転
送を行います。このシナリオファイルで指定できるコマンドライン引数を以下に
示します。

図4.33　ns-3におけるネットワーク構成

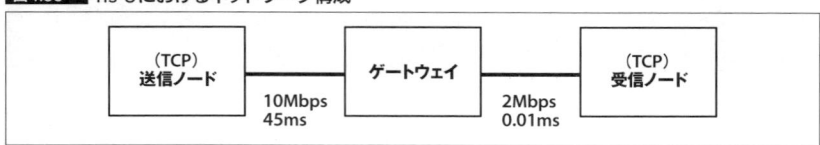

- `transport_prot`：輻輳制御アルゴリズム。デフォルト値は`Westwood`

- `error_p`：パケットエラーレート。デフォルト値は`0`

- `bandwidth`：ゲートウェイと受信ノード間の帯域。デフォルト値は`2Mbps`

- `delay`：ゲートウェイと受信ノード間のリンクの伝搬遅延（後述）。デフォルト値は`0.01ms`（*millisecond*）

- `access_bandwidth`：送信ノードとゲートウェイ間の帯域。デフォルト値は`10Mbps`

- `access_delay`：送信ノードとゲートウェイ間の伝搬遅延。デフォルト値は`45ms`

- `tracing`：トレーシングを有効化するか否かを表す。デフォルト値は`false`だが、これでは分析対象データが出力されないため、`true`を指定する必要がある

- `prefix_name`：出力ファイルの保存先。デフォルト値は`TcpVariantsComparison`

- `data`：送信対象ファイルの大きさ（単位：Mpbs）。デフォルト値は`0`で、これは無限大を表す

- `mtu`：IPパケットの大きさ（単位：byte）。デフォルト値は`400`

- `num_flows`：TCPフロー数。デフォルト値は`1`

- `duration`：ファイル転送の最大実施秒数。`duration`をあまりに大きい値に設定すると、シミュレーションに膨大な時間がかかるため注意が必要。デフォルト値は`100`

- `run`：乱数生成に利用するインデックス値。デフォルト値は`0`

- `flow_monitor`：Flow monitorを有効化するか否かを表す。デフォルト値は`false`

- `pcap_tracing`：PCAP tracingを有効化するか否かを表す。デフォルト値は`false`

- `queue_disc_type`：Gatewayにおけるキュータイプ。デフォルト値は`ns3::PfifoFastQueueDisc`

- `sack`：SACK（*Selective ACKnowledge*、選択確認応答）を有効化するか否かを表す。デフォルト値は`true`

本シミュレーションでは、上記のうち`transport_prot`をさまざまに変化させて、4.2節で登場したすべての輻輳制御アルゴリズムを比較します。たとえば、輻輳制御アルゴリズムを`TcpNewReno`に変更する際は、次のようにコマンドを実行します。

```shell
vagrant@ubuntu-xenial:~/ns3/ns-allinone-3.27/ns-3.27$ ./waf --run "chapter4-base
--transport_prot='TcpNewReno' --tracing=True --prefix_name='data/chapter4/TcpNew
Reno/'"
```

Pythonによるシミュレータ実行/分析/可視化

　本シミュレーションではPythonを用いて、シミュレーションの実行から、データ分析、可視化まで一貫して実装します。仮想環境を構築し、ns-3のホームディレクトリに移動しましょう。

```
$ vagrant up
vagrant@ubuntu-xenial:~$ cd ns3/ns-allinone-3.27/ns-3.27
```

　4.2節で表示したすべての図を、以下のコマンドで出力できます。出力先はゲストOSの~/ns3/ns-allinone-3.27/ns-3.27/data/chapter4ディレクトリ以下です。ゲストOSの~/ns3/ns-allinone-3.27/ns-3.27/dataディレクトリはホストOSのtcp-book/ns3/vagrant/shared/ディレクトリと同期しているため、ホストOSからも参照可能です。なお、以降ではtcp-book/はhttps://github.com/neko9laboratories/tcp-bookからクローンしたディレクトリを指します。

```
vagrant@ubuntu-xenial:~/ns3/ns-allinone-3.27/ns-3.27$ python3 scenario_4.py
```

　上記を実行したら、ホストOSのtcp-book/ns3/vagrant/shared/chapter4ディレクトリを確認してみましょう。次のようなファイル構成となっているはずです。

- 04_tcpbic.png：図4.12
- 04_tcphighspeed.png：図4.9
- 04_tcphtcp.png：図4.13
- 04_tcphybla.png：図4.14
- 04_tcpillinois.png：図4.15
- 04_tcpnewreno.png：図4.6
- 04_tcpscalable.png：図4.10
- 04_tcpvegas.png：図4.7
- 04_tcpveno.png：図4.11
- 04_tcpwestwood.png：図4.8
- 04_tcpyeah.png：図4.16

- TcpBic：BICに関する各種出力データを格納するディレクトリ

- TcpHighSpeed：HighSpeedに関する各種出力データを格納するディレクトリ

- TcpHtcp：H-TCPに関する各種出力データを格納するディレクトリ

- TcpHybla：Hyblaに関する各種出力データを格納するディレクトリ

- TcpIllinois：Illinoisに関する各種出力データを格納するディレクトリ

- TcpNewReno：NewRenoに関する各種出力データを格納するディレクトリ

- TcpScalable：Scalableに関する各種出力データを格納するディレクトリ

- TcpVegas：Vegasに関する各種出力データを格納するディレクトリ

- TcpVeno：Venoに関する各種出力データを格納するディレクトリ

- TcpWestwood：Westwoodに関する各種出力データを格納するディレクトリ

- TcpYeah：Yeahに関する各種出力データを格納するディレクトリ

TcpBicからTcpYeahまでのディレクトリは、すべて以下のようなファイルを含みます。

- ack.data：受信したACKのシーケンス番号の履歴

- ascii：送受信イベントのログ

- cong-state.data：状態推移の履歴

- cwnd.data：cwndの履歴

- inflight.data：swndの履歴

- next-rx.data：次に受信するACK番号の履歴

- next-tx.data：次に送信するシーケンス番号の履歴

- rto.data：タイムアウト時間の履歴

- rtt.data：RTTの履歴

- ssth.data：ssthreshの履歴

asciiについては、本シミュレーションで利用しないため説明を割愛します。その他のデータは、タブ区切りの2列のデータで、1列めが経過秒、2列めが値を示します。たとえば、TcpNewRenoのack.dataをテキストエディタで開くと、次のようなデータが表示されるでしょう。

```
ack.data
0.0905768 1
0.18279 341
0.276537 1021
0.370283 1701
0.462454 2381
0.465606 3061
0.5562 3741
0.559352 4421
0.562504 5101
0.649946 5781
```

　紙幅の都合から、最初の10行のみを表示しています。たとえば、1行めは、シ
ミュレーション開始から0.0905768秒で、シーケンス番号1のACKを受信したこ
とを表しています。2行め以降も同様です。勘の良い方はお気づきかもしれませ
んが、4.2節の図は、cwnd.data、ssth.data、ack.data、rtt.data、そしてcong-
state.dataをプロットしたものです。

——— scenario_4.pyの中身　Python入門

　シミュレーション環境をさまざまに変更した結果を分析すると、輻輳制御アル
ゴリズムの理解を深めることができます。本格的なns-3プログラミングは本書の
範疇を超えてしまいますので、以降ではscenario_4.pyを使って手軽にシミュレ
ーション環境を変更する方法を紹介します。ここではPythonプログラミングが必
要ですが、必ずしもPythonの前提知識は必要ありません。なお、発展的な内容と
なりますので、このまま次に進んでいただいても構成上問題ありません。

　少々遠回りとなりますが、まずは上記のコマンドpython3 scenario_4.pyを理
解することから始めましょう。このコマンドはscenario_4.pyというスクリプト
を、Python 3で実行するということを意味します。悩ましいことに、Pythonには、
互換性のない2つのバージョン、Python 2とPython 3が存在します。Python 2は、
2010年7月3日にリリースされたPython 2.7が最後のバージョンとなりました。現
在はPython 3への移行が進められているため、本書ではPython 3を利用します。

　scenario_4.pyの中身を少しだけ覗いてみましょう。前述したとおり、本書は
はTCPの入門書であり、Pythonの入門書ではありません。よって、以下ではPython
の文法について厳密さよりわかりやすさを重視した説明を行います。Pythonは今
最も人気のある言語の一つで、世の中には優れた書籍やWebサイトがたくさんあ
ります。興味のある方は別途アクセスしてみてください。

Pythonスクリプトがコマンドラインから読み込まれたとき、「if __name__ ==
__'main'__」以下のコードが実行されます。scenario_4.pyでは、以下のmain()を
呼び出します。

scenario_4.py

```python
def main():
    for algo in tqdm(algorithms, desc='Algotirhms'):
        execute_and_plot(algo=algo, duration=20)
```

Pythonではdef {関数名}({引数}):で関数を定義します。つまり、def main():
は引数のないmainという名前の関数を定義することを意味します。Pythonの特徴
の一つは、インデント（字下げ）によりソースコードの可読性を高めている点です。
つまり、def main():から1段下がった2行め以降は、main()関数の処理内容を表
しています。ちなみに、インデント幅は空白何個分でも動作しますが、スタイル
ガイドであるPEP 8では空白4個分を推奨しています。

2行めは、algorithmsというリストに保存されたすべての要素を、algoとして
順番に呼び出すループ処理を表します。つまり、1回めはTcpNewRenoを、2回めは
TcpHyblaをalgoに代入して3行め以降を実行します。tqdmはforループの進捗状
況を表示するための関数ですので、ここでは無視してOKです。

scenario_4.py

```python
algorithms = [
    'TcpNewReno', 'TcpHybla', 'TcpHighSpeed', 'TcpHtcp',
    'TcpVegas', 'TcpScalable', 'TcpVeno', 'TcpBic', 'TcpYeah',
    'TcpIllinois', 'TcpWestwood']
```

さらに、もう1段インデントされた3行めでは、forループ内の処理内容を表し
ます。ここでは、輻輳制御アルゴリズムとしてalgoを、シミュレーション実行時
間として20秒を指定してexecute_and_plot()関数を実行します。execute_and_
plot()関数は、指定されたシミュレーション環境でns-3シミュレーションを実行
し、実行結果のデータを./data/chapter4/{アルゴリズム名}/に保存し、プロッ
トした結果を./data/chapter4/04_{アルゴリズム名}.pngに保存する関数です。

execute_and_plot()関数で指定可能な引数は、以下のとおりです。

- algo：輻輳制御アルゴリズムを指定可能
- duration：ファイル転送の最大実施秒数を指定。durationをあまりに大きい値に設

定すると、シミュレーションに膨大な時間がかかるため注意が必要

- error_p：パケットエラーレート。デフォルト値は0
- bandwidth：ゲートウェイと受信ノード間の帯域。デフォルト値は2Mbps
- delay：ゲートウェイと受信ノード間のリンクの伝搬遅延。デフォルト値は0.01ms
- access_bandwidth：送信ノードとゲートウェイ間の帯域。デフォルト値は10Mbps
- access_delay：送信ノードとゲートウェイ間の伝搬遅延。デフォルト値は45ms
- data：送信対象ファイルの大きさ（単位：Mpbs）。デフォルト値は0で、これは無限大を表す
- mtu：IPパケットの大きさ（単位：byte）です。デフォルト値は400
- flow_monitor：Flow monitorを有効化するか否かを表す。デフォルト値はfalse
- pcap_tracing：PCAP tracingを有効化するか否かを表す。デフォルト値はfalse

つまり、冒頭で示したコマンドpython3 scenario_4.pyは、シミュレーション時間を20秒と指定して、全輻輳制御アルゴリズムについてexecute_and_plot()を実行する、ということを意味しています。裏を返せば、execute_and_plot()に任意の引数を指定して実行すれば、自由にシミュレーション環境を変更した場合の分析結果を得られる、ということです。

━━━━━ 挙動の確認　IPython

たとえば、パケットエラーレートを上げたときのNewRenoの挙動を観察したいとしましょう。パケットエラーレートはerror_pで指定できますので、次のように実行します。

```shell
vagrant@ubuntu-xenial:~/ns3/ns-allinone-3.27/ns-3.27$ ipython
> Python 3.5.2 (default, Nov 12 2018, 13:43:14)
> Type 'copyright', 'credits' or 'license' for more information
> IPython 7.2.0 -- An enhanced Interactive Python. Type '?' for help.
>
In [1]: import scenario_4
In [2]: scenario_4.execute_and_plot('TcpNewReno', 20, error_p=0.01)
```

ipythonはIPython[注22]を起動するためのコマンドです。IPythonは対話的にPythonプログラムを実行できるツールです。Pythonデフォルトのインタープリターでも

....
注22　URL https://ipython.org

問題なく実行可能ですが、IPythonはタブ補完等が便利なのでお勧めです。

　Pythonでは、外部のモジュールを使用する際、「import {モジュール名}」を書く必要があります。importしたモジュールの関数は「{モジュール名}.{関数名}」で利用可能です。ここでは、輻輳制御アルゴリズムを「TcpNewReno」、シミュレーション時間を20秒、パケットエラーレートを0.01としてexecute_and_plot()関数を実行します。

　「In [3]:」と表示されたら実行完了です。ホストOSのtcp-book/ns3/vagrant/shared/chapter4/04_tcpnewreno.pngを確認してみましょう。**図4.34**のように、図4.6とは大きく異なり、パケットロスによりcwndがなかなか大きくならない様子が見て取れると思います。なお、パケットロス発生は乱数依存のため、お手元の結果が厳密に図4.34と一致する必要はないことにご注意ください。

　さらに、長距離通信におけるNewRenoの挙動を確認したい場合は、どうすれば良いでしょうか。delayおよびaccess_delayを変更すれば、簡単に確認できます。

図4.34　パケットエラーが発生しやすい環境でのNewRenoの振る舞い

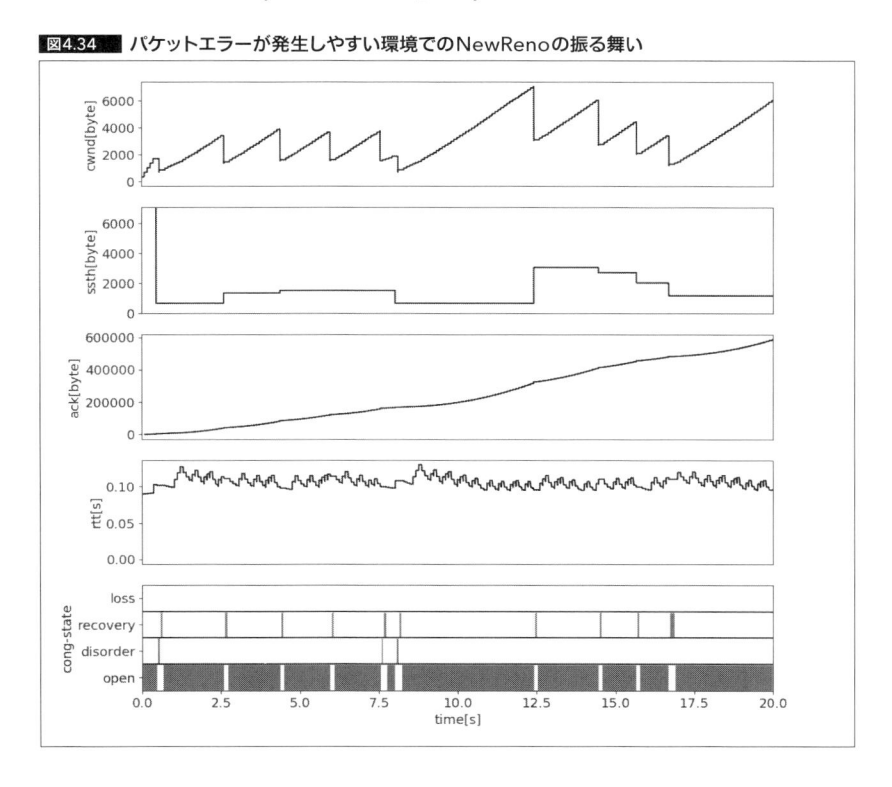

```shell
In [3]: scenario_4.execute_and_plot('TcpNewReno', 20, delay='1s', access_delay='1s')
```

　「In [4]:」と表示されたら実行完了です。ホストOSの tcp-book/ns3/vagrant/ shared/chapter4/04_tcpnewreno.png を確認してみましょう（**図4.35**）。信号の往復に4秒かかるため、ほとんどcwndが大きくならないままシミュレーションが終了していることがわかるでしょう。

　ここで取り上げたのは単純な例です。いろいろなシミュレーション環境を試して、輻輳制御アルゴリズムに対する理解を深めましょう。なお、exitと打ち込めば、IPythonを終了できます。

```shell
In [4]: exit
vagrant@ubuntu-xenial:~/ns3/ns-allinone-3.27/ns-3.27$
```

図4.35　長距離通信におけるNewRenoの振る舞い

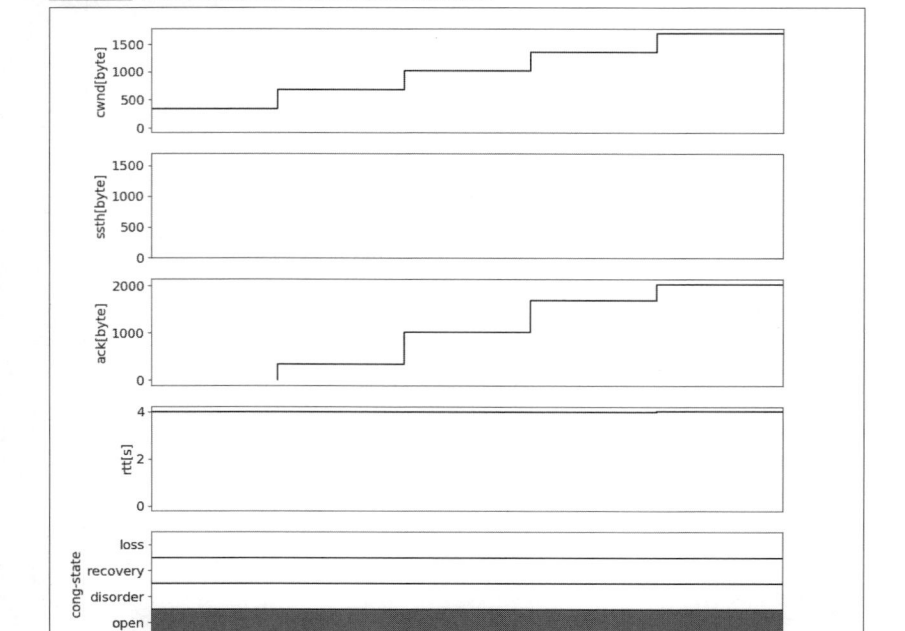

本節では、離散イベント駆動型ネットワークシミュレーターであるns-3を使って、cwndやssthreshなどの内部変数の挙動を観察する方法を紹介しました。本書向けに用意したscenario_4.pyモジュールを使うことで、さまざまなシミュレーション環境における輻輳制御アルゴリズムの振る舞いを、手軽に観察することができることも述べました。

ここで注意点としては、本モジュールはあくまでシナリオファイルchapter4-base.ccのPythonラッパーでしかなく、設定できるシミュレーション環境に限りがあるということです。たとえば、複数の輻輳制御アルゴリズムが混在する環境は実現できません。このような複雑なネットワーク構成を実現するためには、ns-3のシナリオファイルを自作する必要があります。また当然ながら、既存の輻輳制御アルゴリズムしか評価できません。独自の輻輳制御アルゴリズムを評価するためには、ns-3のソースコードに手を加える必要があります。

ns-3は世界中のネットワーク研究者に愛用されている、非常に奥の深いシミュレータです。本節をきっかけに、興味を持つ方が少しでも増えたなら幸いです。

4.5
まとめ

本章では、TCPの輻輳制御アルゴリズムを概説し、その様子をWiresharkやns-3を用いたシミュレーションで観察しました。本章で紹介した概念は、第5章および第6章を理解する上で必須のものです。ここでもう一度、おさらいしておきましょう。

4.1節では、輻輳制御の目的、基本設計、状態遷移、そして輻輳制御アルゴリズムに関する基本を説明しました。cwndとは何か、説明できるでしょうか。4.1節で取り上げましたので、必要に応じて確認してみてください。

4.2節では、代表的な輻輳制御アルゴリズムをまとめて解説し、それぞれの特徴を定性/定量の両面から示しました。図4.3を眺めて、各アルゴリズムの関連性を再確認しておきましょう。

4.3節では、パケットアナライザーであるWiresharkを用いて、仮想マシン間の

ファイル転送におけるTCPの動作を分析しました。TCPに限らず、あらゆるプロトコル解析の場面でWiresharkは強力な武器になります。

4.4節では、離散イベント駆動型ネットワークシミュレーターであるns-3を用いて、パケットキャプチャーでは捉えきれない、TCPの内部変数の挙動を観察しました。ネットワーク構成を変化させると、驚くほど振る舞いが変わるのがTCPのおもしろいところです。自由にシミュレーション条件を変更して、結果を比較してみましょう。きっと新たな発見があるはずです。

本章全体を通して伝えたかったのは、輻輳制御アルゴリズムの設計の難しさです。通信ネットワークは地球全体を覆っていると言っても過言ではなく、輻輳に影響を及ぼし得る端末数は個人が把握できる規模を遥かに超えています。

そこでTCPの輻輳制御アルゴリズムは、ACKのような限られた情報からネットワークの混雑状況を推定するために、さまざまな工夫を凝らす必要があります。たとえば、有限オートマトンを用いた状態管理や、各フィードバック形式は、このような背景から生まれた工夫の結晶です。近年は、ネットワークに関する前提知識を極力排除して、強化学習で輻輳制御を行う手法も提案されています[注23]が、先人たちの知見が集結した、古き良きモデルベースの手法も忘れてはなりません。

第5章や第6章で取り扱う2つの輻輳制御アルゴリズムは、そんなモデルベースの手法の中でも極めて優れたものです。この難しい問題にどのように取り組んでいるのか、注目しながら追いかけていきましょう。

注23　W. Li／F. Zhou／K. R. Chowdhury／W. M. Meleis「QTCP: Adaptive Congestion Control with Reinforcement Learning」(IEEE Transactions on Network Science and Engineering、2018)

参考文献

- 「TCP Congestion Control」(RFC 5681)

- 「The NewReno Modification to TCP' s Fast Recovery Algorithm」(RFC 6582)

- Peter L Dordal「An Introduction to Computer Networks」
  URL http://intronetworks.cs.luc.edu

- 「HighSpeed TCP for Large Congestion Windows」(RFC 3649)

- Carlo Caini／Rosario Firrincieli「TCP Hybla: a TCP enhancement for heterogeneous networks」(International journal of satellite communications and networking 22.5、pp. 547-566、2004)

- Saverio Mascolo et al.「TCP Westwood: Bandwidth Estimation for Enhanced Transport over Wireless Links」(MobiCom、2001)

- Lawrence S. Brakmo／Larry L. Peterson「TCP Vegas: End to End Congestion Avoidance on a Global Internet」(IEEE Journal on selected Areas in communications 13.8 (1995): 1465-1480)

- Tom Kelly「Scalable TCP: Improving Performance in Highspeed Wide Area Networks」(ACM SIGCOMM computer communication Review、vol.33、no.2、pp.83-91、2003)

- Cheng Peng Fu／S. C. Liew「TCP Veno: TCP Enhancement for Transmission Over Wireless Access Networks」(IEEE Journal on Selected Areas in Communications、vol. 21、no. 2、pp. 216-228、2003)

- Lisong Xu／Khaled Harfoush／Injong Rhee「Binary Increase Congestion Control (BIC) for Fast Long-Distance Networks」(Twenty-third Annual Joint Conference of the IEEE Computer and Communications Societies (INFOCOM)、pp.2514-2524、2004)

- Andrea Baiocchi／Angelo P. Castellani／Francesco Vacirca「YeAH-TCP: Yet Another Highspeed TCP」(Proceedings of PFLDnet、Vol. 7、2007)

- Shao Liu／Tamer Bas¸ar／R. Srikant「TCP-Illinois: a loss and delay-based congestion control algorithm for high-speed networks」(ACM、New York、Article 55、2006)

- Douglas J. Leith／Robert Shorten「H-TCP: TCP for high-speed and long-distance networks」(Proceedings of PFLDnet、2004)

第5章

　インターネットの普及とともにTCPが広く利用される
ようになって以来、標準的に用いられてきた輻輳制御ア
ルゴリズムはReno/NewRenoでした。しかしながら、
近年のネットワーク高速化やクラウドサービスの普及な
どに伴い、「ロングファットパイプ」と呼ばれる広帯域/
高遅延環境が一般化するにつれて、スケーラビリティの
不足やRTTの異なるフロー間でのスループット不公平性
といった課題が顕在化してきました。

　これに対して、現在主流となっている輻輳制御アルゴ
リズムの一つが**CUBIC**（CUBIC-TCP）です。CUBICは
上記の課題を解決しつつ、安定性や既存アルゴリズムと
の親和性といった特長を、簡単なアルゴリズムで実現し
ています。

　本章では、ネットワーク環境の変化に伴って生じた従
来アルゴリズムの課題、そしてCUBICのアルゴリズム
とその性能について、シミュレーションによる実測を交
えながら解説していきます。

CUBIC
3次関数でシンプルに問題解決する

5.1
ネットワーク高速化とTCP輻輳制御
ロングファットパイプがもたらした変化

　インターネットの普及とともに広く利用されてきたTCP輻輳制御アルゴリズムはReno/NewRenoでしたが、近年のネットワーク高速化に伴いロングファットパイプと呼ばれる環境が一般化してからは、その非効率性が顕在化してきました。

Reno/NewReno　　広く利用されてきたアルゴリズム

　これまでに本書でも触れてきたとおり、**Reno**は1990年に登場して以来、標準的なTCPの輻輳制御アルゴリズムとして広く利用されてきました。また、Renoの高速リカバリーアルゴリズムに関する不具合を修正するために提案されたアルゴリズムが**NewReno**でした。つまり、Renoの高速リカバリー段階の高速再転送アルゴリズムでは、パケットが1つでも廃棄されれば再送信モードに入り、新しいパケットの送信が停止されるため、パケットロスが続けて発生した際にスループットが極端に低下してしまうという課題がありました。

　これに対して、NewRenoでは1回の再送信モードで複数パケットを再送信するような改良がなされています。

　このReno/NewRenoは、その登場以来さまざまなOSで採用され、非常に多くの端末に実装されてきました。そのため、実質的に「標準的なTCP輻輳制御アルゴリズム」として利用されてきたと言えます。これらのアルゴリズムは、提案された当時のネットワーク環境では有効に機能していたのですが、時が過ぎ、技術の進展によるネットワーク環境の変化とともに、当初は思いもよらなかったような課題が顕在化してきました。

　本章では上記RenoとNewRenoのうち、より広く利用されてきたNewRenoを代表として取り上げ解説を行っていきます。以下ではNewRenoの特徴を復習した後、近年のネットワーク環境でどのような課題が生じてきたのか、その概要を述べます。

高速リカバリー　　NewRenoの特徴

　はじめに、NewRenoにおける輻輳ウィンドウサイズ（cwnd）の変化イメージを

図5.1でおさらいしておきましょう。最初スロースタートにより徐々に輻輳ウィンドウサイズを増加させる点は従来のTahoeアルゴリズムと同様ですが、輻輳回避フェーズにおいて高速リカバリーが採用されている点が特徴です。

高速リカバリーでは、トリプルACK（重複ACK）によりパケットロス、つまり輻輳が発生したと検知されると、輻輳ウィンドウサイズを輻輳発生時点の2分の1に設定し、同時にssthreshも同じ値とし、そこからまた徐々に輻輳ウィンドウサイズを増加させます。すなわち、輻輳発生時の輻輳ウィンドウサイズの過剰な低下を防ぎ、スループットの低下を抑制する、というのがReno/NewRenoが開発された目的であったと言えます。輻輳ウィンドウサイズを1まで減少させた場合と比べて、ssthreshを用いた場合にはスループットの回復に要する時間が短くなることは簡単にわかります。そして、輻輳発生時点の輻輳ウィンドウサイズが大きいほど、この効果は高まります。

このように、比較的単純なアルゴリズムによって、Tahoeと比べて高いスループットを維持することができるという利点があったため、Reno/NewRenoは長い間、広く利用されてきたのです。

ネットワークの高速化とロングファットパイプ　　通信環境の変化の観点から

さて、ここでTCPが用いられる環境の変化に目を向けてみたいと思います。第2章で詳しく述べたように、TCPが普及し始めた1990年代以降、さまざまなトレンドの変化がありました。

図5.1 NewRenoの輻輳ウィンドウサイズの変化イメージ

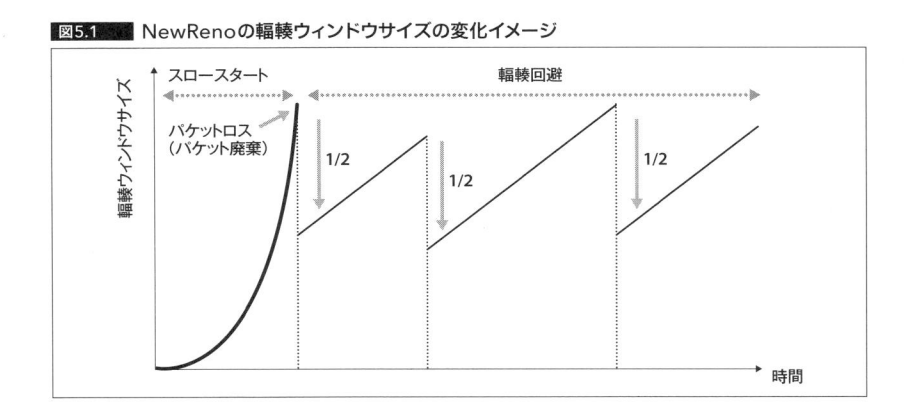

とくに近年、**ネットワークの高速化**が著しく進んでいます。1Gbpsや10Gbpsといった光回線による固定インターネットアクセスサービスが普及し、モバイルについても5Gの展開が開始されるなど、固定回線に迫る、あるいは凌（しの）ぐような高速サービスが普及しつつあります。ネットワークの回線速度が向上するということは、単位時間あたりの通信データ量を増やすことができる、ということです。よって、その回線上を流れる通信フローの転送レートも向上することが期待されます。

また、単なる高速化のみならず、近年は遠距離にあるノード間での通信が行われることが非常に多くなってきています。たとえば、クラウドサービスの普及により、ユーザーの手元の端末から遠隔地にあるデータセンターに設置されたクラウドサーバーとの間で通信が行われることも多くなりました。また、ビジネス用途では、全国に点在する拠点に設置されたサーバー間でのデータ転送や**データセンターインターコネクト**（*data center interconnect*、データセンター間での通信、**図5.2**）といったユースケースが非常に多くなっています。

──── end-to-endの三大遅延　処理遅延、キューイング遅延、伝搬遅延

ここで、通信パケットの送信から受信に要する**end-to-end遅延**のおもな構成要素としては、経路上のスイッチやルーターでのパケット処理によって生じる**処理遅延**（*processing delay*）、それらのノードでの転送待ち行列によって生じる**キューイング遅延**（*queuing delay*、転送待ち遅延）、そして信号が送信ノードから受信ノードまで到達するために要する物理的な**伝搬遅延**（*propagation delay*）があります。

伝搬遅延については、無線信号であれば約3.33μs/km（μsはmicrosecond）、光ファイバー中であれば約5μs/kmかかることが知られています。三つの遅延のうち、処理遅延とキューイング遅延については通信ノードの高機能化などによって低減することが可能ですが、伝搬遅延は信号の伝搬距離によって定まります。

そのため、遠距離ノード間の通信においては、この物理的な伝搬遅延が無視できなくなってくるのです。たとえば、太平洋を横断する海底ケーブル中の伝搬遅

図5.2　**データセンターインターコネクト**

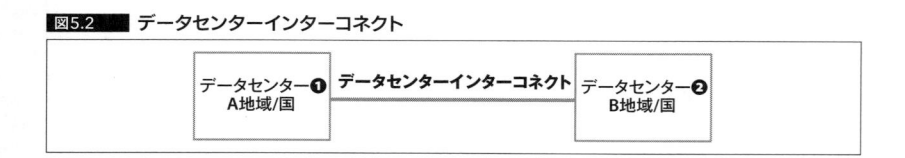

延は50msを超えます。

そして、このような広帯域かつ高遅延の通信環境は**ロングファットパイプ**（**図 5.3**）と呼ばれ、近年の典型的な通信環境であると言えます。

ロングファットパイプにおけるNewRenoの課題

TCPが利用される通信環境としてロングファットパイプが一般的になってくる中で、それまで標準的に利用されてきたNewRenoについての課題が顕在化してきました。これは、NewRenoが開発されたのが通信回線速度と信頼性が（現在と比べて）低かった時代であり、このような環境に適したアルゴリズムであるため、現在の広帯域/高遅延環境に適していないことに起因します。

以下では、具体的な課題について簡単に触れていきます。

━━━ 広帯域を有効活用できない

まず、輻輳ウィンドウサイズの増加幅がリンク速度に対して遅過ぎるため、広帯域を有効活用できないという課題が挙げられます。

これは**図5.4**に示すとおり、輻輳回避フェーズにおける高速リカバリーによるスループット回復に要する時間が、リンク速度が大きくなるほど長くなることに起因します。NewRenoでは輻輳ウィンドウサイズを2分の1にしてから徐々に増加させるため、狭帯域環境と比べて、広帯域環境では輻輳ウィンドウサイズがワイヤーレート（*wire rate*、伝送路の最大データ転送速度）に対して小さい時間が長くなり、帯域を有効活用できていないことがわかります。

図5.3 通信環境の変化とロングファットパイプ

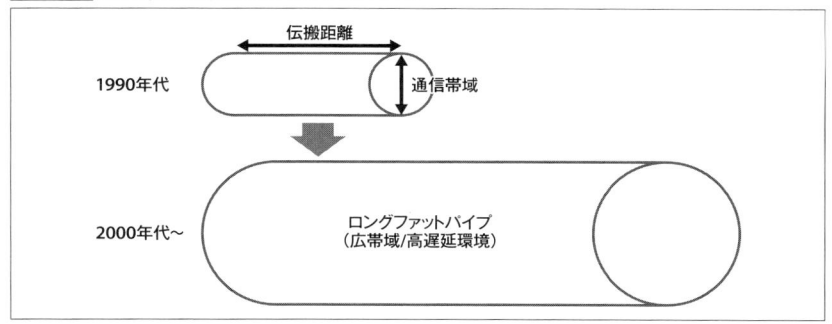

━━━━━ 広帯域環境ではそもそも送信レートが不十分

　また、RFC 793で規定された輻輳ウィンドウサイズの最大値は65535バイトだっ
たため、輻輳ウィンドウサイズを最大にしても広帯域環境ではそもそも送信レー
トが不十分となってしまう、という課題がありました。ただし、この課題に対し
てはウィンドウスケールオプションが新たに規定され、ネゴシエーション時に最
大輻輳ウィンドウサイズを大きく設定できるようになっています。

━━━━━ 高遅延環境になるほどスループットが低下

　さらに、**図5.5**に示すとおり、送信側ノードは送信データに対するACKを受信
したときにRTTを計測し、輻輳ウィンドウサイズを更新してパケット送信を行い
ます。このとき、伝搬距離とともにRTTが増加するほどACKを受信する時間が遅
れるため、データ送信間隔すなわち図5.5の待機時間が伸びることになります。

　その結果として、輻輳ウィンドウサイズが同じときには、高遅延環境になるほ
どスループットが低下することになります。

━━━━━━━━━

　以上、ロングファットパイプにおけるNewRenoの課題について大まかに紹介し
ました。ただし、あくまで定性的/感覚的な説明に終始していましたので、次節で

図5.4 ■ 広帯域化に伴う収束時間の増加

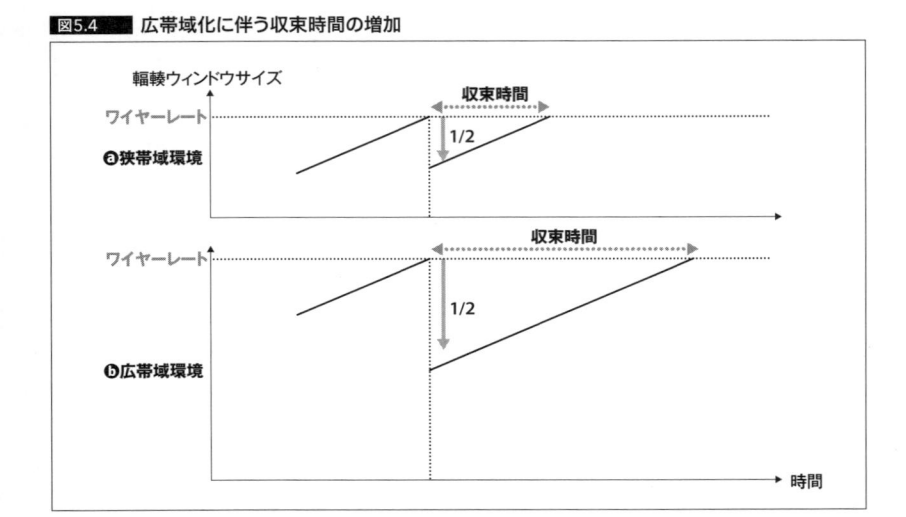

は、ここで紹介した課題について、シミュレーションによる実測結果を交えなが
ら詳しく解説していきます。

5.2
Loss-based輻輳制御
パケットロスの数を指標に用いる歴史ある手法

TCPの輻輳制御アルゴリズムとしては、「パケットロスの数」を輻輳の指標とし
て用いる**Loss-based**輻輳制御が広く利用されてきました。ここでは、NewReno
をはじめとした代表的なLoss-based輻輳制御アルゴリズムの基本的な振る舞い
について解説します。

Loss-based輻輳制御の基本　パケットロスの数、輻輳ウィンドウサイズ、AIMD

NewRenoは、TCP輻輳制御アルゴリズムにおける分類としては**Loss-based**輻
輳制御に該当します。Loss-based輻輳制御とは、ネットワーク輻輳状態の指標と
して「パケットロスの数」を用いる手法です。

図5.5 高遅延化に伴う待機時間の増加

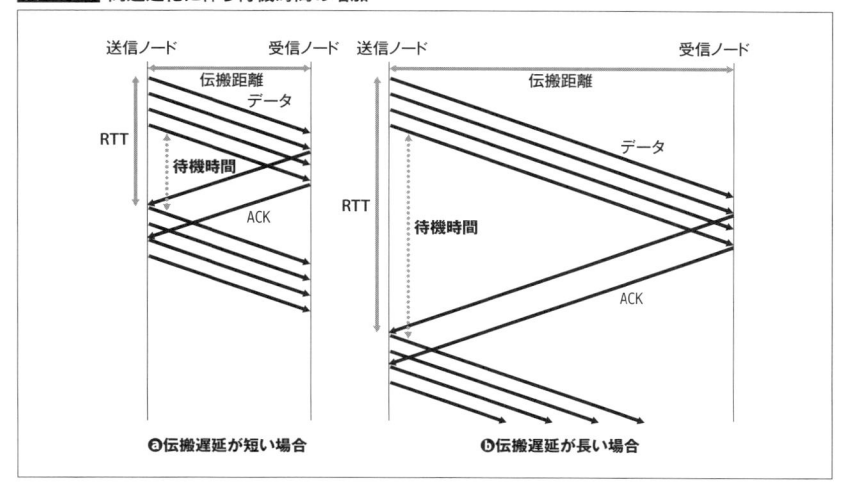

ⓐ伝搬遅延が短い場合　　　　　　ⓑ伝搬遅延が長い場合

　一般的に、ネットワークが空いていればパケットは廃棄されずすべてのパケットが目的地まで転送される一方で、ネットワークが混雑するほど、バッファ溢れ等により経路上で廃棄されるパケット数が増加すると考えられます。

　Loss-based輻輳制御では、この考え方をベースに、**廃棄されるパケットの数**が多いほどネットワークの輻輳状態が悪化していると判断し、**輻輳ウィンドウサイズ**を調整します。すなわち基本的には、パケットロスが発生するまでは徐々に輻輳ウィンドウサイズを増加させていき、パケットロスを検出すると輻輳ウィンドウサイズを大きく減少させる、という動作を行います。言い換えれば、パケットが廃棄されない範囲でなるべく高いスループットを実現しようとするものです。

　ただし、ネットワーク上の輻輳状態を直接知ることができないため、徐々にパケット数を増やしていき、廃棄されたところでこれを減少させるのです。第4章でも触れたとおり、このような制御方法は「AIMD」と呼ばれ、その詳細を以下で解説します。

AIMD制御　加算的な増加、乗算的な減少

　AIMD制御では、パケットロスが発生するまでは徐々に輻輳ウィンドウサイズを増加(**加算的な増加**/*additive increase*)させ、パケットロスが発生すると大きく輻輳ウィンドウサイズを減少(**乗算的な減少**/*multiplicative decrease*)させます。この大まかな動作イメージを**図5.6**に示します。

　AIMD制御における輻輳ウィンドウサイズ制御の一般表現として、時刻tにおけ

図5.6　**AIMD制御のイメージ**

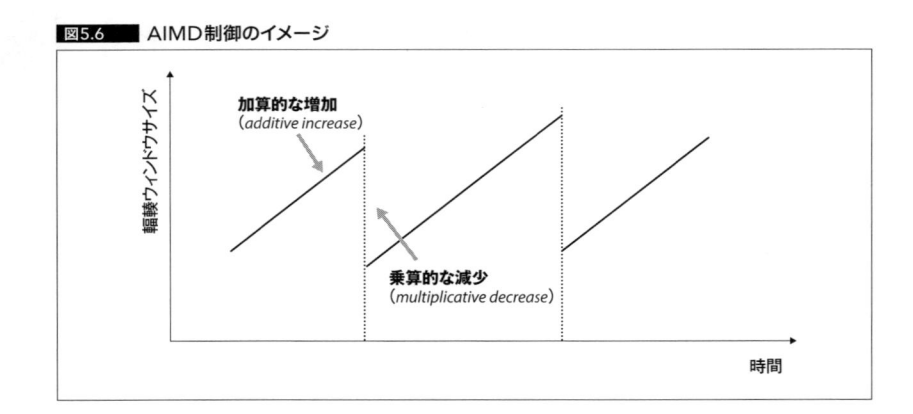

る輻輳ウィンドウサイズ$w(t)$[注1]について、時刻$t+1$で更新された輻輳ウィンドウサイズの値を次の**式5.1**で表すことができます。なお、輻輳ウィンドウサイズは、基本的にACK受信ごとに更新されます。

$$w(t+1) = \begin{cases} w(t) + \alpha & (\text{非輻輳時}) \\ w(t) \cdot \beta & (\text{輻輳時}) \end{cases}$$

式5.1

ここで変数α、β[注2]はそれぞれ、RTTあたりの非輻輳時の輻輳ウィンドウサイズ増加量およびパケットロス検出時の輻輳ウィンドウサイズ減少量を定めるパラメーターです。この式が意味するのは、ネットワーク上で輻輳が発生していないときには輻輳ウィンドウサイズをαずつ加算していき、輻輳が発生しているときには輻輳ウィンドウサイズを$w(t)\cdot\beta$だけ乗算的に減少させる、ということです。

NewRenoの（厳密には輻輳回避フェーズにおける）輻輳ウィンドウサイズ制御は、まさにこのAIMD制御であり、**式5.1**の各パラメーターは$\alpha = 1/w(t)$、$\beta = 0.5$となり、RTTごとに輻輳ウィンドウサイズを1ずつ増加させるという動作になります。

さて、上記の式のパラメーターα、βについてですが、これらを調整することで輻輳ウィンドウサイズの増加速度や減少速度が大きく変わってくることが想像できます。たとえば、αを大きくすれば輻輳ウィンドウサイズは速く増加するようになりますし、βを大きくすれば輻輳時の輻輳ウィンドウサイズの減少を抑えることができます。実際、これらの値を上手に調整するために提案された輻輳制御手法もいくつか存在し、それらについては後ほど紹介をします。

まずは、NewRenoを例に、AIMD制御を行った際の輻輳ウィンドウサイズの振る舞いを、実際に測定を行いながら見ていきましょう。

[実測]NewRenoの輻輳ウィンドウサイズの振る舞い　シミュレーション条件、測定項目の確認から

シミュレーション条件を**図5.7**に示します。基本的な条件は第4章におけるシミュレーションと同様なのですが、ここでは輻輳制御アルゴリズムとしてNewRenoを用い、一方のリンクの速度および伝搬遅延を変数として、何回か測定を行った

注1　輻輳ウィンドウサイズの値は第4章ではcwndで表していましたが、第5章と第6章では$w(t)$を使用します。

注2　変数βの定義は、第4章と第5章でそれぞれ異なります（これは参考元の文献によって変数の定義や式の形が異なっていることに起因します）。

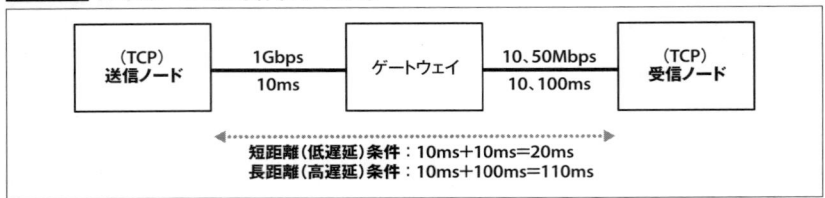

図5.7　シミュレーション条件（シナリオ1）

結果を比較します。

　すなわち、リンク速度を低速 = 10Mbps、高速 = 50Mbps と変化させ、各リンク速度について伝搬遅延を短距離 = 20ms（= 10ms + 10ms）、長距離 = 110ms（= 10ms + 100ms）と設定し、計4パターンでの測定を行います。本条件を、ここでは「シナリオ1」と呼称します。

　具体的な測定項目は、以下の4項目です。

- 輻輳ウィンドウサイズ（cwnd）
- スループット（受信ノードに到達したデータ量に基づき5秒ごとに算出）
- 輻輳状態
- RTT

　受信ウィンドウサイズ（rwnd）は65535バイトとし、ウィンドウスケーリングを有効化し、最大パケットサイズを表すMTUは1500バイト、測定時間は100秒間としています。今回は輻輳ウィンドウサイズの変化を観察する目的で、パケットロスが起こりやすいようにゲートウェイの最大キューサイズは10パケット分と非常に小さく設定しています。

━━━━━ **シナリオ1の実行&測定結果の保存場所**

　シナリオ1を実行するには、ns-3[注3]のホームディレクトリ（~/ns3/ns-allinone-3.27/ns-3.27、以下同）に移動し、次のコマンドを打ち込みます。

```
$ ./scenario_5_1.sh ←シナリオ1を実行
```

　結果として測定されたデータはdata/chapter5 ディレクトリ配下に 05_xx-sc1-*.

注3　ns-3の環境構築については、4.4節を参考にしてください。

dataとして保存され、これらをグラフ化したものは同じディレクトリに05_xx-sc1-*.pngとして保存されます。

なお、ゲストOSの~/ns3/ns-allinone-3.27/ns-3.27/dataディレクトリはホストOSのtcp-book/ns3/vagrant/shared/ディレクトリと同期しているため、ホストOSからも参照可能です。以降ではtcp-book/はhttps://github.com/neko9laboratories/tcp-bookからクローンしたディレクトリを指します。

━━━━━ シミュレーション実行結果　ロングファットパイプにおけるNewRenoの課題を確認

シミュレーション実行結果を**図5.8**にまとめて掲載します。いずれの条件においても、1Gbpsの高速リンクからゲートウェイで速度低下が起こるためにパケットロスが発生し、輻輳回避フェーズに入るため、それ以降の動作の違いについて述べます。

狭帯域低遅延環境（図5.8の10Mbps、10ms）のときは、AIMD制御を繰り返し、安定したスループットを達成しています。つまり、徐々に輻輳ウィンドウサイズを増加させていき、一定の値で輻輳状態となった時にこれを一気に減少させますが、そもそも帯域が狭く一瞬でスループットが回復するため、ほとんどスループット低下が観測されません。

狭帯域高遅延環境（図5.8の10Mbps、100ms）では、RTTが長くなったことに伴い、スループットが約10Mbpsに達するまでにおよそ50秒を要しています。100秒後までの間には輻輳状態を観測しておらず、cwndは徐々に増大を続けています。狭帯域と呼んではいますが、すでに高遅延の影響が出始めているとも言えます。

次に、**広帯域低遅延環境**（図5.8の50Mbps、10ms）では、AIMD制御を繰り返す中で、少しだけスループットへの影響が出ています。これは、広帯域化とともに輻輳ウィンドウサイズの回復に要する時間が長くなっているため、輻輳ウィンドウサイズを減少させた後のスループット低下の影響が表れているためです。

最後に、**広帯域高遅延環境**（図5.8の50Mbps、100ms）では、100秒ではスループットが25Mbps程度までしか上がっておらず、帯域を有効活用できていないことがわかります。輻輳ウィンドウサイズを徐々に増大させてはいるのですが、RTTが長いために増大に時間がかかり過ぎてしまうのです。これでは、せっかくの広帯域が無駄になってしまいます。

以上のシミュレーション結果から、ロングファットパイプにおけるNewRenoの課題を確認することができました。

図5.8 　シミュレーション結果（シナリオ1）

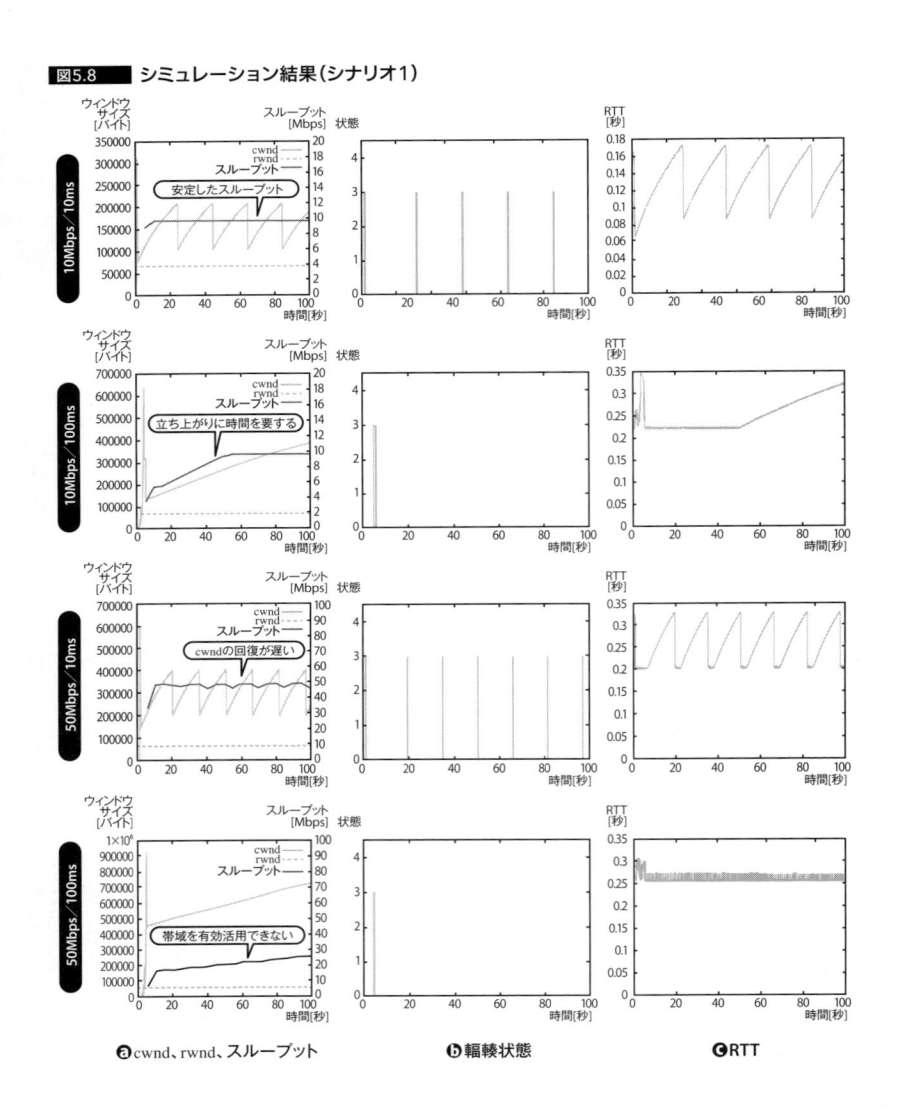

ⓐcwnd、rwnd、スループット　　　ⓑ輻輳状態　　　ⓒRTT

HighSpeedとScalable 　ロングファットパイプ向け輻輳制御

　前節で見てきたとおり、従来よく用いられてきたNewRenoを広帯域/高遅延環境で用いた場合、広帯域を有効活用できないという課題がありました。

　この課題に対して、ロングファットパイプ向けの輻輳制御アルゴリズムがいく

つか提案されました。その代表例が、ここで取り上げる「HighSpeed」(HSTCP/ *HighSpeed TCP*)と「Scalable」です。いずれのアルゴリズムも第4章で紹介している ため、ここでは詳しい解説は行いません。以下では、復習も兼ねて各アルゴリズ ムの概要と、前節と同じ条件でのシミュレーション結果とNewRenoとの比較につ いて述べます。

まずHighSpeed[注4]ではAIMD制御の**式5.1**の変数α、βを、輻輳ウィンドウサ イズに応じて調整します。輻輳ウィンドウサイズが一定の閾値より小さい時には NewRenoと同様の値をそのまま用いますが、輻輳ウィンドウサイズがある閾値を 超えると、α、βの値を輻輳ウィンドウサイズの関数として表します。その際には、 輻輳ウィンドウサイズが大きくなるほど、αの値は大きく、同時にβの値は小さく なります。この調整によって、NewRenoと比べて輻輳ウィンドウサイズの増大お よび低下後の回復の高速化が図られています。

次に、Scalable[注5]では**式5.1**の変数αの値を0.01とし、輻輳ウィンドウサイズ増 加量を常に一定とします。この修正により、従来手法における輻輳ウィンドウサ イズが大きくなるほど輻輳ウィンドウサイズ増加速度が低下する課題の解決を図 っています。

また、パケットロス時の輻輳ウィンドウサイズの減少量を現在値の8分の1にし ます。これはつまり、**式5.1**の変数βの値を0.875と設定することに相当します。 NewRenoでは$\beta = 0.5$であったことと比べると、輻輳ウィンドウサイズを大きな値 に保つように設計されていることがわかります。

———— HighSpeedとScalableのシミュレーション

HighSpeedとScalableの輻輳ウィンドウサイズ制御についても、シミュレーショ ンで確認してみましょう。基本的な条件は先ほどのシナリオ1と同様で、輻輳制 御アルゴリズムをns-3に実装されているTcpHighSpeedおよびTcpScalableに設定 します。本シミュレーションシナリオを、ここでは「シナリオ2」と呼びます。

シナリオ2を実行するには、ns-3のホームディレクトリに移動し、以下のコマ ンドを打ち込みます。

```
$ ./scenario_5_2.sh
```
※保存先:data/chapter5ディレクトリ配下(測定データ:05_xx-sc2-*.data、グラフ:05_xx-sc2-*.png)

[注4] 「HighSpeed TCP for Large Congestion Windows」(RFC 3649)
[注5] Tom Kelly「Scalable TCP: Improving Performance in Highspeed Wide Area Networks」(ACM SIGCOMM computer communication Review、vol.33、no.2、pp.83-91、2003)

───── **シミュレーション実行結果** HighSpeedとScalableの課題を確認

まず、HighSpeedを用いた際のシミュレーション実行結果を**図5.9**に掲載します。

先ほどのNewRenoを用いた場合の結果と比べて、輻輳ウィンドウサイズの増加
速度が速くなっていることが一目でわかります。その結果として、**低遅延環境**で

図5.9 **シミュレーション結果（シナリオ2：HighSpeed）**

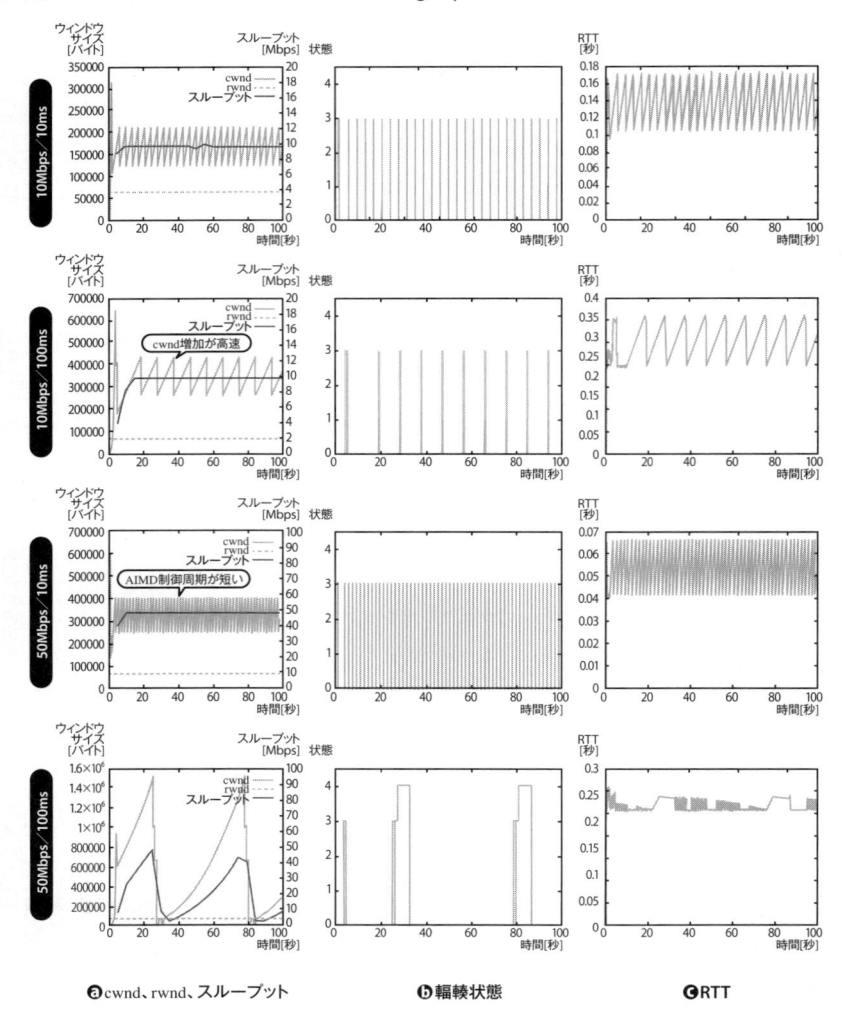

ⓐcwnd、rwnd、スループット　　　ⓑ輻輳状態　　　ⓒRTT

の AIMD 制御周期が非常に短くなっているほか、**狭帯域高遅延環境**（10Mbps、100ms）でスループットがワイヤーレートに達するまでに時間が20秒以内にまで抑えられています。

そして、**広帯域高遅延環境**（50Mbps、100ms）でも高速に輻輳ウィンドウサイズを増加させており、数十秒でスループット回復を完了させています。ただし、本条件ではゲートウェイの最大キューサイズを小さく設定しているため、輻輳ウィンドウサイズが大きくなるとすぐにパケットロスが発生しており、スループットを高く保つことができない状態になっています。

次に、Scalable を用いた際のシミュレーション実行結果を**図5.10**に示します。こちらも、先ほどの NewReno を用いた場合の結果と比べて、輻輳ウィンドウサイズの増加が高速化されているのが一目瞭然です。全体的には HighSpeed と似た挙動を示していますが、より AIMD 制御周期が短くなっており、**広帯域高遅延環境**（50Mbps、100ms）でのスループット回復の高速性についても同様です。

親和性　　HighSpeedとScalableの課題**1**

これまでに見てきたとおり、ロングファットパイプ向けに開発された HighSpeed や Scalable を用いることで、広帯域/高遅延環境でも効率的な TCP 通信が可能になります。

1つの TCP フローという視点では、これで問題は解決したように見えるのですが、実はこれらのアルゴリズムには、従来の NewReno と同時に用いた際に NewReno の帯域を不当に圧迫してしまう、という課題があります。これは、NewReno と比べて輻輳ウィンドウサイズを大きく保とうとする傾向が強い[注6] ことに起因します。

──── 親和性の課題を確認するシミュレーションの実行

それでは、上記の課題をシミュレーションによって確認してみましょう。

シミュレーション条件を**図5.11**に示します。ゲートウェイに対して送信ノードを2つ接続し、ゲートウェイ−受信ノード間リンクで輻輳が発生する条件です。送信ノード**❶**は NewReno とし、送信ノード**❷**は HighSpeed または Scalable を利用するように設定します。NewReno に不利にならないよう、シナリオ1における広帯域

注6　こうした性質は、「アグレッシブである」と呼ばれます。

図5.10　シミュレーション結果（シナリオ2：Scalable）

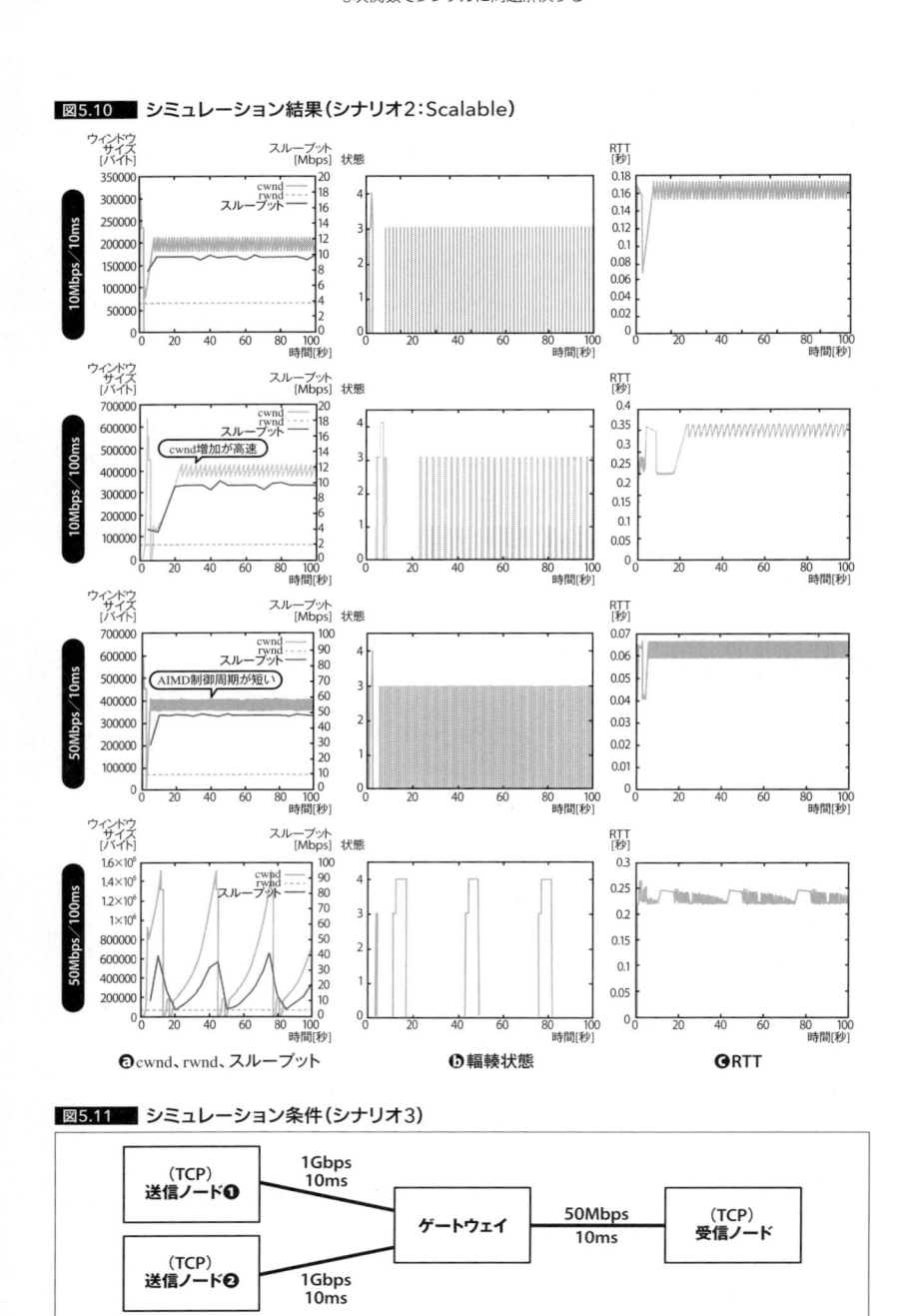

ⓐcwnd、rwnd、スループット　　　ⓑ輻輳状態　　　ⓒRTT

図5.11　シミュレーション条件（シナリオ3）

低遅延環境（50Mbps、10ms）と同様のリンク速度/伝搬遅延としています。

この条件を「シナリオ3」と呼び、以下のコマンドで実行します。

```
$ ./scenario_5_3.sh
```
※保存先：data/chapter5ディレクトリ配下（測定データ：05_xx-sc3-*.data、グラフ：05_xx-sc3-*.png）

━━━━━ シミュレーション実行結果 アグレッシブ過ぎでNewRenoが追い出される……親和性に課題あり

シミュレーションを実行し、各TCPフローのスループットを測定した結果を**図5.12**に示します。HighSpeed、Scalableのいずれを用いた場合にも、これらのフローが50Mbpsをほとんど占有してしまい、NewRenoが追い出されてしまっていることがわかります。

この結果から、HighSpeedやScalableでは、アグレッシブ過ぎてNewRenoとの共存が困難であることが確認できました。

ネットワークは多くの人あるいは端末によって共用されるものであるため、従来のアルゴリズムと共存できるかどうか、という観点は非常に重要です。つまり、新しいアルゴリズムが実装された端末がネットワークに接続されたことによって、それまで従来アルゴリズムを用いて正常な通信を行っていた多くの既存端末が通信できなくなってしまう、といったことは問題であり、避ける必要があります。また、数も種類も非常に多く存在する既存端末のすべてに対して新しいアルゴリズムを実装する、というのも現実的ではありません。

前述のとおり、上記のような観点は既存アルゴリズムとの**親和性**、あるいは公平性などとも呼ばれます。そこで、一般的に利用されているNewRenoとの親和性の高いアルゴリズムが求められるようになりました。

図5.12 シミュレーション結果（シナリオ3）

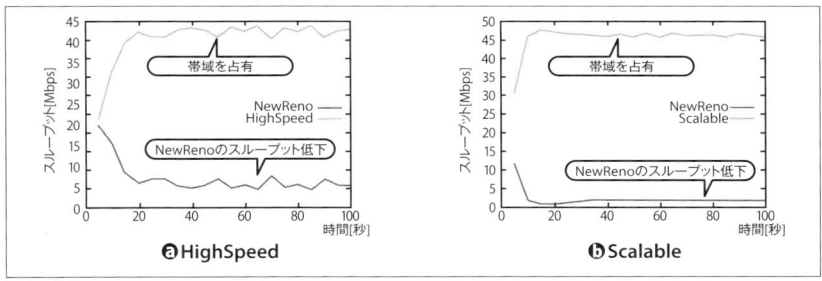

ⓐ**HighSpeed**　ⓑ**Scalable**

RTT公平性　HighSpeedとScalableの課題**2**

さらに、もう一つ重要な課題が**RTT公平性**です。RTT公平性とは、RTTが大きく異なるフロー間でのスループットの公平性を指す概念です。HighSpeedやScalableでは、RTTが異なるフローがボトルネックリンクを共有した際に、RTTが小さいフローがRTTが大きいフローを追い出してしまう問題がありました。

——— RTT公平性の課題を確認するシミュレーションの実行

それでは、この課題をシミュレーションによって確認してみましょう。シミュレーション条件を**図5.13**に示します。ゲートウェイに対して送信ノードを2つ接続している点は先ほどと同様ですが、送信ノード－ゲートウェイ間リンクの伝搬遅延について、送信ノード**❶**は10msであるのに対し、送信ノード**❷**は100msに設定し、RTTに差をつけます。

この条件を「シナリオ4」と呼び、以下のコマンドで実行します。

```
$ ./scenario_5_4.sh
※保存先：data/chapter5ディレクトリ配下（測定データ：05_xx-sc4-*.data、グラフ：05_xx-sc4-*.png）
```

——— シミュレーション実行結果　RTTが小さいフローが占有。RTT公平性に課題あり

シミュレーションを実行し、各TCPフローのスループットを測定した結果を**図5.14**に示します。HighSpeed、Scalableのいずれを用いた場合にも、RTTが小さいフローが50Mbpsをほとんど占有してしまい、RTTの大きいフローがほとんど通信できていません。

このシミュレーション結果にも表れているとおり、HighSpeedとScalableではRTT公平性が低下してしまいます。これらのアルゴリズムでは、**スケーラビリテ**

図5.13　シミュレーション条件（シナリオ4）

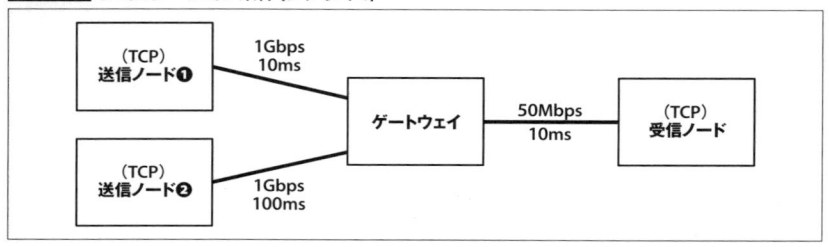

イ(*scalability*)を向上させるために輻輳ウィンドウサイズが大きいフローを優遇するような制御を行っており、これがRTT公平性を低下させる方向に働いてしまった、ということです。

このRTT公平性の向上をおもな目的として提案されたのが、次節で説明するBICです。

5.3
BIC
広帯域/高遅延環境を前提にしたアルゴリズム

BIC（BIC-TCP）は安定性とスケーラビリティ、RTT公平性、既存アルゴリズムとの親和性に優れた輻輳制御アルゴリズムです。そして、現在主流となっているアルゴリズムの一つであるCUBICのベースとなった重要なアルゴリズムです。

BICとは

BIC（*Binary Increase Congestion control*）は、2004年に発表[注7]されました。その後、Linux2.6.8から2.6.18まで、つまりCUBICに置き換わるまで標準搭載されていたアルゴリズムです。

....

注7 Lisong Xu／Khaled Harfoush／Injong Rhee「Binary Increase Congestion Control (BIC) for Fast Long-Distance Networks」(Twenty-third Annual Joint Conference of the IEEE Computer and Communications Societies (INFOCOM)、pp.2514-2524、2004)

図5.14 シミュレーション結果（シナリオ4）

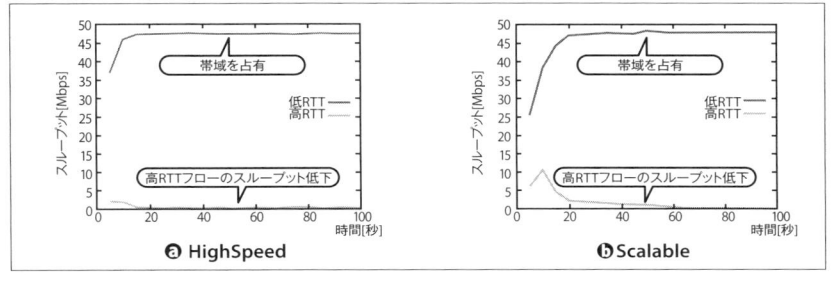

❸ HighSpeed　　　**ⓑ Scalable**

　BICも基本的には広帯域/高遅延環境への適用を前提にして開発されたアルゴリズムであり、安定性とスケーラビリティに優れます。また、先ほど述べた既存アルゴリズムとの親和性にも配慮されています。

　そして、BICが開発された最大の目的が「RTT公平性」の改善です。高速ネットワーク上でテールドロップ（後述）キューを持つルーターにおいて複数コネクションのパケットが同時に廃棄された場合など、RTT公平性が問題となるケースが顕在化してきていたため、これに対応することを念頭において提案が行われました。

　BICのアルゴリズムについても第4章で紹介しているため、ここでは詳しい解説は行いません。以下では、動作とアルゴリズムの概要を復習しつつ、シミュレーションによる実測を交えながら、その課題について解説していきます。

輻輳ウィンドウサイズを増やす2つのフェーズ　　加算的な増加と二分探索

　BICにおける輻輳ウィンドウサイズ増加イメージを**図5.15**に示します。BICでは、**加算的な増加**（*additive increase*）と**二分探索**（*binary search*）という2つのフェーズによって輻輳ウィンドウサイズを増加させます。

　直前にパケットロスが発生した時点の輻輳ウィンドウサイズ（W_{max}）に対する、現在の輻輳ウィンドウサイズの大きさに応じてフェーズを切り替えます。すなわち、輻輳ウィンドウサイズが小さいときには、「加算的な増加」により輻輳ウィンドウサイズを急速に増加させることで、スケーラビリティとRTT公平性を高めます。そして、輻輳ウィンドウサイズが大きくなってからは、二分探索により徐々に輻輳ウィンドウサイズを増加させ、過剰なパケットロスを起こさないようにします。

図5.15　**BICにおける輻輳ウィンドウサイズ増加イメージ**[※]

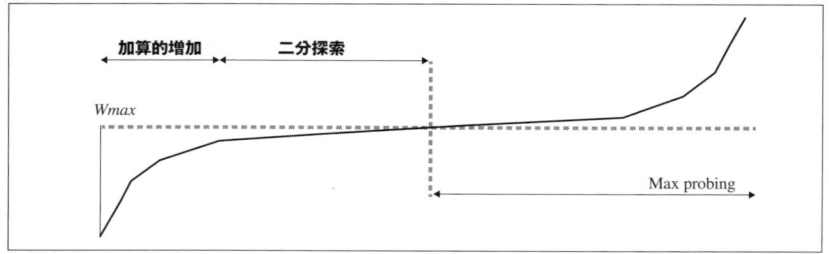

※ 出典：Injong Rhee／Lisong Xu「CUBIC: A New TCP-Friendly High-Speed TCP Variant」（PFLDnet、2005）、Figure 1(a) BIC-TCP window growth function

また、輻輳ウィンドウサイズがW_{max}を超えると、「Max probing」(最大値探索)と呼ばれるフェーズとなり、輻輳ウィンドウサイズ増加関数がW_{max}となる点に対して対称となるように輻輳ウィンドウサイズを増加させることで、次のパケットロスを探索します。

BICの輻輳ウィンドウサイズの振る舞い

BICの輻輳ウィンドウサイズ制御についても、シミュレーションで確認してみましょう。基本的な条件はシナリオ1と同様とし、輻輳制御アルゴリズムをns-3に実装されている`TcpBic`に設定します。

本シミュレーションシナリオを、ここでは「シナリオ5」と呼びます。シナリオ5を実行するには、ns-3のホームディレクトリに移動し、以下のコマンドを入力します。

```
$ ./scenario_5_5.sh
```
※保存先：data/chapter5ディレクトリ配下（測定データ：05_xx-sc5-*.data、グラフ：05_xx-sc5-*.png）

BICを用いた際のシミュレーション実行結果を**図5.16**に示します。いずれの環境においても高速に輻輳ウィンドウサイズを増加させていることが見て取れ、その点ではHighSpeedやScalableに似た性能を示していると言えます。BICの特徴である加算的な増加と二分探索、そしてMax probingのフェーズ遷移も各所に表れており、とくに広帯域高遅延環境(50Mbps、100ms)における10秒前後などで顕著です。この結果から、BICが高いスケーラビリティを備えていることがわかります。

BICの課題

さて、このBICですが、現在では次節で紹介するCUBICに置き換えられています。CUBICは、BICの特長を継承しつつ、より改良された輻輳制御アルゴリズムです。そこで本章では、重複を避けるためRTT公平性や親和性等についての測定は、次節でCUBICを用いて行うこととします。

CUBIC開発の背景としては、BICによりスケーラビリティすなわち広帯域/高遅延環境での効率性に加えて、RTT公平性や既存アルゴリズムとの親和性を高めることができた一方で、いくつかの課題が指摘されてきたことがあります。

　この課題としてはまず、狭帯域であったり低遅延なネットワーク環境において
は帯域幅を不当に消費してしまうという問題があります。また、その他の課題と
して、BICでは輻輳ウィンドウサイズ増加の手順が加算的な増加と二分探索、さ
らにMax probingという異なった複数のフェーズから成るため、プロトコルの解析

図5.16　**シミュレーション結果（シナリオ5）**

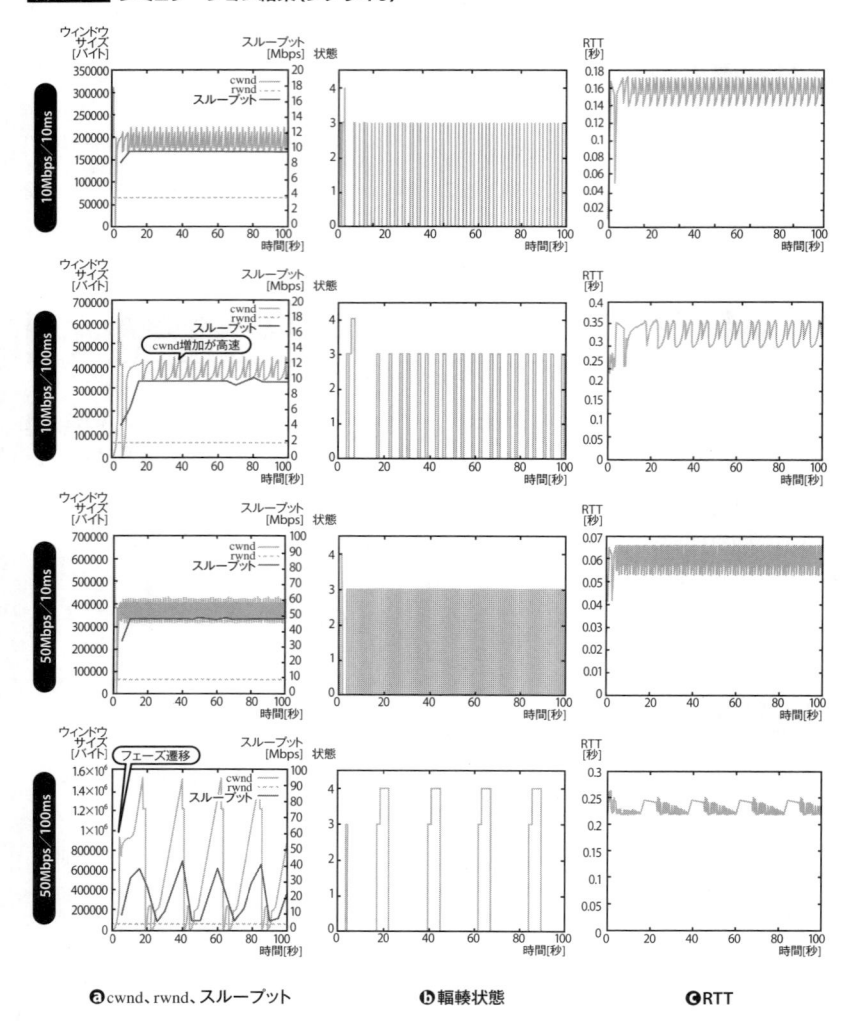

ⓐcwnd、rwnd、スループット　　　　ⓑ輻輳状態　　　　ⓒRTT

が複雑であり、性能の予測やネットワークの設計が困難になってしまうという点があります。

これらの課題を解決するために開発されたのが、次に紹介するCUBICです。

5.4
CUBICの仕組み
3次関数で複雑な輻輳ウィンドウサイズ制御手法を大幅に簡略化

CUBICは、Linuxに標準搭載されているなど現在主流となっている輻輳制御アルゴリズムの一つです。BICの特長であるスケーラビリティ、RTT公平性、親和性といった性能を、簡単なアルゴリズムで実現しています。

CUBICの基本

CUBICは、Linux2.6.19以降で標準搭載されている輻輳制御アルゴリズムであり、現在主流となっているアルゴリズムの一つであると言えます。CUBICは、BICの改良バージョンという位置づけであり、BICの複雑な輻輳ウィンドウサイズ制御手法を大幅に簡略化したものです。

CUBICでは、前出の図5.15に示されているBICにおける輻輳ウィンドウサイズ増加関数を、3次関数（*cubic function*）で置き換えることで、フェーズの切り替えなどを省略し、シンプル化しています。その結果として、輻輳ウィンドウサイズの増加量が2つの連続した輻輳イベント（すなわち、パケットロスに伴う高速リカバリー開始）の間の時間間隔のみで表される、という点が大きな特徴として挙げられます。これはつまり、「輻輳ウィンドウサイズ増加速度がRTTに依存しない」ということを意味し、RTT公平性の向上に寄与します。また、RTTが小さい場合には輻輳ウィンドウサイズ増加量を抑えるように設計されているため、既存TCPとの親和性が高いという長所があります。

以下では、CUBICのウィンドウ制御アルゴリズムと、それがもたらす効果について、シミュレーションによる実測を交えながら解説していきます。なお、CUBICの輻輳制御アルゴリズムの詳細については、次節で詳しく解説を行います。

ウィンドウ制御アルゴリズムのポイント

　CUBICにおける輻輳ウィンドウサイズ増加関数を**図5.17**に示します。これを見ると、前出の図5.15に示したBICの輻輳ウィンドウサイズ増加の様子と非常によく似ていることがわかります。これはつまり、高速リカバリー開始からの経過時間を変数とした3次関数を用いることで、BICの複雑な輻輳ウィンドウサイズ制御をうまく近似できているということを表しています。

　これを実現するための輻輳ウィンドウサイズ増加関数は、以下の**式5.2**で表されます。

$$w(t) = C(t - K)^3 + W_{max}$$ **式5.2**

　ここで、まずW_{max}はパケットロスを検知した時点の輻輳ウィンドウサイズを表します。CはCUBICパラメーターであり、tは高速リカバリー開始からの経過時間です。さらにKは、輻輳ウィンドウサイズ増加速度を決定するパラメーターであり、以下の**式5.3**を用いて求められます。なお、式中のβは、パケットロス時の輻輳ウィンドウサイズ低減量を表すパラメーターです。

$$K = \sqrt[3]{\frac{W_{max}\beta}{C}}$$ **式5.3**

CUBICの輻輳ウィンドウサイズの振る舞い

　CUBICの輻輳ウィンドウサイズ制御についても、シミュレーションで確認して

図5.17　CUBICにおける輻輳ウィンドウサイズ増加[※]

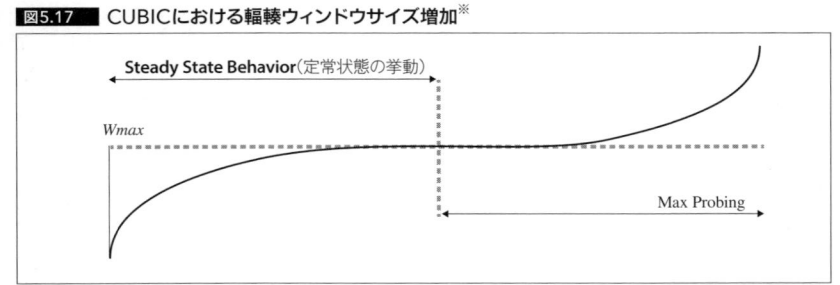

[※] 出典：Sangtae Ha／Injong Rhee／Lisong Xu「CUBIC: A New TCP-Friendly High-Speed TCP Variant」（ACM SIGOPS operating systems review、vol.42、no.5、pp.64-74、2008）、Figure 1(b) BIC-TCP window growth function

みましょう。基本的な条件はシナリオ1と同様とし、輻輳制御アルゴリズムをTcpCubicに設定します。TcpCubicはns-3の公式ディストリビューションには現時点で入ってはいないのですが、TcpCubicモジュールがWeb上で公開されており、本書のシミュレーション環境ではこれをインストール済みです。

本シミュレーションシナリオを、ここでは「シナリオ6」と呼び、これを実行するには以下のコマンドを打ち込みます。

```
$ ./scenario_5_6.sh
※保存先：data/chapter5ディレクトリ配下（測定データ：05_xx-sc6-*.data、グラフ：05_xx-sc6-*.png）
```

CUBICを用いた際のシミュレーション実行結果を**図5.18**に示します。

大まかにはBICと同様の挙動を見せており、いずれの環境においても高速に輻輳ウィンドウサイズを増加させ、帯域を有効活用できていることがわかります。CUBICの特徴である3次関数による近似も各所に表れているのが確認でき、とくに広帯域高遅延環境（50Mbps、100ms）における10秒前後などで顕著です。この結果から、CUBICのスケーラビリティについて確認できました。

シミュレーションで確認する親和性の高さ

次に、CUBICの特長である既存TCPとの親和性の向上について、シミュレーションで確認していきます。シミュレーション条件については、シナリオ3と同様（前出の図5.11）とし、NewRenoとCUBICのスループットを測定して比較することとします。

この条件を「シナリオ7」と呼び、以下のコマンドで実行します。

```
$ ./scenario_5_7.sh
※保存先：data/chapter5ディレクトリ配下（測定データ：05_xx-sc7-*.data、グラフ：05_xx-sc7-*.png）
```

シミュレーションを実行し、各TCPフローのスループットを測定した結果を**図5.19**に示します。

この結果から、HighSpeedやScalable（前出の図5.12）と比べて、NewRenoのスループットを大きく改善できていることがわかります。つまり、CUBICはアグレッシブ性を抑えているため、既存TCPとの親和性を高めることができています。

シミュレーションで確認するRTT公平性

　さらに、CUBICのもう一つの特長であるRTT公平性の向上について、シミュレーションで確認してみましょう。シミュレーション条件については、シナリオ4と同様（前出の図5.13）とし、各CUBICフローのスループットを測定して比較してみます。

図5.18　**シミュレーション結果（シナリオ6）**

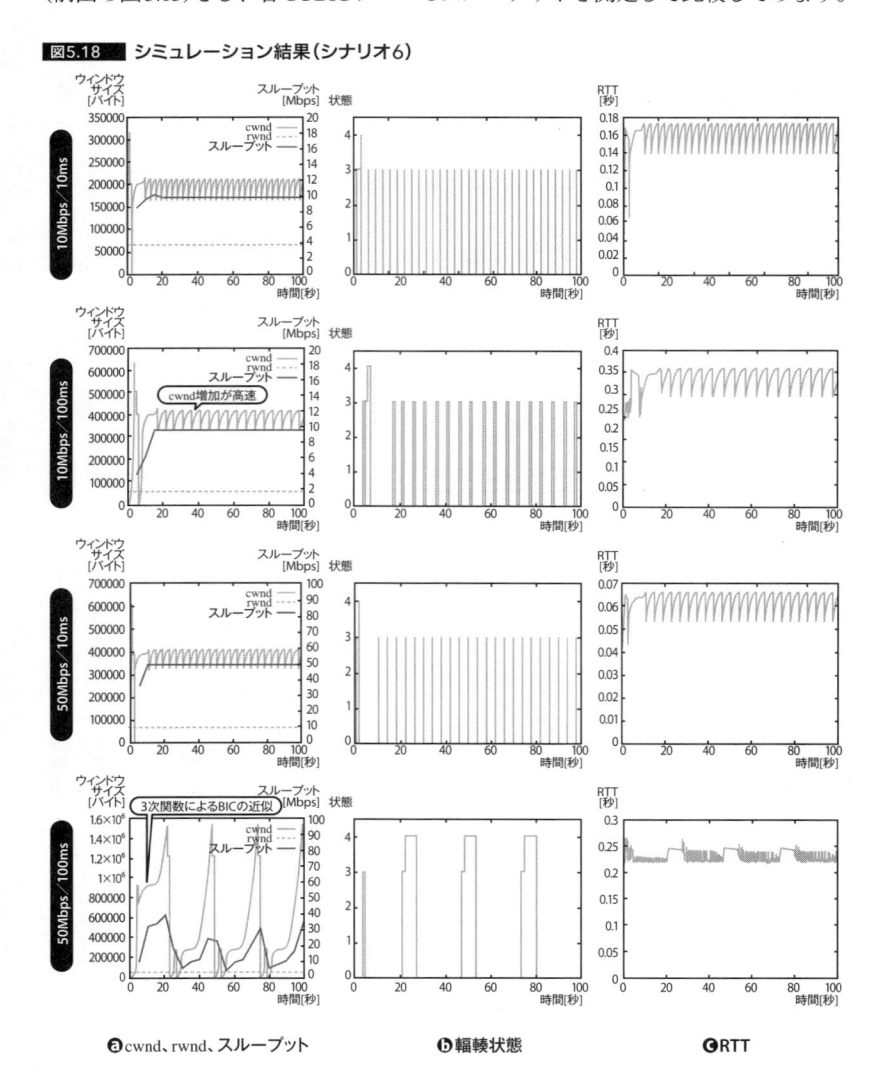

　　ⓐcwnd、rwnd、スループット　　　　　ⓑ輻輳状態　　　　　ⓒRTT

この条件を「シナリオ8」と呼び、以下のコマンドで実行します。

```
$ ./scenario_5_8.sh
※保存先：data/chapter5ディレクトリ配下（測定データ：05_xx-sc8-*.data、グラフ：05_xx-sc8-*.png）
```

シミュレーションを実行し、各フローのスループットを測定した結果を**図5.20**に示します。

本条件ではRTTの差が非常に大きいため、スループットを完全に公平化することはできません。ですが、先ほどのHighSpeedやScalableを用いた場合の結果（前出の図5.14）と比較して、高遅延フローのスループットを大きく向上させることに成功しています。これは、輻輳ウィンドウサイズ増加速度がRTTに依存しないというCUBICの特長をよく表しています。

狭帯域低遅延環境への適応性

BICで問題となっていた狭帯域低遅延環境での輻輳ウィンドウサイズ急増と、CUBICを用いた際のその抑制効果についても確認しておきます。シミュレーショ

図5.19 シミュレーション結果（シナリオ7）

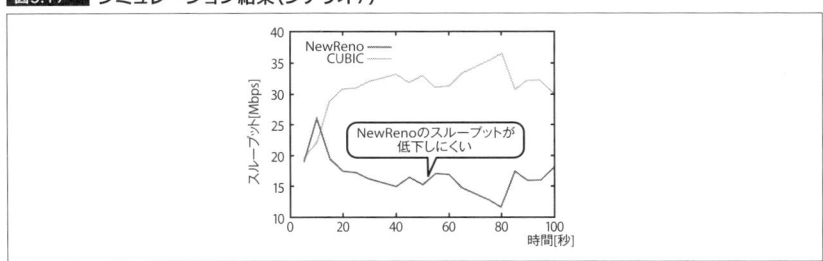

図5.20 シミュレーション結果（シナリオ8）

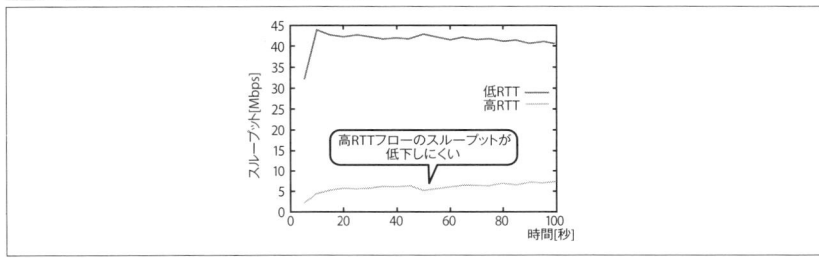

ン条件を**図5.21**に示します。ゲートウェイに対して送信ノードを2つ接続する条件ですが、ゲートウェイ－受信ノード間リンクが10Mbpsと狭帯域になっています。送信ノード❶はNewReno、送信ノード❷はBICまたはCUBICを利用するように設定します。

　この条件を「シナリオ9」と呼び、以下のコマンドで実行します。

```
$ ./scenario_5_9.sh
```
※保存先：data/chapter5ディレクトリ配下（測定データ：05_xx-sc9-*.data、グラフ：05_xx-sc9-*.png）

　シミュレーションを実行し、各TCPフローのスループットを測定した結果を**図5.22**に示します。

　BICでは、帯域をかなり圧迫してしまい結果としてNewRenoのスループットが非常に小さくなっているのがわかります。それに対して、CUBICを利用した場合には、NewRenoのスループットが倍近くに改善されています。このように、CUBICは従来の課題であった狭帯域低遅延環境における帯域圧迫を抑制しています。

図5.21　**シミュレーション条件（シナリオ9）**

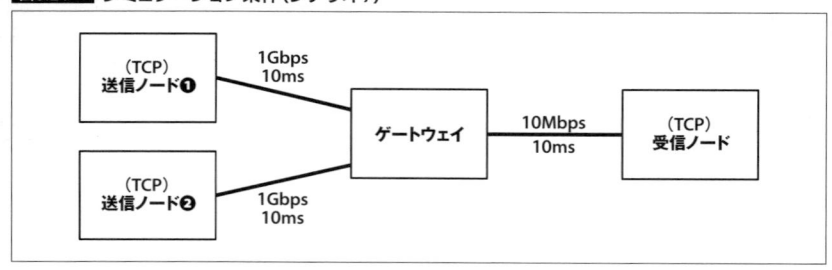

図5.22　**シミュレーション結果（シナリオ9）**

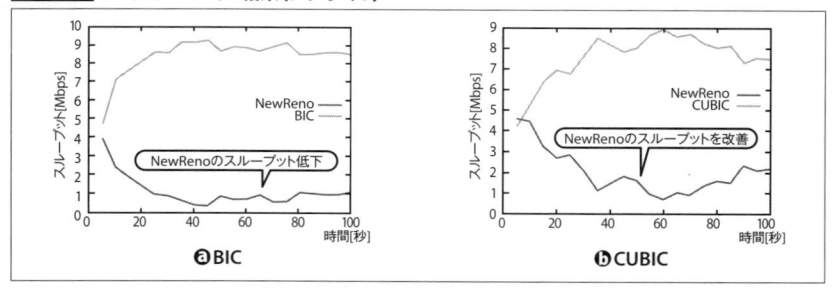

CUBICの課題

さて、ここまで見てきたとおり、CUBICの登場によって、既存アルゴリズムの課題であった広帯域/高遅延環境への適応（**スケーラビリティ**）、異なるRTTを持つフロー間でのスループット公平性、そして既存の輻輳制御アルゴリズムとの親和性、といった課題が解決されてきました。

ただし、CUBICをもってしても、すべての課題が解決されたわけではありません。ウィンドウ増加関数を見てもわかるとおり、パケットロスが発生しない限りは際限なく輻輳ウィンドウサイズを増加させていくため、転送経路上のルーター等のバッファをパケットロスが発生するまで積極的に埋め尽くしていくことになります。このため、ネットワーク上のバッファが多いと、**キューイング遅延**の増大を引き起こします。

この課題について、例によってシミュレーションによって確認してみましょう。基本的な条件はシナリオ7の広帯域低遅延環境（50Mbps、10ms）と同様とし、ゲートウェイの最大キューサイズを100パケット、10000パケットと変化させて、RTTを測定してみます。

この条件を「シナリオ10」と呼び、以下のコマンドで実行します。

```
$ ./scenario_5_10.sh
※保存先：data/chapter5ディレクトリ配下（測定データ：05_xx-sc10-*.data、グラフ：05_xx-sc10-*.png）
```

RTT測定結果を**図5.23**に示します。

最大キューサイズが100パケットのときには、RTTは最大でも0.1秒程度であるのに対して、最大キューサイズを10000パケットに設定した場合には、RTTが常

図5.23 シミュレーション結果（シナリオ10）

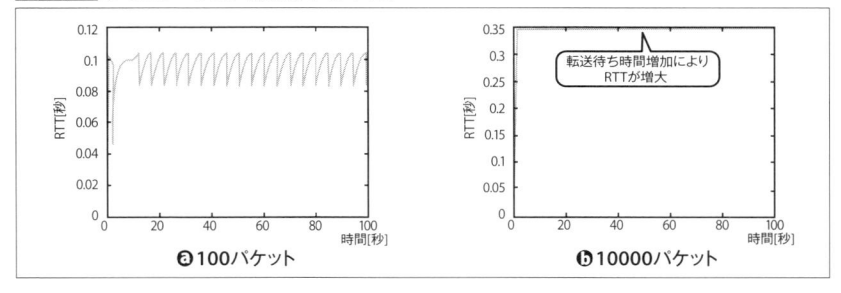

ⓐ100パケット　　　　　　　　　ⓑ10000パケット

に0.35秒になっています。この差は、送信キューにおける転送待ち時間の増加を表しています。今回の条件では1つのゲートウェイでの転送待ち時間が増加しただけなので、その影響は限定的ですが、もし転送経路上の複数のルーターやスイッチでこのような待ち時間が増えていけば、RTTおよびスループットへの影響は非常に大きくなることが想像できるかと思われます。

このような遅延増大に対処するために、Delay-based輻輳制御と呼ばれる輻輳制御アルゴリズムが開発されており、それらについては次章で解説します。

その前に、次節ではCUBICアルゴリズムの詳細について、疑似コードを用いながら詳しく解説しておきます。

5.5
[疑似コードで見る]CUBICのアルゴリズム
おもな動作と処理内容

本節では「Linux CUBIC algorithm v2.2」[注8]について、疑似コードを用いながら、初期化/パケットロス時/タイムアウト時など、ステップに分けて解説していきます。

初期化

まず、初期化処理を行います。疑似コードは以下です。

```
tcp_friendliness <- 1 // TCP親和性を高める
β <- 0.2 // パケットロス時の輻輳ウィンドウサイズ低減量
fast_convergence <- 1 // パケットロス時の輻輳ウィンドウサイズ回復を高速化
C <- 0.4 // CUBICパラメーター
cubic_reset() // 各種変数の値をリセット
```

この中で、上述のとおりβはパケットロス時の輻輳ウィンドウサイズ低減量、CはCUBICパラメーターです。また、tcp_friendlinessはTCP親和性を高める機能

注8 Sangtae Ha／Injong Rhee／Lisong Xu「CUBIC: A New TCP-Friendly High-Speed TCP Variant」(ACM SIGOPS operating systems review、vol.42、no.5、pp.64-74、2008)

のON/OFFを制御するためのバイナリ変数であり、fast_convergenceはパケット
ロス時の輻輳ウィンドウサイズ回復を高速化する機能のON/OFFを制御するバイ
ナリ変数です。cubic_reset()関数は各種変数の値をリセットするための関数で
す。cubic_reset()関数については後ほど取り上げます。

ACK受信時の動作

　ACK受信時には、以下の疑似コードに示す処理を行います。

```
If dMin then dMin <- min(dMin, RTT) // RTT最小値を表す変数dMinを更新
else dMin <- RTT
if cwnd ≤ ssthresh then cwnd <- cwnd + 1 // cwndの値がssthresh以下であれば、cwndを加算
else
  cnt <- cubic_update() // cwndの増加速度を調節
  if cwnd_cnt > cnt then cwnd <- cwnd + 1, cwnd_cnt <- 0
  |_  else cwnd_cnt <- cwnd + 1
```

　まず、RTTの最小値を表す変数であるdMinを更新します。この値は、後で輻輳
イベント開始からの経過時間を算出する際に使われます。次に、輻輳輻輳ウィン
ドウサイズcwndの値がssthresh以下であれば、cwndをインクリメントします。
cwnd > ssthreshであれば、cubic_update()関数を用いてcwndの増加速度を調節
します。

パケットロス時の動作

　パケットロス時には、以下の疑似コードに示す処理を行います。

```
epoch_start <- 0 // epoch開始時刻を初期化
if cwnd < W_last_max and fast_convergence then W_last_max <- cwnd * (2 - β) / 2
                                    // オプションに応じ、W_last_maxを更新
else W_last_max <- cwnd
ssthresh <- cwnd <- cwnd * (1 - β) // cwnd、ssthreshをβに応じて減少
```

　まず、この輻輳イベント後の制御期間（epochと呼ぶ）の開始時刻を初期化しま
す。次に、輻輳イベント発生時点での輻輳ウィンドウサイズを保持しておくため
の変数であるW_last_maxを更新します。このとき、fast_convergenceオプションが
有効であれば値を調節します。つまり、W_last_maxが前回より小さくなる場合には、

ネットワークの輻輳状態が激しくなったと判断し、W_{last_max}を小さめに設定することで効率性を向上させます。そして、cwndおよびssthreshの値を変数βに応じた値に減少させます。初期化時に設定したとおり、βの値は0.2となっています。

タイムアウト時の動作

タイムアウト時には以下のとおり、cubic_reset()関数を実行します。

```
cubic_reset()
```

おもな関数と処理

各動作で登場する関数と処理についても、見ておきましょう。

――― cubic_update()関数

cubic_update()関数は、輻輳ウィンドウサイズの増加量を調節するための重要な関数で、ACK受信時に実行されます。実際には、以下の疑似コードに示す処理を行います。

```
ack_cnt <- ack_cnt + 1
if epoch_start ≤ 0 then
|   epoch_start <- tcp_time_stamp // epoch開始時の初期化処理
|   if cwnd < Wlast_max then K <- sqrt[3]{(Wlast_max-cwnd) / C}, origin_poin t <- Wlast_max
|   else K <- 0, origin_point <- cwnd
|   ack_cnt <- 1
|   Wtcp <- cwnd
t <- tcp_time_stamp + dMin - epoch_start // epoch開始からの経過時間
target <- origin_point + C(t - K)³ // ターゲット設定
if target > cwnd then cnt <- cwnd/(target-cwnd) // ❷convage、convexモードでの
else cnt <- 100 * cwnd                                                    cwnd加算
if tcp_friendliness then cubic_tcp_friendliness() // TCP親和性を高める処理へ移行
```

ここでは、まず輻輳ウィンドウサイズ増加量について、**式5.2**における$W(t + RTT)$の値をターゲットに設定します。その際、cwndの値に応じて3つのモードを使い分けます。

第一に、cwndがReno/NewRenoを利用したと仮定した際の期待値よりも小さい場合にはTCPモードとなります。この動作については、次項にて述べます。第二

に cwnd < W_last_max のとき concave モードとなり、それ以外のとき convex モードで動作します[注9]。

concave モードでは、cwnd は $(W(t+RTT) - cwnd) /cwnd$ 増加することになり、これは上記リスト中の ❸ で表されます。convex モードでは、cwnd が前回の輻輳イベント時の値を超過することで、ネットワークの輻輳状況が緩和されたと判断し、徐々に輻輳ウィンドウサイズの増加量を増やしていきます。このモードは Max probing フェーズ（前出の図 5.17 を参照）とも呼ばれます。

────── cubic_tcp_friendliness()関数

cubic_tcp_friendliness()関数は、cubic_update() 関数の最後に実行され、以下の疑似コードに示す処理を行います。

```
Wtcp <- Wtcp + (3 β ack_cnt) / ((2 - β) cwnd) // Reno/NewRenoのcwnd期待値
ack_cnt <- 0
if Wtcp > cwnd then // TCPモード
|   max_cnt <- cwnd/Wtcp-cwnd
|   if cnt > max_cnt then cnt <- max_cnt
```

この中で、W_tcp は Reno/NewReno を用いたときの輻輳ウィンドウサイズ期待値です。この値と比較して cwnd が小さい場合には CUBIC は TCP モードで動作し、cwnd には W_tcp が代入されます。この方法によって、Reno/NewReno とのスループット公平性を向上させています。

────── cubic_reset()関数

cubic_reset()関数は、初期化時やタイムアウト時に呼び出され、各変数の値をリセットします。

```
Wlast_max <- 0, epoch_start <- 0, origin_point <- 0
dMin <- 0, Wtcp <- 0, ack_cnt <- 0
```

....

注9　なお、「concave」「convex」はそれぞれ凹および凸を意味する単語で、CUBIC の輻輳ウィンドウサイズを表す3次関数が下に凹/凸である区間を指します。

5.6
まとめ

　本章では、近年のネットワーク環境の変化に伴って顕在化してきた従来の輻輳制御アルゴリズムの課題と、新たに台頭してきたCUBICについて、シミュレーションを交えながら解説してきました。本章で述べた内容について、ここで簡単におさらいしておきましょう。

　インターネットの普及に伴って日常的にTCPが利用されるようになって以来、輻輳制御アルゴリズムとしてはReno/NewRenoが標準的に用いられてきました。それが、近年のネットワーク環境の変化、すなわち転送レートの高速化やクラウドサービスの普及などにより、ロングファットパイプと呼ばれる広帯域/高遅延環境が一般化してきました。このような環境においては、Reno/NewRenoでは高速リカバリーによるスループット回復に要する時間が長くなってしまい、広帯域を十分に活用できない、という課題が出てきました。

　この課題に対して、HighSpeedやScalableといったロングファットパイプ向けの輻輳制御アルゴリズムがいくつか提案されました。これらのアルゴリズムでは、高速リカバリー時の輻輳ウィンドウサイズ増加の高速化が図られるなど、輻輳ウィンドウサイズを大きく保つことが可能でした。ただし、その傾向が強過ぎ（アグレッシブ過ぎ）てReno/NewRenoとの親和性が低く、またRTTの異なるフロー間のスループット公平性であるRTT公平性が低い、といった課題が生じていました。

　そこで、これらの課題を解決するためにBICが利用されるようになりましたが、狭帯域あるいは低遅延なネットワーク環境におけるアグレッシブ性の高さや制御の複雑さといった問題がありました。

　上記の経緯を踏まえて、BICの特長であるスケーラビリティ、RTT公平性、既存アルゴリズムとの親和性といった性能を、簡単なアルゴリズムで実現するために開発されたのがCUBICです。

　CUBICでは、高速リカバリー開始からの経過時間を変数とした3次関数で輻輳ウィンドウサイズ増加量を決定することで、輻輳ウィンドウサイズ増加速度をRTT非依存とし、RTT公平性を高めています。また、RTTが小さい場合には輻輳ウィンドウサイズ増加量を抑え、BICの課題も解決しています。CUBICは、これまでのLoss-based輻輳制御アルゴリズムの集大成とも言え、現在Linuxで標準搭載され

るなど、主流の輻輳制御アルゴリズムの一つとなっています。

　本章で見てきたとおり、強力な輻輳制御アルゴリズムでも、技術の進歩とともにネットワーク環境が変わってくると、新たな課題が顕在化してくることがあります。そして、近年ではとくにメモリーの低価格化などによりルーター等のネットワーク機器に多くのバッファメモリーが搭載されるようになっています。このような環境でLoss-based輻輳制御を行った場合、パケットロスが発生しない限り延々と輻輳ウィンドウサイズを増加させていくため、結果的に転送経路上のバッファを埋め尽くし、キューイング遅延の増大によるRTT増加／スループット減少を引き起こすことがあります。この問題と、それに対応するための新たなアルゴリズムの登場について、次章で詳しく解説していきます。

参考文献

- 「広帯域高遅延環境におけるTCPの課題と解決策」（甲藤二郎著、『知識の森』3群4編2-1、電子情報通信学会、2014）
- Sangtae Ha／Injong Rhee／Lisong Xu「CUBIC: A New TCP-Friendly High-Speed TCP Variant」（ACM SIGOPS operating systems review、vol.42、no.5、pp.64-74、2008）
- Tom Kelly「Scalable TCP: Improving Performance in Highspeed Wide Area Networks」（ACM SIGCOMM computer communication Review、vol.33、no.2、pp.83-91、2003）
- 「HighSpeed TCP for Large Congestion Windows」（RFC 3649）
- Lisong Xu／Khaled Harfoush／Injong Rhee「Binary Increase Congestion Control (BIC) for Fast Long-Distance Networks」（Twenty-third Annual Joint Conference of the IEEE Computer and Communications Societies (INFOCOM)、pp.2514-2524、2004）

第6章

　近年、メモリーの低価格化と通信速度向上を背景として、ルーター等のネットワーク機器に搭載されるバッファメモリーのサイズが増加してきました。それに伴って、CUBICを含めた従来のTCP輻輳制御アルゴリズムでは、バッファ遅延増大によるスループット低下という新たな課題が顕在化してきました。

　この課題に対して、Googleが2016年9月に発表した輻輳制御アルゴリズムが**BBR**です。BBRはRTTを指標として輻輳ウィンドウサイズを増減させるDelay-based輻輳制御に分類されます。そして、現在ではLinuxに標準搭載されているほか、Google Cloud Platform（GCP）等でも用いられるなど、その利用が広がっており、現在主流の輻輳制御アルゴリズムの一つであると言えます。

　本章では、バッファサイズ増大によるCUBICへの影響、そしてBBRのアルゴリズムとその性能について、シミュレーションによる実測を交えながら解説していきます。

BBR

スループットとRTTをモニタリングして、
データ送出量を調節

6.1
バッファサイズ増加とバッファ遅延増大
メモリーの低価格化の影響

　ネットワーク機器に搭載されるバッファメモリーのサイズが増加することで、バッファ遅延増大によるスループット低下という課題が顕在化してきました。本節では、バッファ遅延増大がTCP通信に与える影響について解説します。

ネットワーク上のバッファサイズ増加

　近年、ルーターやスイッチ等のネットワーク機器に搭載されるバッファメモリーのサイズが増加してきました。このおもな要因としては、メモリーの低価格化が進んだことが挙げられます。また、ネットワーク機器に限らず、メモリーサイズは大きい方が良い、という通念が主流となってきたことも大きく影響しているでしょう。

　ネットワーク機器のバッファサイズが大きくなることで、パケットロスが起こりにくくなるという利点があります。すなわち、ネットワーク機器に一度に大量のパケットが到着した場合にも、それらのパケットをメモリーに蓄積しておき、順番に送出することができるようになります。このような、バーストトラフィックに対してのパケットロスの起こりにくさを「バースト耐性」などと呼びます。

　もしバッファサイズが小さければ、パケットがバースト的に到着した際にすぐに蓄積可能なデータ量を超過してしまい、バッファ溢れによるパケットロスが生じてしまいます。このとき、到着したフロー（TCPフロー）が前章で紹介したLoss-based輻輳制御を用いていれば、パケットロスが生じるたびにスループットを低下させてしまいます。たとえ輻輳ウィンドウサイズが小さくても、たまたま他のフローのパケットと同じようなタイミングでネットワーク機器に到着した場合、ネットワーク機器側から見ると大きなバーストとして到着するため、パケットが廃棄されてしまうことがあります。よって、フローの転送レートが低い場合でも、輻輳制御アルゴリズムが過剰反応を起こして不必要なほどにスループットが低下してしまう、といったことが起こりやすくなります。

　バッファサイズを大きくすることで、このような事象があまり発生しなくなり、安定した通信を行うことができるようになるのです。このような、バッファサイズとパケットロスの関係についてのイメージを**図6.1**に示します。

バッファブロート　バッファサイズの増加がもたらした「遅延増大」という弊害

　バッファメモリーのサイズを大きくすることでパケットロスを抑えることが可能になるとは言っても、バッファメモリーが大きければ大きいほど良い、というものではありません。バッファサイズが大きくなることによる弊害もあり、それがバッファ遅延の増大です。バッファ遅延の増大によって生じる、通信パケットのend-to-end遅延の増加現象は**バッファブロート**（*bufferbloat*、バッファ遅延増大）と呼ばれ、2009年前後から広く問題として認識されてきました。

　前章で触れたとおり、通信パケットのend-to-end遅延は、**図6.2**に示すように経路上のネットワーク機器における**処理遅延**と、各ノードでのバッファメモリー上での転送待ち時間である**キューイング遅延**、ノード間リンクの信号伝搬に要する物理的な**伝搬遅延**から成ります。

　バッファサイズが大きくなることで、転送待ちパケット数が多くなり、メモリー上での転送待ち時間である「キューイング遅延」が増大することになります。そ

図6.1　バッファサイズとパケットロス（パケット廃棄）

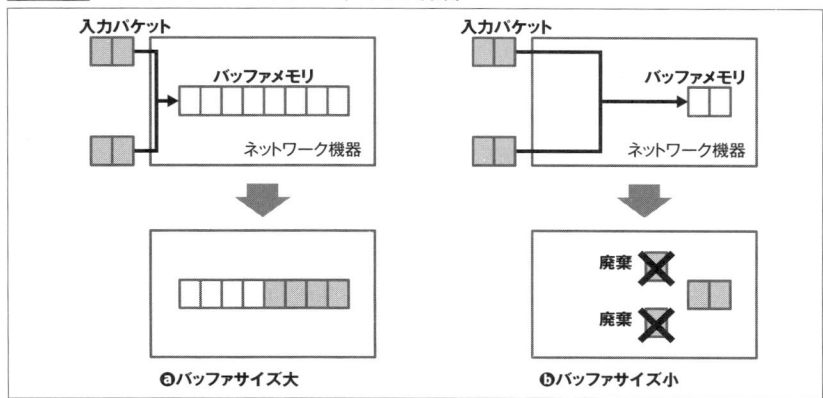

図6.2　end-to-end遅延の構成要素

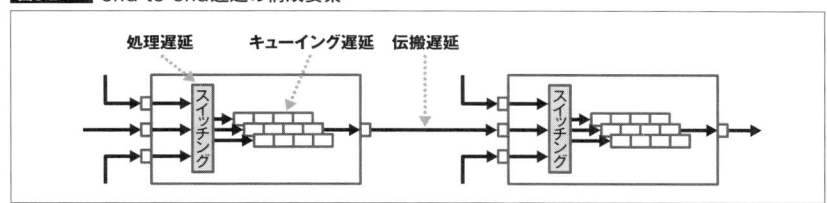

れに伴って RTT が伸びるため、結果として TCP フローのスループット低下を招くことになります。

━━━ AQMと、REDアルゴリズム

このバッファブロートを抑制するために、さまざまな方法が提案/実装されてきました。代表的な技術として、**AQM**（*Active Queue Management*、アクティブキューマネジメント）と呼ばれる手法があります。AQM とは、バッファメモリーすなわちキューが一杯になる前に、前もって積極的にパケットロスを始めることでバッファ溢れを起こさないようにする手法です。

最も有名な AQM アルゴリズムとして **RED**（*Random Early Detection*）があります。RED では常にキュー長を監視し、キュー長がある閾値を超過した場合には、事前に設定した確率に基づいて入力パケットを廃棄し始めます。キュー長が長くなるほどパケットロス率を高くすることで、バッファ溢れの発生を防ぎます。RED を用いた場合には、送信パケット数が多いフローほど高い確率でパケットが廃棄されることになるため、テールドロップ（*tail drop*、バッファ溢れ時にパケットを廃棄する方法）と比較して公平であるとされています。AQM 手法としては、他にも重み付き RED など多くのアルゴリズムが存在します。

AQM はパケットを中継するネットワーク機器側における対策ですが、パケットを送出するトラフィック生成側、つまり TCP 輻輳制御アルゴリズム側での対策もあり得ることが想像できると思います。バッファブロートを抑制する輻輳制御アルゴリズムの解説に入る前に、そもそも従来の Loss-based 輻輳制御とバッファブロートとの関係について、もう少し詳しく記述しておきます。

Loss-based輻輳制御とバッファブロートの関係

まず基本に立ち返りますが、TCP では、新たなデータを送出するためには受信側ノードからの ACK を受け取る必要があります。これは輻輳制御アルゴリズムによらない、TCP の基本的な動作であり、UDP との大きな違いでした。UDP であれば、送信側ノードではデータを送り続けるだけですので、この動作は経路上のバッファ遅延などには影響されません。ただし、送出されたデータが目的地まで届く保証もありません。

一方、TCP ではデータを受け取った受信側ノードが ACK を返すことで、送信側

ノードでは到着確認を行いながらデータを送信します。そのため、**図6.3**に示すように、バッファ遅延の増大によってデータ到着までのend-to-end遅延が伸びることで、ACKの到着も遅れ、したがってデータ送信間隔が伸びスループットが低下することになります。

さらに、バッファサイズとRTO(再送タイムアウト値)の関係によっては、パケットが経路上のバッファに滞留している間にRTOを超過してしまい、データ再送が行われてしまう、といったケースすら考えられます。そして、とくにLoss-based輻輳制御アルゴリズムでは、パケットロスを輻輳の指標とします。そのため、パケットロスが発生するまでは、輻輳ウィンドウサイズを増加させていきます。

近年はデータ伝送における信頼性(誤りの少なさ)が向上したことから、パケットロスのおもな要因はバッファ溢れによるものです。すなわち、Loss-based輻輳制御アルゴリズムを使用した場合、パケットロス＝バッファ溢れが発生するまで、データ送信量をどんどん増加させていく、ということになるのです。

ネットワーク上のバッファサイズが小さいときには、バッファ溢れによるパケットロスが頻発することになります。一方、バッファサイズが大きくなるにつれ、バッファ溢れが起こりにくくなる代わりに、送出されたパケットが各ネットワーク機器のバッファを埋め尽くすことによる影響がRTTの増大として表れてきます。

つまり、TCPフロー自身がバッファブロートを引き起こす原因となるとともに、

図6.3 RTTとスループットの関係

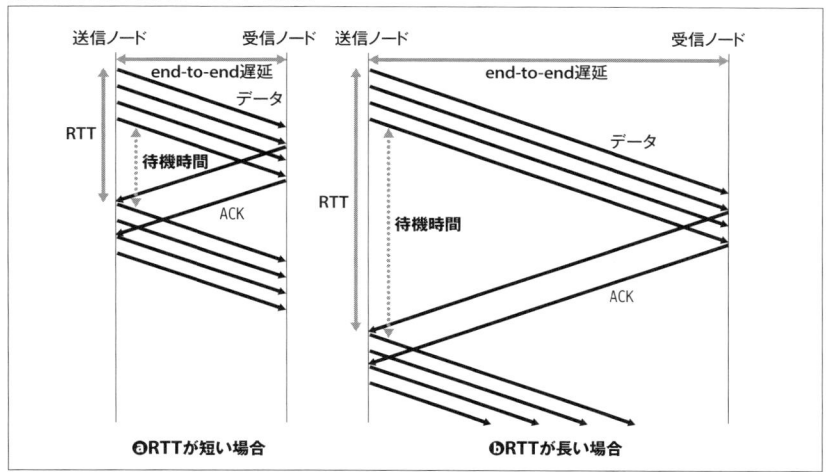

ⓐRTTが短い場合　　　　ⓑRTTが長い場合

その悪影響が自らに及んでしまう、といった状況になるのです。タイムアウトによるデータ再送なども考慮すると、Loss-based輻輳制御アルゴリズムはバッファ遅延増大を悪化させやすい傾向が非常に強いと言えます。

バッファサイズによるCUBICへの影響　シミュレーションによる確認

　それでは、バッファ遅延増大によるTCPスループットへの影響について、シミュレーションによって確認してみましょう。ここでは、Loss-based輻輳制御の代表例としてCUBICを用いて、ネットワーク上のバッファサイズを変えながら輻輳ウィンドウサイズ、RTTおよびスループットを測定します。シミュレーション条件を**図6.4**に示します。

　今回は、ネットワーク上でのバッファ遅延を模擬するために、複数のゲートウェイノード（*gateway node*）を経由するようにトポロジー[注1]を構成しています。ここでは便宜的にゲートウェイノードと呼んでいますが、インターネット上のルーターなどを想像すると、イメージしやすいかもしれません。

　送信側ノードから受信側ノードに向けてパケットが転送されていくほどリンク速度が低下する条件になっており、各ゲートウェイノードでパケットが送信キューに滞留し、バッファ遅延が発生します。この点については、インターネット上などで多数のフローが合流することによってフローあたりの利用可能な帯域が小さくなる、という現象を模擬しています。シミュレーション時間の短縮化のために、送信ノード数は8に抑え、さらに多数のフローを用意する代わりに上記のような設定にしています。

注1　ネットワークトポロジー（*network topology*）。ネットワークの論理的・物理的形態。

図6.4　**シミュレーション条件（シナリオ11）**

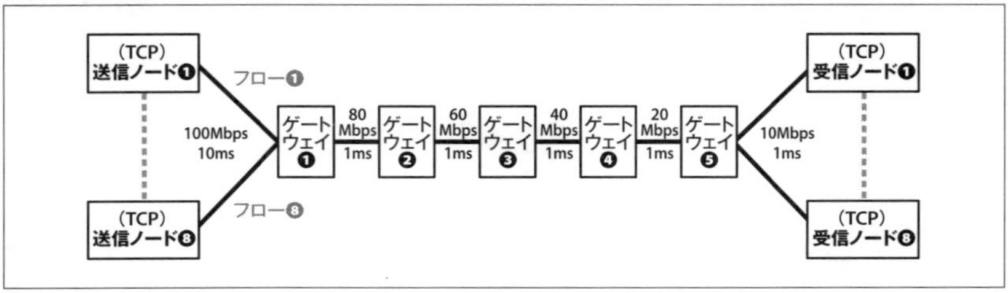

本条件を、ここでは「シナリオ11」と呼称します。具体的な測定項目は前章と同じく、輻輳ウィンドウサイズ（cwnd）、スループット（受信ノードに到達したデータ量に基づき5秒ごとに算出）、輻輳状態、RTTの4項目です。受信ウィンドウサイズ（rwnd）は65535バイトとし、ウィンドウスケーリングを有効化し、最大パケットサイズを表すMTUは1500バイト、測定時間は100秒間としています。バッファサイズの影響を調べるために、各ゲートウェイノードの最大キューサイズを100、1000、10000パケットと設定し、各条件について測定を行います。

シナリオ11を実行するには、ns-3のホームディレクトリに移動し、以下のコマンドを打ち込みます。

```
$ ./scenario_6_11.sh
```
※保存先：data/chapter6ディレクトリ配下（測定データ：06_xx-sc11-*.data、グラフ：06_xx-sc11-*.png）

━━━━ シミュレーション実行結果 バッファサイズの増加に伴って、RTTが顕著に増大

シミュレーション実行結果を**図6.5**に掲載します。ここでは送信ノード❶から送信されたTCPフローの輻輳ウィンドウサイズやスループットに着目していますが、ネットワーク上のバッファサイズの増加に伴って、RTTが顕著に増大していることが一目瞭然です。とくにキューサイズ10000パケットの条件では、RTTが

図6.5 シミュレーション結果（シナリオ11）

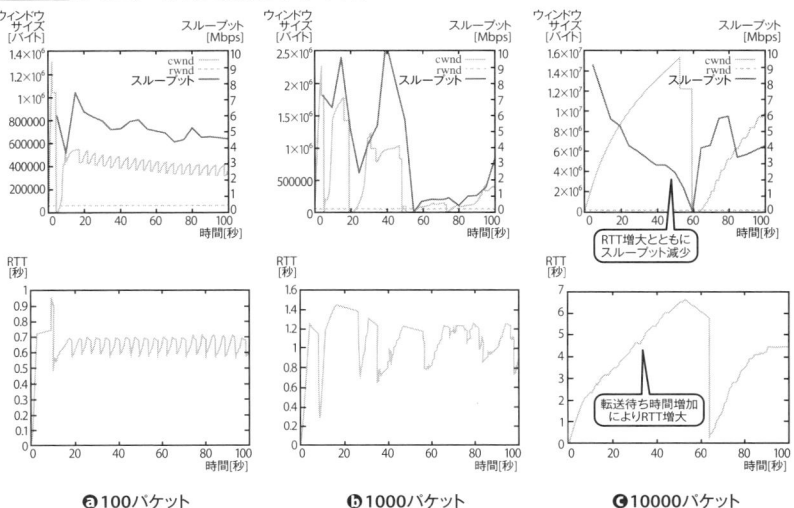

ⓐ100パケット　　　　ⓑ1000パケット　　　　ⓒ10000パケット

7秒近くに達しており、スループットへの影響は非常に大きいです。なお、本条件では各ゲートウェイのキューをDropTailに設定しており、とくにフロー間の公平制御を行っていないため、リンク帯域を公平に利用するといった結果にはなっていない点には注意する必要があります。

このように、Loss-based輻輳制御アルゴリズムでは、バッファがあるだけパケット送信量を増やしていく性質があるために、バッファサイズが大きい条件ではバッファ遅延の増大を引き起こしてしまうことになるのです。

6.2
Delay-based輻輳制御
RTTを指標にするアルゴリズムの基本とVegasの例

TCPの輻輳制御アルゴリズムの中で、「RTT」を輻輳の指標として用いるのが**Delay-based輻輳制御**です。ここでは、代表的なDelay-based輻輳制御アルゴリズムであるVegasを例として、その基本的な振る舞いについて解説します。

3種類の輻輳制御アルゴリズムと環境に合わせたアルゴリズムの選択

ここまでにも触れてきましたが、TCPの輻輳制御アルゴリズムには大きく分けて3種類あります（**図6.6**）。すなわち、「パケットロス」を輻輳の指標とする**Loss-based**輻輳制御、「RTT」を輻輳の指標とする**Delay-based**輻輳制御、そして、それらの組み合わせである**Hybrid**輻輳制御です。

これらは、それぞれに異なった特徴があり、適した環境などが異なるため、ど

図6.6　輻輳制御アルゴリズムの種類

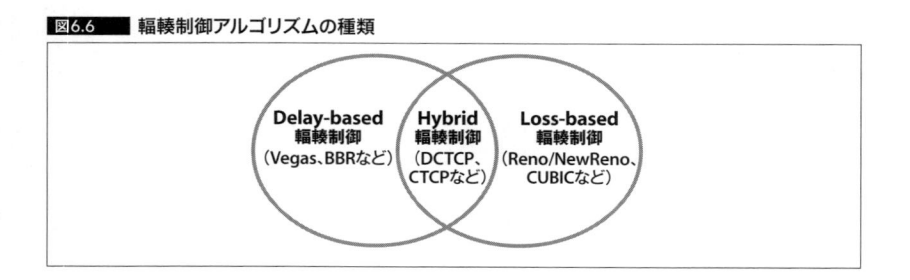

れが優れているかといったことは一概には言えない、という点には注意する必要
があります。

　たとえば、複雑な制御を行うアルゴリズムは輻輳ウィンドウサイズをきめ細か
く増減させやすい傾向がありますが、その一方で、理論的な解析が困難でどのよ
うな動作をするかが予測しにくくなったり、さらには性能の低いデバイスでは処
理が重くなってしまったりすることがあります。また、前章で述べたように、
NewRenoは広帯域/高遅延環境には適していなかったことも代表的な事例として
挙げることができます。前章で既存TCPとの親和性の低さを確認したHighSpeed
やScalableについても、ローカルネットワーク内での通信などで、他の輻輳制御
アルゴリズムが使われない環境を用意することができれば、特段の不利益なくそ
のスケーラビリティを生かすことができ、有効な選択肢となり得ます。

　このように、実際には環境に合わせて適したアルゴリズムを選択して用いるべ
きであり、そのためには各アルゴリズムの特性をよく知っておくことが重要なの
です。さて、上記の3種類の輻輳制御アルゴリズムの中で、前章ではLoss-based輻
輳制御について詳しく述べました。そして、本章で解説するのがDelay-based輻輳
制御です。

Delay-based輻輳制御の基本となる考え方　RTT増大とキューイング遅延の増大

　TCPでは、ACKを受け取る時にRTTを計測していることはすでに説明しました。
Delay-based輻輳制御では、ネットワークの輻輳状態の指標としてこのRTTを利用
し、RTTが大きくなるほど輻輳状態が悪化していると判断して輻輳ウィンドウサ
イズを調整します。

　RTTは、往復のend-to-end遅延の合計として計算されます。ここで、end-to-end
遅延の構成要素を改めて示します(図6.2の再掲)。この中で、先ほど説明したend-

図6.2 　end-to-end遅延の構成要素(再掲)

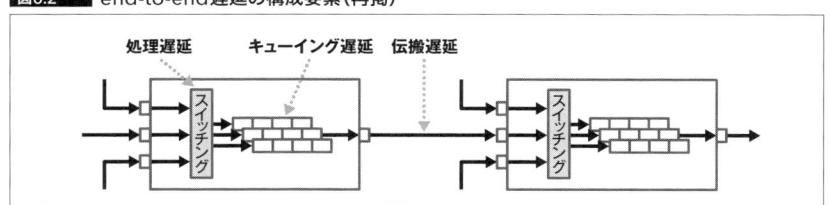

to-end遅延の構成要素のうち、ノード間リンクの信号伝搬に要する物理的な**伝搬遅延**や転送経路上のネットワーク機器における**処理遅延**は、ほぼ一定[注2]です。それに対して、メモリー上での転送待ち時間である**キューイング遅延**は、メモリー上にどれだけデータが蓄積されているかによって大きく変動します。出力リンクからのデータ転送速度は一定なので、この速度に対して単位時間あたりの入力データ量が大きくなれば、出力しきれないデータがメモリー上にどんどん蓄積されてしまい、新しく流入したパケットを転送するまでに時間がかかってしまう、ということになります。

つまり、Delay-based輻輳制御では以上の性質を利用して、RTT増大の原因が経路上における**キューイング遅延の増大**によるものであると解釈します。そして基本的には、RTTが小さい時には輻輳ウィンドウサイズを増加させていき、RTTが大きくなった場合に輻輳ウィンドウサイズを減少させる、という動作を行います。

これまでに、さまざまなDelay-based輻輳制御アルゴリズムが提案/利用されてきています。代表的なものとしてVegas、広帯域環境向けに開発されたFAST TCPなどが存在するほか、本章で詳しく解説するBBRもこの分類に該当します。この中で、まず最も代表的なアルゴリズムとしてVegasを取り上げ、その輻輳ウィンドウサイズの振る舞いを、シミュレーションにより実際に測定を行いながら見ていきます。

Vegasの輻輳ウィンドウサイズの振る舞い

Vegasの輻輳ウィンドウサイズ制御方法[注3]について、以下にその要点を記述します。時刻tにおける輻輳ウィンドウサイズ$w(t)$について、時刻$t+1$で更新された輻輳ウィンドウサイズの値を次の**式6.1**で表すことができます。

$$w(t+1) = \begin{cases} w(t) + 1/D(t) & (w(t)/d - w(t)/D(t) < \alpha) \\ w(t) - 1/D(t) & (w(t)/d - w(t)/D(t) > \alpha) \\ w(t) & (else) \end{cases}$$

式6.1

ここで、dは往復の伝搬遅延であり、$D(t)$は実際に測定されたRTTを表します。

注2　厳密には装置や条件によって少し揺らぎます。
注3　Steven Low／Larry Peterson／Limin Wang「Understanding TCP Vegas: Theory and Practice」
　　　(Prinston University Technical Reports、TR-616-00、2000)

つまり $w(t)/d$ とは期待スループット、$w(t)/D(t)$ は時刻 t における実際のスループットを指しており、これらの差を閾値 α と比較した結果に応じて $w(t)$ を増減させます。なお、閾値 α は事前に設定するパラメーターです。もしネットワーク上でのバッファ遅延が非常に小さければ、期待スループットと実際のスループットとの差は α より小さくなり、その場合には **式6.1** に示すとおりRTTごとに輻輳ウィンドウサイズは1増加します。一方で、輻輳が強まりバッファ遅延が大きくなると、期待スループットと実際のスループットとの差が α を超え、RTTごとに輻輳ウィンドウサイズを1減少させることで、パケット送出を抑えます。それでは、Vegasの輻輳ウィンドウサイズの振る舞いについて、シミュレーションにより確認してみましょう。

　先ほどのシナリオ11と同様の条件で、CUBICの代わりにVegasを用いることとし、これを「シナリオ12」と呼称します。シナリオ12を実行するには、ns-3のホームディレクトリに移動し、以下のコマンドを打ち込みます。

```
$ ./scenario_6_12.sh
```
※保存先：data/chapter6ディレクトリ配下（測定データ：06_xx-sc12-*.data、グラフ：06_xx-sc12-*.png）

━━━━シミュレーション実行結果　RTT、スループットともにバッファサイズに依存しない

　シミュレーション実行結果を**図6.7**に掲載します。この結果から、Vegasを用いた場合には、RTT、スループットともにバッファサイズにまったく依存せず一定であるということが一目で見てとれます。RTTの値自体も50ms程度と小さい値です。本条件では伝搬遅延が往復で30msに設定されていることから、バッファ遅延は合計20msほどということになります。

　このように、バッファ遅延が少し伸びてきたところで輻輳ウィンドウサイズの増加を抑え、それによって輻輳の悪化を抑え安定したスループットを得ている、ということがよくわかります。

従来のDelay-based制御の課題　アグレッシブ性が非常に低く、追い出されやすい

　ただし、もうお約束のようになっていますが、Vegasにもやはり課題がありました。Vegasは、たしかに理想的な環境ではパケットロスが発生せず、安定して低遅延性と高いスループットを実現することができます。これは、先ほどシミュレーションを通じて確認したとおりです。

　しかしながら、とくにインターネットのような不特定多数の主体が関わる環境においては、理想的でない環境が非常に多く含まれてしまいます。具体的には、まずVegasはアグレッシブ性が非常に低く、RTTが増大するとすぐに輻輳ウィンドウサイズを減少させてしまうため、Loss-based輻輳制御に追い出されやすく、それらと共存することが難しい、という課題があります。そもそも従来から一般的に利用されてきた手法がLoss-based輻輳制御であるNewRenoであり、その代替がCUBICである状況を考えると、Vegasを実際にインターネットで利用するのは難しかった、ということがわかります。

　それでは、Vegasの上記の課題について、シミュレーションにより確認してみましょう。先ほどのシナリオ11とほぼ同様の条件で、送信ノード❶のフローだけをVegas、他のフローをCUBICに設定し、Vegasの挙動を測定してみます。これを「シナリオ13」とします。シナリオ13を実行するには、ns-3のホームディレクトリに移動し、以下のコマンドを打ち込みます。

```
$ ./scenario_6_13.sh
```
※保存先：data/chapter6ディレクトリ配下（測定データ：06_xx-sc13-*.data、グラフ：06_xx-sc13-*.png）

図6.7　　シミュレーション結果（シナリオ12）

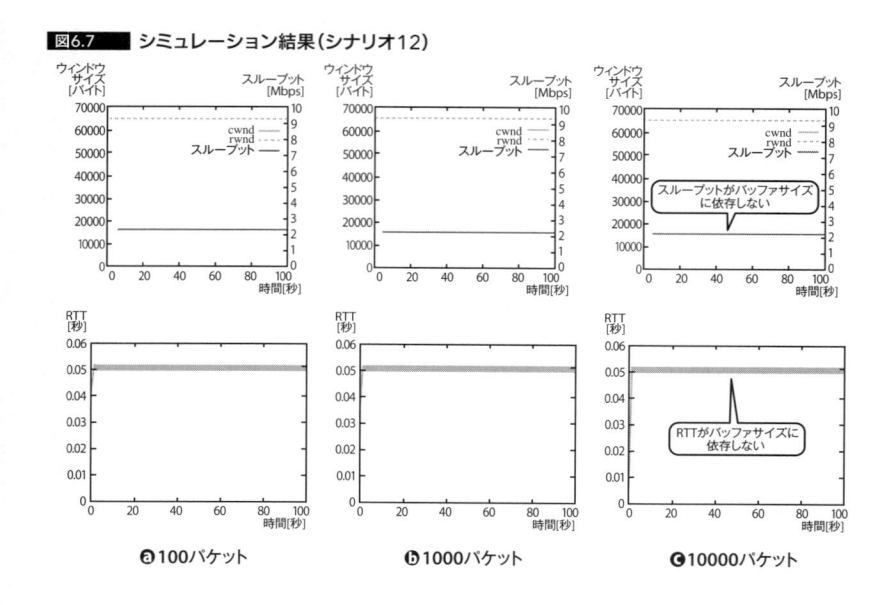

❶100パケット　　　❷1000パケット　　　❸10000パケット

———— シミュレーション実行結果　Loss-based輻輳制御との共存が難しい

　シミュレーション実行結果を**図6.8**に示します。この条件では、多数派である CUBICのフローたちがバッファを埋め尽くしてしまうので、RTTはバッファサイズとともに増大し、シナリオ11とほぼ同様の値になります。これはCUBICの性質から仕方ないことなのですが、このときVegasは他のフローのデータがキューに蓄積されたことによるRTT変化に反応してしまい、輻輳ウィンドウサイズをどんどん小さくしてしまいます。

　結果として、輻輳ウィンドウサイズを1万以下にまで低下させ、スループットはほぼゼロに近い水準にまで落ちています。このように、Vegasは他のフローの挙動に大きく左右され、とくにLoss-based輻輳制御との共存が難しくなかなか実用上は使いづらい、ということがシミュレーション結果から見えてきました。

図6.8　**シミュレーション結果（シナリオ13）**

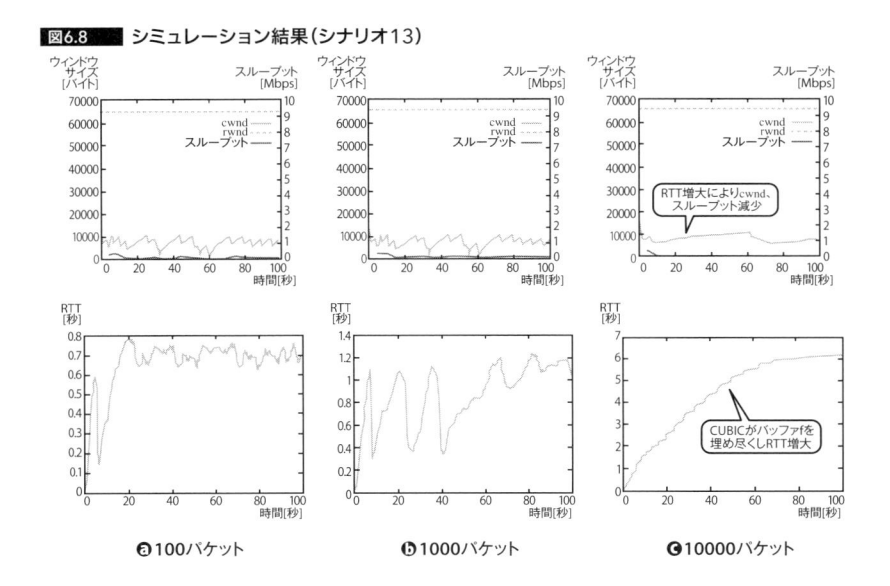

ⓐ100パケット　　　　ⓑ1000パケット　　　　ⓒ10000パケット

6.3
BBRの仕組み
データ送出量とRTTの関係を把握し、最大スループットを目指す

BBRは、近年開発されたDelay-based輻輳制御アルゴリズムです。Linuxに標準搭載されるなど、その利用は広がっており、現在では主流の輻輳制御アルゴリズムの一つとなっています。

BBRの基本的な考え方

BBR（*Bottleneck Bandwidth and Round-trip propagation time*）は、先に紹介したVegasと同様にDelay-based輻輳制御アルゴリズムに分類されます。

Googleが2016年9月に発表[注4]して以降、Linuxカーネル4.9以降で利用可能となり、Google Cloud Platform等でも用いられるなど、その利用が広がり注目を集めています。また、GoogleではYouTube等のサービスでもBBRを利用し始めており、結果として高いスループットおよび50％以上のRTT削減を達成したとの報告があります[注5]。

BBRの基本的な考え方は、従来主流だったLoss-based輻輳制御におけるパケットロスを契機とした輻輳検知では遅過ぎる、というものです。その代わりに、パケットがバッファに蓄積され始める直前、つまりネットワークの帯域はフルに活用しつつ、バッファ遅延を発生させない、という状態を理想的な状況とします。

ただし、経路上のネットワーク機器の状態を直接知る術はないため、スループットとRTTを常にモニタリングし、データ送出量とRTTの関係を把握しながらデータ送信速度を調節することで、ネットワークが処理可能な範囲内での最大スループットを出すことを目指します。

BBRの輻輳ウィンドウサイズ制御について、以下で詳しく見ていきます。

注4　Neal Cardwell／Yuchung Cheng／C. Stephen Gunn／Soheil Hassas Yeganeh／Van Jacobson「BBR: Congestion-Based Congestion Control」（ACM Queue、vol. 14、no. 5、p. 50、2016）

注5　Neal Cardwell／Yuchung Cheng／C. Stephen Gunn／Soheil Hassas Yeganeh／Van Jacobson「BBR Congestion Control」（Google Networking Research Summit、2017）

BBRの輻輳ウィンドウサイズ制御の仕組み RTprop、BtlBw

BBRでは、**RTprop**（*round-trip propagation time*）と **BtlBw**（*bottleneck bandwidth*）という2つの指標を用いて輻輳ウィンドウサイズを調節します。

「RTprop」とはRTTのことであり、ACKを用いて計測した値です。「BtlBw」とはボトルネックリンク帯域のことであり、これに着目する理由は、TCPフローが転送される際にいくつのリンクを通っていたとしても、そのスループットを決定づけるのはボトルネックリンクにおける転送速度だからです。

━━━━ グラフで見るBBR inflight、BtlBw、RTprop、BDP

BBRについてよく理解するために、**図6.9**を用います。この図では、横軸は「inflight」と呼ばれるネットワーク上に存在する送信中データ量であり、縦軸は上

図6.9 送信データ量とスループット、RTTの関係[※]

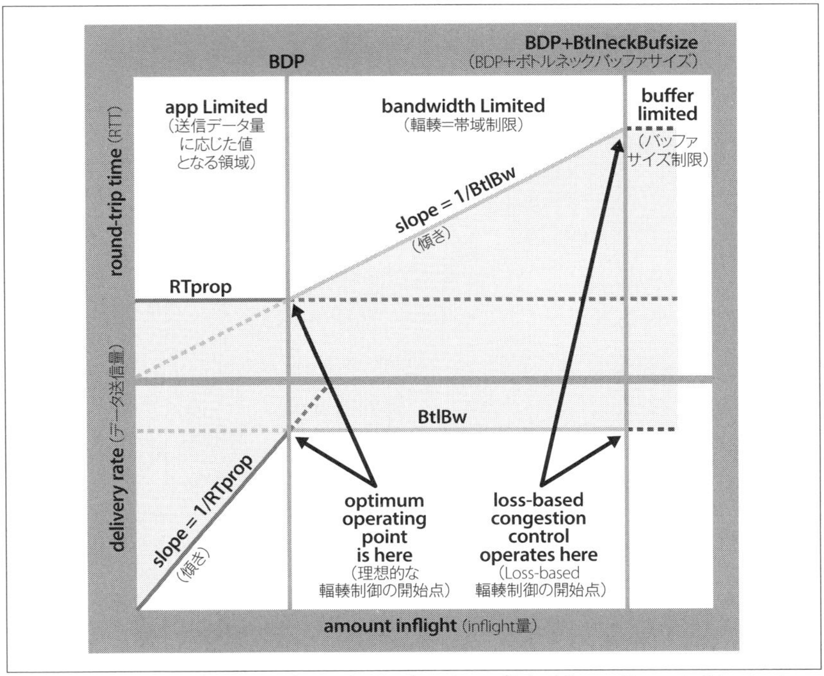

※ 出典：Neal Cardwell／Yuchung Cheng／C. Stephen Gunn／Soheil Hassas Yeganeh／Van Jacobson
「BBR: Congestion-Based Congestion Control」（ACM Queue、vol. 14、no. 5、p. 50、2016）

側のグラフでは「RTT」、下側のグラフでは「データ送信量」となっています。

　まったくデータを送信していない状態から徐々にinflightの量を増やしていくと、最初のうちはデータ送信量がそれに応じて上昇していき、RTTには変化がありません。これは単純に、空いているネットワーク上をパケットが待ち時間なしに転送されていくことを表しています。

　そして、inflightが一定の値を超過すると、データ送信量はそれ以上増えなくなります。これはネットワーク上のいずれかのリンクが輻輳状態にあり、これがボトルネックリンクとなり、TCPのスループットがこのボトルネックリンク帯域に律速される、ということを意味します。inflightを増加させても、データ送信量はこのときのBtlBwを超えることはないのですが、その一方でRTTは増加していきます。これはボトルネックリンクのバッファにパケットが蓄積していき、キューイング遅延が増えていくことを示します。そして、inflightが大きくなり過ぎれば、バッファサイズを超過してパケットロスが発生します。

　上記の説明の中で、CUBIC等のLoss-based輻輳制御による輻輳が始まるのは、inflightが大きくなりバッファサイズを超過してパケットロスが発生したときです。もしバッファサイズが大きく、データ送信量がBtlBwに達してからパケットロスが発生するまでに時間がかかるようなときにはとくに、この方法では効率が低下してしまうことがわかります。データ送信量がBtlBwに達した時点で、これ以上スループットが上がることはないため、それ以上にinflightを増大させることは、いたずらにバッファ量を増加させることにしかならないためです。

　そこでBBRが目指すのが、「*inflight = BtlBw×RTprop*」となる状態であり、この値を**BDP**（*Bandwidth-Delay Product*）と呼びます。このとき、データ送信量がちょうど閾値であるBtlBwに達する計算となるのです。

RTpropの推定

　さて、inflightの値をBtlBwとRTpropの積とすれば良いことはわかりましたが、ではどうやってBtlBwとRTpropの値を知ることができるのでしょうか。以下では、この点について説明します。

　まずはRTpropについて述べます。TCPではあるパケットを送信した後、当該パケットに対するACKを受信するまでの時間を計測し、それをRTTとしています。このとき時刻*t*におけるRTTは、以下の **式6.2** として表されます。

$$RTT_t = RTprop_t + \eta_t \qquad \text{式6.2}$$

この中で、ηとは0以上の値であり、キューイング遅延などによるノイズ、つまり伝搬遅延などの固定的な遅延以外の可変的要素を表します。つまり、$RTprop$とは伝搬遅延などから成る固定的な遅延を表すものであり、ネットワークトポロジーの変化といった物理的条件が変わらない限りは同じ値であるもの、ということになります。そして、BBRにおける$RTprop$の推定式は以下の**式6.3**で表されます。

$$\widehat{RTprop} = RTprop + min(\eta_t) = min(RTT_t)\forall t \in [T - W_R, T] \qquad \text{式6.3}$$

W_Rとはタイムウィンドウであり、一般的には数十秒程度の値を設定します。**式6.3**が表すことは、過去数十秒程度に測定されたRTTの値の中で、その最小値を$RTprop$とする、ということです。

このとき、過去数十秒程度にタイムウィンドウを区切るのは、ネットワークトポロジーの変化などにも対応するためです。つまり、現在の転送経路における、バッファ遅延等を除いた固定的な遅延成分から成るとおぼしき値をRTTとして使用する、ということです。

BtlBwの推定

次に、BtlBwの推定方法について述べます。RTTとは異なり、TCPにはボトルネック帯域を計測する仕組みは存在しないのですが、BBRではその推定に$deliveryRate$、すなわちデータ到達レートを利用します。つまり、BBRでは、パケット送出時刻と送出データ量を記憶しておき、ACKを受信した際に、RTTと合わせて到達データ量を計算します。そして、ある時間ウィンドウに到達したデータ量として$deliveryRate$を求め、これを利用して$BtlBw$を推定するのです。$BtlBw$の推定は**式6.4**で行われます。

$$\widehat{BtlBw} = max(deliveryRate_i)\forall t \in [T - W_B, T] \qquad \text{式6.4}$$

W_Bはタイムウィンドウであり、基本的にはRTTの6〜10倍に設定されます。タイムウィンドウを設定するのは、RTT推定時と同じくネットワークトポロジーの変化などに対応するためです。ただし、$RTprop$と$BtlBw$は独立である、という点には注意が必要です。つまり、転送経路が変わって$RTprop$が変化したとしても、

同じボトルネックリンクを経由していれば*BtlBw*は変わらない、といったことが起こり得るのです。

　式6.4 から、最近の*deliveryRate*の最大値が*BtlBw*となることがわかります。そして、推定された*BtlBw*と*RTprop*を用いてデータ送出量を調整するのです。ここでは推定式と大まかな挙動を説明しましたが、実際のBBRアルゴリズムの詳細について疑似コードを用いながら詳しく解説します。

6.4
[疑似コードで見る]BBRのアルゴリズム
ACK受信時とデータ送信時

　BBRアルゴリズムは、大きく分けて「ACK受信時」および「データ送信時」の2つの部分から成ります。ここでは各部分の処理について、「BBR: Congestion-Based Congestion Control」[注6] に記載の疑似コードを用いながら解説を行います。

　なお、第5章のCUBICの解説ではすでにベースとなるBICの説明がされており、この近似として3次関数を用いたウインドウサイズ制御をする、という動作イメージがわかりやすかったため、概要を記述した時点で動作を確認し、詳しいアルゴリズムは後で紹介しました。一方、本章では、この時点でBBRの動作を理解するための手がかりが不足しているため、まずアルゴリズムを紹介し、それをシミュレーションで確認する流れで説明を進めます。

ACK受信時

　BBRでは、ACKを受信した際にRTTと送信データレート(deliveryRate)を計測し、RTpropおよびBtlBwを更新します。その際の疑似コードを以下に示します。

```
function onAck(packet)
  rtt = now - packet.sendtime
  update_min_filter(RTpropFilter, rtt)
  delivered += packet.size
```

注6　Neal Cardwell／Yuchung Cheng／C. Stephen Gunn／Soheil Hassas Yeganeh／Van Jacobson「BBR: Congestion-Based Congestion Control」(ACM Queue、vol. 14、no. 5、2016)

```
delivered_time = now
deliveryRate = (delivered - packet.delivered) / (now - packet.delivered_time)
if(deliveryRate > BtlBwFilter.currentMax || ! packet.app_limited)
  update_max_filter(BtlBwFilter, deliveryRate)
if(app_limited_until > 0)
  app_limited_until -= packet.size
```

まず、RTTを計測し、**式6.3**を用いてRTpropを更新します。次に、変数deliveredを用いて到達データ量を測定しておき、deliveryRateを算出します。

If文の中身については、送信側のデータ送信量はアプリケーションによって定まる、という点に注意する必要があります。つまり、アプリケーションによっては、ボトルネックリンク帯域を使い切るほどの送信データレートに至らない場合があります。このような場合を、BBRでは「application limited」であるとしてチェックしておき、リンク帯域による制約とは別にして扱います。

データ送信時

次に、データ送信時のアルゴリズムについて説明します。BBRは、ボトルネックリンク帯域に合わせるようにパケット送信間隔を調整します。その際の疑似コードを以下に示します。

```
function send(packet)
  bdp = BtlBwFilter.currentMax * RTpropFilter.currentMin
  if(inflight >= cwnd_gain * bdp)
    // ACK待ち、またはタイムアウト
    return
  if(now >= nextSendTime)
    packet = nextPacketToSend()
    if(! packet)
      app_limited_until = inflight
      return
    packet.app_limited = (app_limited_until > 0)
    packet.sendtime = now
    packet.delivered = delivered
    packet.delivered_time = delivered_time
    ship(packet)
    nextSendTime = now + packet.size / (pacing_gain * BtlBwFilter.currentMax)
  timerCallbackAt(send, nextSendTime)
```

まず先に説明したとおり、BtlBwとRPpropの推定値の積としてBDPを算出します。cwnd_gainとは、データ送信量を調節するためのパラメーターです。ネットワ

ーク環境によってはACKをまとめて返してくる場合があるため、もしinflightが1BDPに制限されていた場合、しばらくデータ送信が止まってしまうことがあり、cwnd_gainはこれを回避するために用いられます。環境に応じてcwnd_gainを2など大きめの値に設定することで、ACKが遅れてくるような場合にも、適切な量のデータを送出できるようになります。

　それ以外の部分は単純で、次のパケットを送信する時刻を、当該パケットサイズに応じてスケジュールします。そして、cwnd_gainによって補正されたbdp値とinflightとを比較し、もしinflightが大きければパケット送信を止めます。

　以上で見てきたとおり、BBRではあまり複雑な制御は行っておらず、RTpropとBtlBwを推定し、その値に応じてパケット送信間隔を調整する、という動作を理解しやすかったのではないかと思います。

6.5
BBRの振る舞い
シミュレーションで見えてくる各種挙動

　本章では、ここまでにBBRの動作原理やアルゴリズムを紹介してきましたが、本節ではBBRの実際の挙動や性能について、シミュレーションにより測定しながら確認していきます。

BBRフローの単独での挙動

　まず、最も単純な条件としてBBRフローを1つだけ用いた際の振る舞いを観測し、その挙動を確認してみます。基本的な条件はシナリオ11と同様とし、輻輳制御アルゴリズムをTcpBbrに設定し、まずは送信ノード❶のみからデータを送信します。

　なお、TcpBbrは、TcpCubicと同じくns-3の公式ディストリビューションには現時点で入ってはいないのですが、TcpBbrモジュールがWeb上で公開されています。本書で配布/利用しているシミュレーション環境ではこれをインストール済みです。

　本シミュレーションシナリオを、ここでは「シナリオ14」と呼び、これを実行するには以下のコマンドを打ち込みます。

```
$ ./scenario_6_14.sh
```
※保存先：data/chapter6ディレクトリ配下（測定データ：06_xx-sc14-*.data、グラフ：06_xx-sc14-*.png）

シミュレーション結果を**図6.10**に示します。ここでは、inflightの値と、輻輳ウィンドウサイズおよびRTTを観測しています。

─── シミュレーション実行結果　バッファサイズの影響なし、probeRTT

結果を見るとまず、BBRの挙動はバッファサイズにまったく影響されないことが確認できます。これは、バッファ遅延が発生しないようにデータ送信量を調節しているためです。スループットは、いずれの条件でもボトルネックリンク帯域である10Mbpsに近い値を常に達成しています。そして、inflightの値は、ほぼボト

図6.10　シミュレーション結果（シナリオ14）

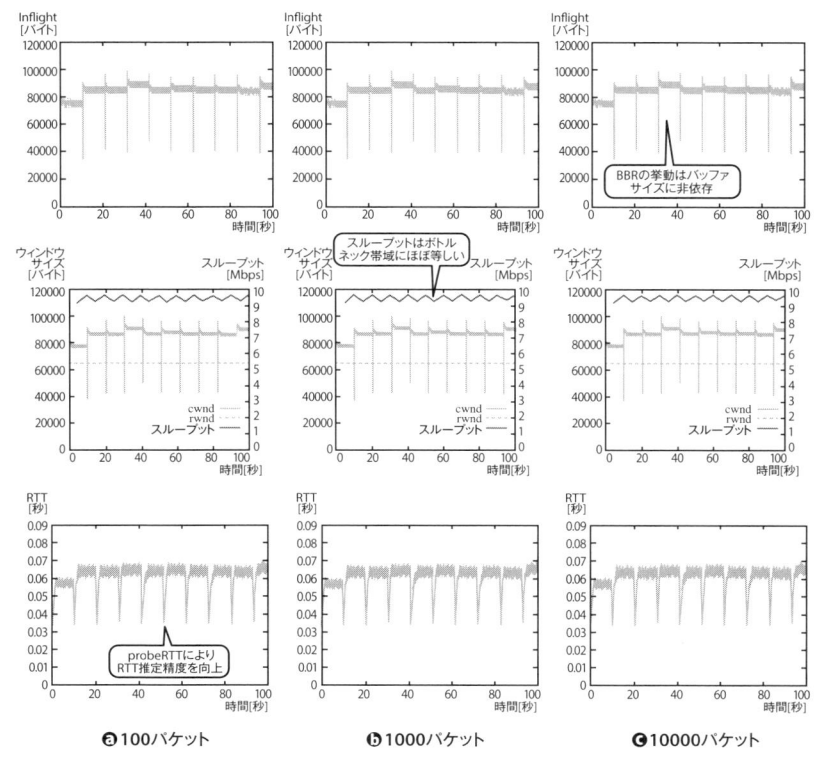

　　🅐 100パケット　　　　　　　　🅑 1000パケット　　　　　　　🅒 10000パケット

ルネックリンク帯域10Mbps と RTT約60msの積となっていることがわかります。また、当然ですが、inflight と輻輳ウィンドウサイズの値は連動しています。

さらに、特徴的な振る舞いとして、約10秒程度の間隔で、一時的にinflight、RTTおよび輻輳ウィンドウサイズが落ち込んでいる点が挙げられます。これは「probeRTT」と呼ばれ、バッファ遅延が発生していないかを確認するために敢えて定期的に行われる動作です。つまり、たとえRTpropが変化しない状態が長く続いたとしても、それはバッファ遅延がゼロであることを保証してくれるわけではありません。バッファにデータが蓄積された状態がずっと続いている可能性もあります。

そこで、一定時間RTTprop推定値が変化しなかった場合に、cwndを一定時間（200ms程度）小さくし送信データ量を減らす処理を入れることで、RTprop推定の精度を向上させる、という処理を行うのです。BBRの考え方としては、このprobeRTT時間が全体の2%程度となるように設計されており、スループット向上とRTT推定精度向上とのバランスをとっています。

なお、probeRTTの時間が200msであるのは、さまざまなRTTのフローが混在した際にも、このprobeRTT期間が重なる時間帯があるようにする、という考えに基づいています。

複数のBBRフローが存在するとき

次に、複数のBBRフローがボトルネックリンクを共有する場合について、シミュレーションによって確認してみましょう。複数フローが流入する場合には、単独フローの時とは異なり、他のフローの挙動にも影響を受けることになります。シミュレーション条件はシナリオ14とほぼ同様とし、今度はすべての送信ノードから同時にBBRフローを送信します。

本シミュレーションシナリオを、ここでは「シナリオ15」と呼び、これを実行するには以下のコマンドを打ち込みます。

```
$ ./scenario_6_15.sh
```
※保存先：data/chapter6ディレクトリ配下（測定データ：06_xx-sc15-*.data、グラフ：06_xx-sc15-*.png）

シミュレーション結果を**図6.11**に掲載します。これは送信ノード❶から送信されたフロー❶の挙動に着目したものですが、他のフローについてもその特性は変わりません。

——————**シミュレーション実行結果**　ほぼ公平に近いスループットになっている

　まず、バッファサイズが1000パケットと10000パケットの条件では同様の挙動
を示しています。これはバッファサイズに余裕があり、バッファがほぼ未活用で
あるためです。ただし、バッファサイズが100パケットの時は、全フローのパケ
ットがバースト的に到着するとバッファ溢れを起こすことがあり、その分だけ少
し違った動きをしています。

　そして、ネットワーク機器側ではとくに公平制御を行っていないのですが、BBR
フロー同士では上手にボトルネックリンク帯域を分け合い、ほぼ公平に近いスル
ープットになっている点が、BBRの大きな特徴だと言えます。CUBICをはじめと
した他の輻輳制御アルゴリズムでは、どうしても先に輻輳ウィンドウサイズを大
きくしたフローのスループットが大きくなり、後から新規に流入したフローはそ

図6.11　**シミュレーション結果（シナリオ15）**

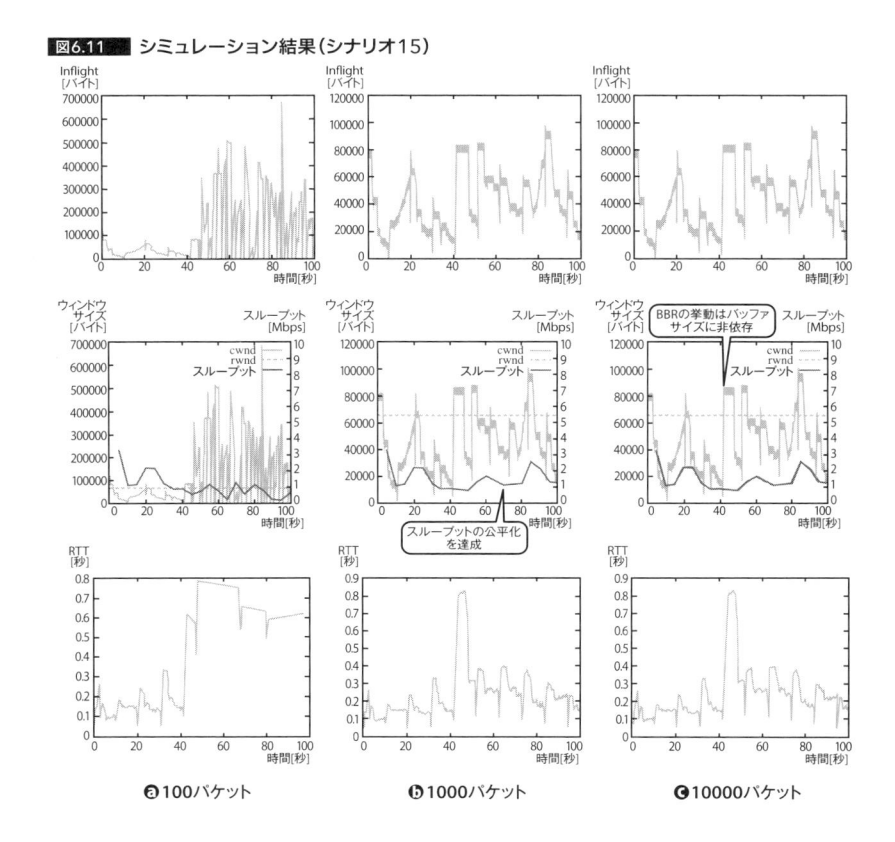

ⓐ100パケット　　　　　ⓑ1000パケット　　　　　ⓒ10000パケット

れらに阻まれて輻輳ウィンドウサイズを大きくすることができない、といった現象が生じやすいです。

それに対して、BBRでは、一時的に送信データ量を減らすprobeRTTフェーズを設けることで輻輳ウィンドウサイズをいったん小さくし、改めて収束させることで、上記の先行者利益のようなものを低減しています。そして、新たに収束する際には、各フローのRTpropとBtlBw推定値がほぼ等しくなるため、スループットが公平化されやすくなっているのです。

CUBICとの共存

6.2節において、VegasをLoss-based輻輳制御と共存させた際にはスループットがほぼゼロに近い水準にまで落ち込んでしまう、という課題について述べました。それでは、BBRではどうなのでしょうか、シミュレーションで確認してみましょう。シナリオ15とほぼ同様の条件で、送信ノード❶のフローだけをBBR、他のフローをCUBICに設定し、BBRフローの挙動を測定してみます。

これを「シナリオ16」とします。シナリオ16を実行するには、ns-3のホームディレクトリに移動し、以下のコマンドを打ち込みます。

```
$ ./scenario_6_16.sh
※保存先：data/chapter6ディレクトリ配下（測定データ：06_xx-sc16-*.data、グラフ：06_xx-sc16-*.png）
```

シミュレーション結果を**図6.12**に示します。

━━━━ シミュレーション実行結果　Loss-based輻輳制御との共存は?

本条件では、多数派であるCUBICフローたちがバッファを埋め尽くすため、バッファサイズが大きくなるほど遅延は伸びます。その中で、Vegasは追い出されてほとんど通信不能になってしまったのに対し、BBRでは通信を継続しており、大まかには公平値(フロー間でボトルネックリンク帯域を等分した値)に近いスループットを出しています。ただし、バッファサイズが小さい場合には途中で通信ができなくなる期間が存在します。これは、立て続けにパケットが廃棄されたことによる影響だと考えられます。

なお、この条件はボトルネックリンク帯域がそもそも10Mbpsと小さいため、バッファ遅延によるRTT増大による最大スループット低下という影響は健在化して

いません。もしボトルネックリンク帯域およびバッファサイズのいずれも大きい場合に、CUBICなどのLoss-based輻輳制御アルゴリズムが多数派であればバッファ遅延が増加し、たとえBBRを使っていてもスループット低下を回避することはできません。つまり、バッファブロートを防ぐためには、BBRのような輻輳制御アルゴリズムを利用するフローの割合が増えていくことが必要になるのです。

ロングファットパイプにおける挙動

　さて、ここまでは低速リンクでBBRの挙動を確認してきましたが、次に前章で触れた広帯域高遅延環境（ロングファットパイプ）へのBBRの適応性について、シミュレーションで確認してみましょう。

図6.12 シミュレーション結果（シナリオ16）

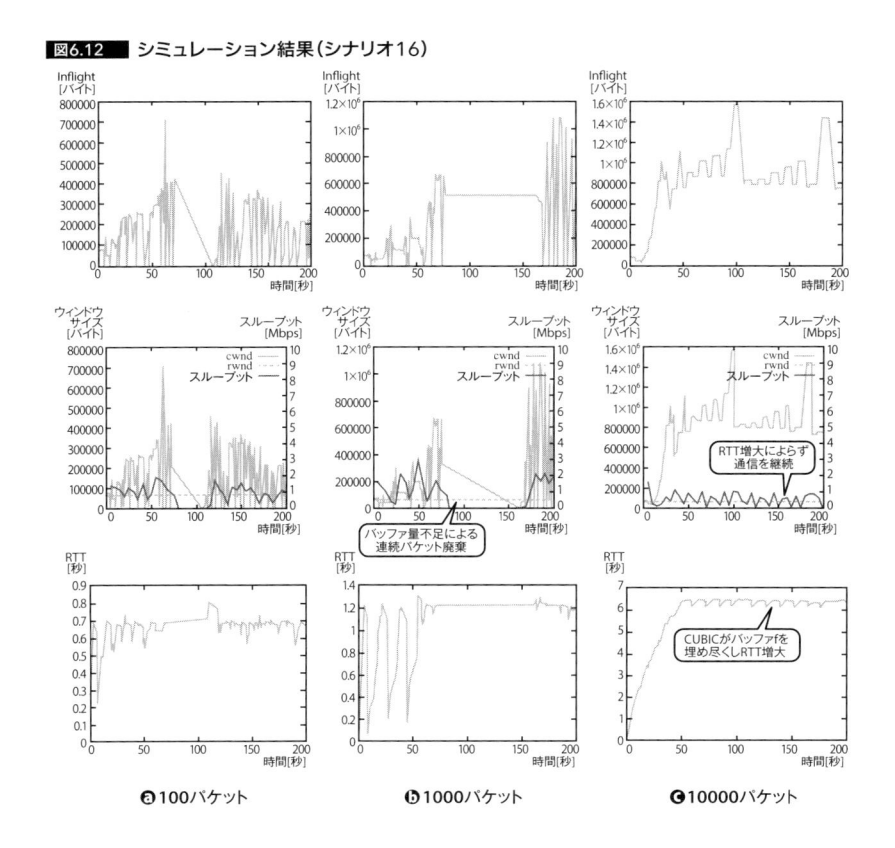

ⓐ100パケット　　　ⓑ1000パケット　　　ⓒ10000パケット

前章のシナリオ1とほぼ同様の条件で、輻輳制御アルゴリズムをBBRに設定したものを「シナリオ17」とします。シナリオ17を実行するには、ns-3のホームディレクトリに移動し、以下のコマンドを打ち込みます。

```
$ ./scenario_6_17.sh
```
※保存先：data/chapter6ディレクトリ配下（測定データ：06_xx-sc17-*.data、グラフ：06_xx-sc17-*.png)

シミュレーション結果を**図6.13**に示します。ここでは、輻輳ウィンドウサイズとスループット、inflight、そしてRTTの測定結果を掲載しています。

—————— **シミュレーション実行結果**　（概ね)安定した、高いスループットを維持

結果を見ると、前章で紹介した結果と比較して、BBRを用いた場合にはいずれの環境においても安定して高いスループットを維持できていることがわかります。これはBBRでは、Loss-based輻輳制御と異なり輻輳ウィンドウサイズを増加させ続けることをせず、パケットロスが発生しないためです。

ただし、条件によってはCUBICやNewRenoとうまく共存できない場合があるなど、たとえBBRと言えどもあらゆる局面で理想的な動作をするわけではありません。BBRはまだ比較的新しい輻輳制御アルゴリズムであるため、今後さまざまな環境への適用を通じて検証や改良が加えられていくこともあるはずです。また、今後さらなるネットワーク環境の変化が生じれば、それに対応した新たな輻輳制御アルゴリズムが登場してくる可能性もあり、継続して新しい技術にキャッチアップしていく姿勢が重要である、ということも言えると思います。

6.6
まとめ

本章では、近年新しく顕在化してきたバッファブロートという現象と、それに対する従来のLoss-based輻輳制御アルゴリズムの課題、そして新たに台頭してきたDelay-based輻輳制御アルゴリズムであるBBRについて、シミュレーションを交えながら解説してきました。本章で述べた内容について、ここで簡単におさらいしておきましょう。

近年メモリーの低価格化が進んだことにより、ルーターやスイッチ等のネット

図6.13 シミュレーション結果（シナリオ17）

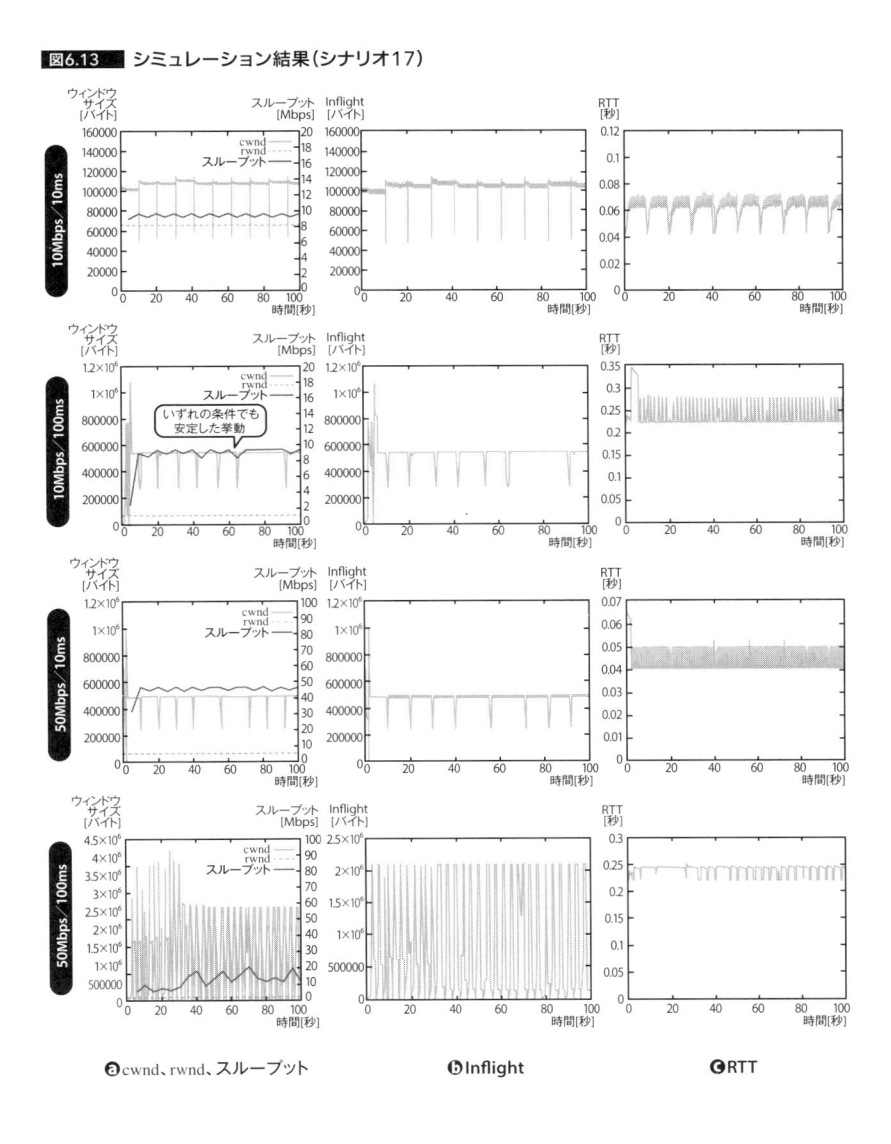

ⓐcwnd、rwnd、スループット　　　　ⓑInflight　　　　ⓒRTT

ワーク機器に搭載されるバッファメモリーのサイズが増加してきました。ネット
ワーク機器のバッファサイズが大きくなることで、パケットロスが起こりにくく
なる、つまり「バースト耐性向上」という利点があります。その一方で、バッファ
サイズが大きくなれば、バッファにパケットが蓄積された際にキューイング遅延

が大きくなるという課題があり、結果として生じる遅延増大およびスループット低下現象を「バッファブロート」と呼びます。

　従来よく用いられてきたNewRenoやCUBICをはじめとする**Loss-based**輻輳制御アルゴリズムでは、パケットロスを輻輳の指標とするため、パケットロス＝バッファ溢れが発生するまで輻輳ウィンドウサイズを増加させ、バッファ遅延増大を悪化させやすい傾向が非常に強いという課題がありました。

　これに対して、ネットワークの輻輳状態の指標としてRTTを利用する**Delay-based**輻輳制御がありました。つまり、RTT増大の原因が経路上におけるキューイング遅延の増大によるものであると解釈し、RTTが小さい時には輻輳ウィンドウサイズを増加させていき、RTTが大きくなった場合に輻輳ウィンドウサイズを減少させる、という動作を行うものであり、代表的なアルゴリズムとしてVegasがあります。

　しかしながら、Vegasをはじめとした従来のDelay-based輻輳制御はアグレッシブ性が低く、Loss-based輻輳制御アルゴリズムと共存した際に追い出されてしまう、といった課題がありました。上記の課題に対して、Googleが2016年9月に発表したDelay-based輻輳制御アルゴリズムがBBRです。現在ではLinuxに標準搭載されるなど、その利用が広がっています。

　BBRの基本的な考え方は、従来主流だったLoss-based輻輳制御におけるパケットロスを契機とした輻輳検知では遅過ぎる、というものです。パケットがバッファに蓄積され始める直前、すなわちネットワークの帯域はフルに活用しつつ、バッファ遅延を発生させない、という状態を理想的な状況として、データ送出量とRTTをモニタリングしその関係を把握しながらデータ送信速度を調節することで、ネットワークが処理可能な範囲内での最大スループットを出すことを目指します。

　そして、本章でシミュレーションを通して見てきたとおり、多くの場合において適切な輻輳制御が可能であることが確認されています。ただし、BBRはまだ比較的新しい輻輳制御アルゴリズムであるため、今後さまざまな検証や改良が加えられていくと考えられます。また、これまでに見てきたとおり、今後も技術の進歩とともにネットワーク環境が変わってくると、新たな課題が顕在化してくることがあります。つまり、今後新たにネットワーク環境の変化が生じれば、それに対応するための新たな手法が必要になる状況もあると予想されます。

　そこで次章では、近年から今後にかけてのTCPにまつわる技術的および社会的な状況と、そこで生じてくる課題、そしてTCP関連の動向について述べていきます。

参考文献

- Steven Low／Larry Peterson／Limin Wang「Understanding TCP Vegas: Theory and Practice」(Prinston University Technical Reports、TR-616-00、2000)

- Neal Cardwell／Yuchung Cheng／C. Stephen Gunn／Soheil Hassas Yeganeh／Van Jacobson「BBR: Congestion-Based Congestion Control」(ACM Queue、vol. 14、no. 5、p. 50、2016)

- Neal Cardwell／Yuchung Cheng／C. Stephen Gunn／Soheil Hassas Yeganeh／Van Jacobson「BBR Congestion Control」(Google Networking Research Summit、2017)

第7章

　ここまでに述べてきたとおり、インターネットの普及以来、アプリケーションや通信環境の変化に合わせて、広帯域高遅延環境やバッファブロートに対応するための輻輳制御アルゴリズム開発などを筆頭に、TCP自体も発展してきました。

　近年、通信速度の向上やアプリケーションの多様化はますます進んでおり、通信ネットワークの社会インフラとしての重要性はさらに増しています。今後もこの流れは加速していくものと考えられます。すなわち、TCPは今後も関連技術や利用環境の変化に応じた発展を続けていくはずだと考えられます。

　そこで本章では、近年から今後にかけて重要と考えられる具体的な事例として、5G（第5世代移動通信）、IoT、データセンター、自動運転を挙げ、それぞれについての技術的および社会的な背景と、そこで生じてくる課題、そしてTCP関連の動向について述べていきます。

TCPの最新動向

アプリケーションや通信環境が
変われば、TCPも変わる

7.1
TCPを取り巻く状況の変化
3つの観点「通信方式」「通信端末」「接続先」

　近年、通信速度の向上やアプリケーションの多様化はますます進んでおり、TCP
が利用される環境にも変化が生じています。ここでは、「通信方式」「通信端末」「接
続先」という3つの観点から、TCPを取り巻く状況の変化について概観していき
ます。

TCPのこれまでの発展　　本章までのおさらい

　これまでに本書で解説してきたように、通信環境やアプリケーションの変化に
合わせて、TCP自体も発展してきました。

　具体的な事例としては、まず第5章で触れたように、ネットワーク高速化やク
ラウドサービスの普及などに伴い、「ロングファットパイプ」と呼ばれる広帯域/高
遅延環境が一般化するにつれ、それまで標準的に用いられてきた輻輳制御アルゴ
リズムであるReno/NewRenoではスケーラビリティの不足やRTTの異なるフロー
間でのスループット不公平性といった課題が顕在化しました。それに対して、新
たなアルゴリズムとしてCUBICが開発/利用されてきました。

　また、第6章で述べたように、メモリーの低価格化と通信速度向上によりネッ
トワーク機器に搭載されるバッファメモリーのサイズが増加し、Loss-based輻輳
制御アルゴリズムでは、バッファ遅延増大によるスループット低下という新たな
課題が顕在化しました。それに対して、RTTを指標とするDelay-based輻輳制御ア
ルゴリズムとして新たにBBRが提案され、現在主流の輻輳制御アルゴリズムの一
つになっています。

　それ以外の代表例としては、3Gモバイル通信におけるW-TCPといったアプリ
ケーション特化型プロトコルの利用が挙げられます。これらは、無線によるデー
タ通信という環境に合わせて設計されており、輻輳以外の要因でパケットが消失
しやすいことにうまく対応する、といった特長がありました(1.6節を参照)。

　前章などでも何度か述べており繰り返しになってしまいますが、これまでに開
発されたさまざまな手法/アルゴリズムには、それぞれに異なった特徴があり、そ
の特徴に応じて適した環境が異なっています。これはつまり、どれが優れている

かといったことは一概には言えず、実際には「環境に合わせて適した手法/アルゴリズムを選択して用いることが重要である」ということを意味します。

そして、今後もTCPが用いられる環境が変わってくれば、それに合わせて新たなアルゴリズムの開発など、技術的な変化があるのは当然のことであると言えます。

通信環境の変化を捉える3つの観点 通信方式、通信端末、接続先

近年、通信速度の向上やアプリケーションの多様化はますます進んでおり、通信ネットワークの社会インフラとしての重要性はさらに増しています。そして、この傾向は今後も続いていくであろうと考えられます。さて、TCPの用いられる通信環境の変化について論じるにあたって、通信環境の変化と一口に言ってもいくつかの観点があることから、少し整理してみます。本章では、TCPにまつわる通信環境としてとくに「通信方式」「通信端末」「接続先」という3つの観点から検討してみます（**図7.1**）。

ここで「通信方式」とは、有線/無線などといった通信媒体や、モバイル通信における3G/4Gといった回線種別などを指しています。無線では有線と比較してビットエラーが生じやすかったり、モバイル通信では世代によって通信速度や遅延が大きく異なるなど、採用される通信方式によって特性が異なるため、TCPに求められる性能もまた変わってきます。

次に、「通信端末」とはスマートフォンやPCといったユーザー端末を指します。端末によって処理速度やメモリー量といった性能が異なるため、処理可能な計算量が異なるなどの要因により適した通信方法が異なってくることがあります。

そして、「接続先」というのは、ユーザー端末がTCP接続を行う相手側の端末の

図7.1 通信環境の変化の観点

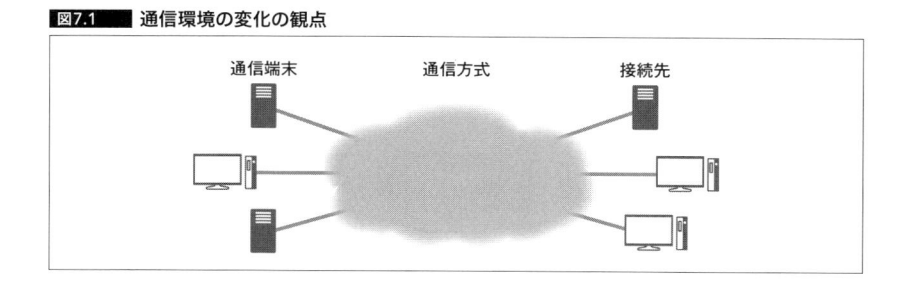

ことです。ユーザー端末と接続先端末との物理的な位置関係によって、とくに伝搬遅延に大きな違いが出てきます。

以下では、今後のTCPの発展を考えるにあたって、上記3つの観点から、近年の動向について述べます。

通信方式の変化 イーサネット、モバイル、LWPA

有線、無線といった通信媒体を問わず、通信速度は向上し続けています。

具体例として**イーサネット**について言えば、**図7.2**に示すとおり、1980年代の10Mbpsから、1990年代には100Mbpsから1Gbps、2000年代に10Gbps、そして2010年代には100Gbpsを超える速度の標準化が完了しています。標準への対応製品が一般に出回るには、低価格化も含めて数年間を要することが一般的ですが、2019年現在ではすでに400Gbpsイーサネット（**400GbE**）の標準化が完了し、Cisco Systemsから400GbE対応製品が発売されています。今後も高速化は続くことが見込まれ、800Gbpsやテラビット単位のイーサネットへの発展が予想されています。

移動通信システム、いわゆる**モバイル**に関しては、**図7.3**に示すとおり、1980年代の1G（第1世代）では通信速度は数十kbpsであり、自動車電話サービスやショルダーホンといった時代でした。2Gになるとパケット通信化され、電子メールやインターネットも利用可能となりました。3Gでは通信速度が上がり、2010年頃から3.9GであるLTEが普及し始めると通信速度は数十Mbpsに達し、動画サービス

図7.2 **イーサネット標準化動向と速度**※

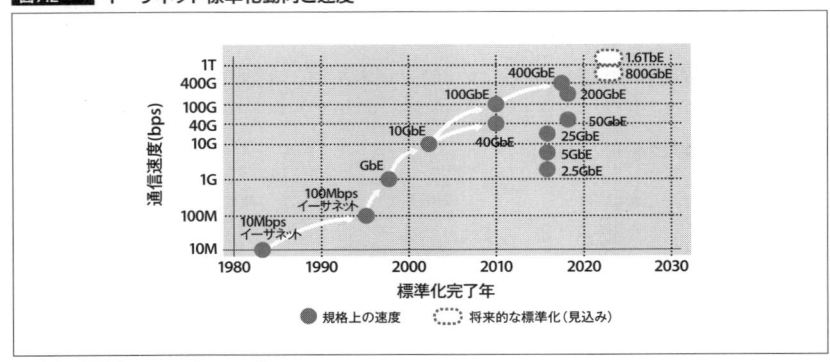

※ 参考：**URL** https://ethernetalliance.org
　（日本語訳は筆者）

などが広まりました。2019年現在では4GであるLTE Advancedが普及し、通信速度は最大で約1Gbpsに達するほどになっています。

そして、2018年には5Gの仕様が策定され、各キャリアでサービスが開始されようとしているなど、今後は世界的に**5G**の普及が見込まれます。5Gの特徴として一般的に、大容量/低遅延高信頼/多端末という3点が挙げられます。通信速度は理論値で20Gbpsに達するなど、4Gと比べても10倍以上の高速化が行われます。遅延に関しては、無線区間での通信遅延をLTEの5分の1である1ms以下とし、end-to-endでも数十ms以下の値とすることが要求されています。

その一方で、第2章でも少し触れた**LPWA**と呼ばれる無線通信プロトコルにも注目が集まっています。LPWAには統一的な定義はなく、低消費電力で長距離データ通信を行うための通信方式の総称です。通信距離としては数百mから数kmをカバーすることが目標とされており、代表的な規格としてはLoRaWAN、SIGFOX、NB-IoTといったものがあります。いずれの規格においても消費電力を小さくするために通信速度を抑えており、数十kbps程度の低速で断続的に通信を行うことが特徴です。LPWAは、広範囲に設置されるセンサーネットワークといったIoT関連サービスへの利用が期待されており、今後もさらなる普及が見込まれています。

上記を考慮すると、今後TCPには、こうした新たな通信方式に対応するための技術が必要になってくると考えられます。

図7.3 1G（第1世代）〜5G（第5世代）移動通信システムの進化※

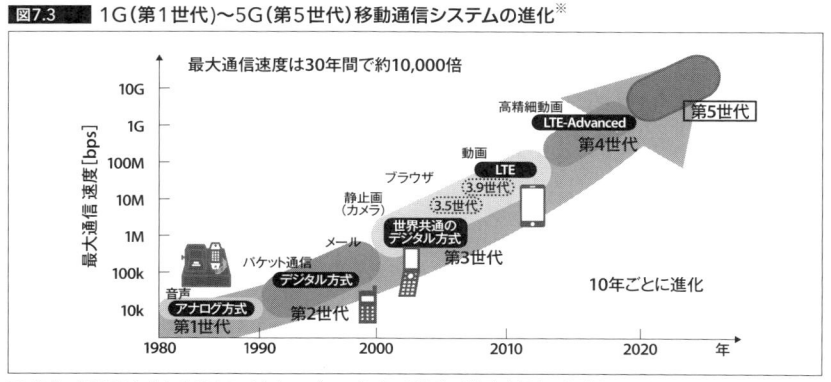

※ 出典：「2020年代に向けたワイヤレスブロードバンド戦略」（総務省総合通信基盤局電波政策課、2015）
URL http://kiai.gr.jp/jigyou/h27/PDF/0626p1.pdf

通信端末の多様化　高性能化のみならず、制約のある環境下での通信という観点も

　通信を行う端末については、従来は**PC**や**サーバー**、それに**携帯電話/スマート
フォン**等といった端末が主だったのですが、近年ではさまざまな**センサー**や**ス
マートデバイス**の登場により、一層の多様化が進んでいます。スマートデバイスと
は、明確な定義は定まっていませんが、一般的にはインターネットに接続可能な
携帯型多機能端末を指し、スマートフォンやタブレット端末のほか、腕時計型の
スマートウォッチ(**図7.4**)などが代表例です。

　とくに、従来のスマートフォンのようなユーザー自身が操作を行う端末ではな
く、家電やセンサーなどのモノをインターネットに接続して制御する仕組みは
「IoT」と総称され、近年急速に普及が進んでいます。

　図7.5に示すとおり、インターネット上のIoT関連トラフィックは今後も増加し
ていくことが見込まれています。なお、モノ同士が(インターネットに接続せず直
接)通信を行う仕組みは**M2M**(*Machine-to-Machine*)と呼ばれ、厳密にはIoTとは異
なる概念ですが、両者を使い分けていない場合も多くあります。これまで、通信
端末の性能(具体的には処理速度やメモリー量)は基本的に向上を続けてきました。

図7.4　　**スマートウォッチのイメージ**

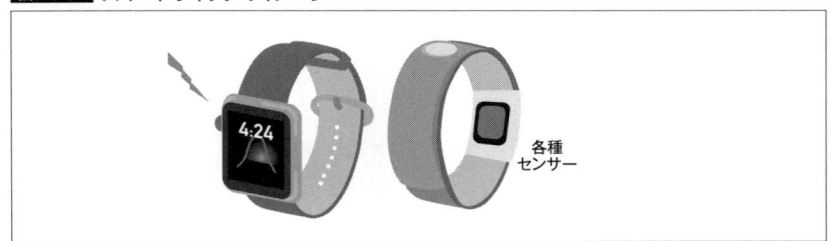

図7.5　　**IoT(M2M)トラフィック推移**[※]

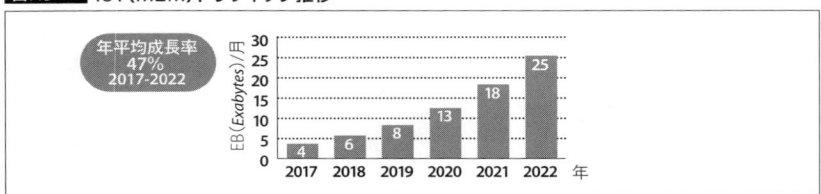

※ 出典:「Cisco Visual Networking Index: Forecast and Trends, 2017-2022」(Cisco Systems. Inc.,
2018)」**URL** https://www.cisco.com/c/en/us/solutions/collateral/service-provider/visual-
networking-index-vni/white-paper-c11-741490.html

今後も、スマートフォンやPC等の性能は向上していくと考えられます。

その一方で、IoTで用いられるセンサー等のデバイスは一般的に処理性能が低いものが多く、利用される環境によってインターネット接続が不安定だったり、先に述べたLPWAのような低速なネットワークが用いられる場合もあります。

また、5Gの要件にも記載されているとおり、非常に多数のデバイスが設置され、それぞれがインターネットに接続されるという側面もあります。また、敷設後のアップデートや交換が難しかったり、充電や電池交換が困難ゆえ消費電力についての制約が大きい場合も多いです。

つまり、通信端末の多様化に伴って、従来のような高性能化のみならず、「制約のある環境下での通信」という観点も非常に重要となってくるのです。たとえば、高い処理性能を備えた端末に最適化された複雑な制御アルゴリズムなどは、処理能力の低いデバイスで実行できない場合があります。あるいは、信頼性の高い高速ネットワークに最適化された輻輳制御アルゴリズムは、低速で不安定なインターネット接続しかできないデバイスには適さない、といったことも考えられます。

接続先の変化 クラウドコンピューティング、エッジコンピューティング

2000年代後半以降、インターネット経由でコンピューティング機能を提供/利用する**クラウドコンピューティング**は非常によく普及しました。代表的な例としては、Googleの提供するGmailやGoogleドライブなどが挙げられ、これらのサービスではデータセンターに保存された電子メールや電子ファイルを、ユーザーはインターネット経由で閲覧したり更新したりします。

クラウドコンピューティングでは、事業者は大規模なデータセンターを設置し、そこに大量のサーバーやストレージ等の設備を集約的に配置して管理するようになりました。ユーザーにとっては、スマートフォンなどを用いてインターネット経由でデータセンターのサーバー等にアクセスするだけで、そこに構築されたシステムを簡単に利用できるというメリットがあります。

一方で、近年になってユーザーとデータセンター間の距離が問題になる場合があることが認識されるようになりました。つまり、サーバーやストレージが巨大なデータセンターに集約配置されるため、ユーザー側端末とデータセンター間で

通信を行う際の信号の伝搬遅延[注1]が無視できない値になる、ということです。一般に、光ファイバー内では光信号の伝搬には1kmあたり5μs程度かかります。すなわち、100kmの距離を往復すれば、伝搬遅延だけで1msかかる、ということです。

従来からある通常のWebサイト閲覧などでは、この程度の遅延はまったく問題になりません。しかし、近年では、たとえばITS（*Intelligent Transport Systems*、高度道路交通システム）における事故回避など、これまでにない**低遅延性**が求められ、クラウドコンピューティングにおける伝搬遅延が問題となるアプリケーションが開発されてきています。

そうした背景のもとで、従来からあるクラウドに加えて、**エッジコンピューティング**（*edge computing*、図7.6）という概念が普及しつつあります。エッジコンピューティングとは、サーバーやストレージを分散配置することで、ユーザー側端末の近く（**ネットワークエッジ**）でデータを処理しようとするものです。

このコンセプトは、5Gでも**MEC**（*Muti-access Edge Computing*）として規定されています。クラウドと異なり、ユーザー端末からの接続先が地理的に近い場所となるため、信号の伝搬遅延が非常に小さくなり、低遅延性が必要なアプリケーションに適しています。同時に、エッジでデータ処理を行うことにより、インター

注1　第5章、第6章に記載のend-to-end遅延の構成要素です。

図7.6　　**エッジコンピューティングの概要**

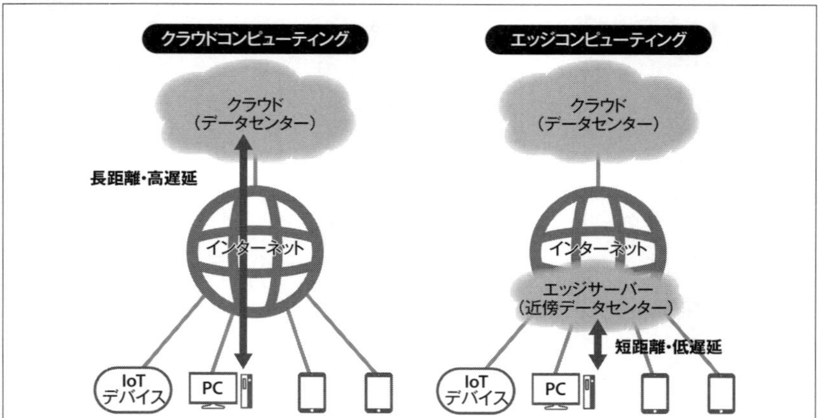

ネット上を流れるデータ量の削減にも寄与すると考えられます。このように、今後はクラウドのみならず、通信の接続先としてエッジサーバーが利用されることも多くなると予想されます。

本章で取り上げる事例について

以上の背景を鑑み、本章では、近年から今後のTCPに関連して重要と考えられる具体的な事例として、

- 5G
- IoT
- データセンター
- 自動運転

の4つを取り上げることとします。それぞれについて、技術的あるいは社会的な背景および、そこで生じてくる課題、そしてTCP関連の動向について述べていきます。

7.2
5G（第5世代移動通信）
モバイル通信の大容量化、多端末収容、高信頼/低遅延

2017年12月に、**5G**標準化仕様の初版が策定され、その実用化に向けた動きが高まってきています。その中で、TCPはどのような役割を担っていくのでしょうか。本節では5Gの動向を俯瞰するとともに、その中で検討されているTCPに関する技術や可能性について述べます。

[背景]5Gの適用シナリオと実用化までのスケジュール

モバイル通信システムは、およそ10年のスパンで進化を遂げています。5Gの議論は、LTEがサービスを開始した2010年頃から始まりました。これまでは、さまざまな大容量コンテンツをモバイル端末で享受できるように、より高い通信速

度を目指して技術進展がなされてきました。スマートフォンのような端末の高性能化とともにLTE-Advancedでもスペック上は1Gbpsもの伝送速度が達成された今や、動画や音楽はストリーミングのみで楽しむことができるようになりました。

すると、今後はどのようにモバイル通信を発展させるのか、新たなアプリケーションはあるのか、という観点から議論が始まりました。そこで適用シナリオとして、

- **eMBB**（*enhanced Mobile Broadband*、**モバイル通信の大容量化**）
- **mMTC**（*massive Machine Type Communications*、**多端末収容**）
- **URLLC**（*Ultra Reliability and Low Latency Communications*、**高信頼低遅延**）

の3軸が定義されました（**図7.7**）。

eMBBは、大容量化の追求によるアプリケーションのさらなる進化を狙いとします。たとえば、8K（*8K resolution*）映像の伝送など、現行のシステムでもまだ実現できない領域を目指すものです。

mMTCはIoTによる通信機器の爆発的な普及を効率良く収容し、スマートな社会を支えるための方向性です。

URLLCはITSや自動運転、重機の遠隔操作など、ミッションクリティカル系の新たなユースケースの開拓につながる方向性です。それらを実現するために、現

図7.7　**5Gの適用シナリオ**[※]

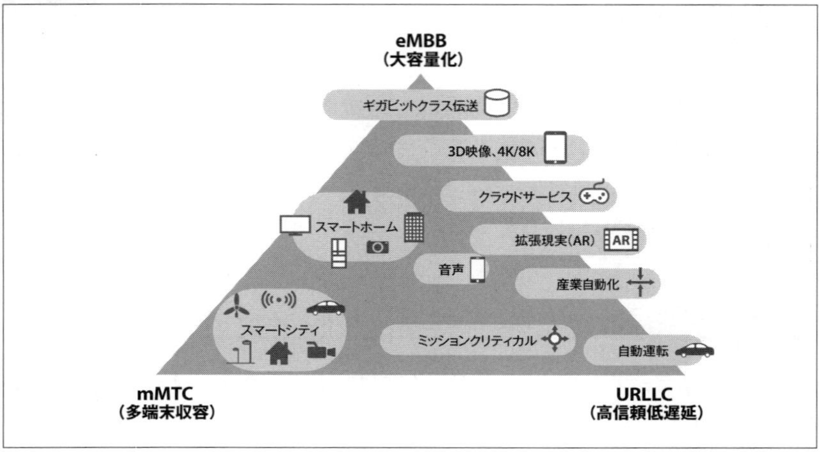

※　出典：**URL** https://www.itu.int/dms_pubrec/itu-r/rec/m/R-REC-M.2083-0-201509-I!!PDF-E.pdf

行のモバイル通信システムの性能を飛躍的に上回る、高い目標値が設定されました。たとえば、10倍のユーザー体感速度、100倍の面的容量、10倍の単位面積当たりの収容密度、1ms未満の伝送遅延、そして時速500kmものモビリティへの対応です（**図7.8**）。これは、すべての適用シナリオにて満たされるべきものではなく、個別のシナリオの要求条件に併せていずれかに特化した形で実現されることを前提としています。

　このような目標設定のもと、具体的な仕様化に向けての議論および技術検討が始まりました。その成果として2017年12月に初版の標準仕様が「5G New Radio」（5G NR）として策定されました。この時点での5G NRはおもにこれまでのLTEのパラメーターを拡張した形となっており、新たな周波数の割り当てを前提に、無線フレームの再定義などによって高速化や低遅延化等が実現可能となっています。より高度な技術は、今後採用されていくものと思われます。

　並行して、2015年頃からは試作装置によるフィールドトライアル（*field trial*、実証実験）がスタートし、実際にそれぞれの要求条件を満たすことが可能であることが実証されてきました。この流れを受けつつ、2020年頃（一部2019年に前倒し）に5Gのサービス導入（フェーズ1）を目指して業界全体として実用化開発に取り組んでいます（**図7.9**）。

図7.8　**5Gの要求条件**※

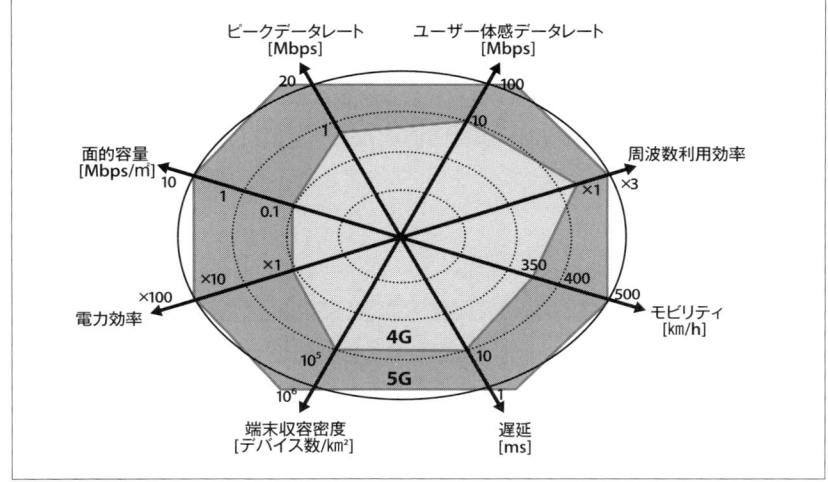

※　出典：**URL** https://www.itu.int/dms_pubrec/itu-r/rec/m/R-REC-M.2083-0-201509-I!!PDF-E.pdf

[課題]厳しい要求条件への対応

　5Gでは、上述したように、厳しい要求条件が掲げられています。1ms未満の遅延時間は、無線通信のどこの区間で定義されるかにもよりますが、無線通信特有である伝送路の変動や干渉/雑音に起因するデータ誤りを考慮すると、いずれにしても大変厳しい条件と言えます。たとえば、3GではW-TCP（1.6節を参照）が無線通信の特徴に適応するために開発されました。これは、さまざまな要求条件を満たすために最低限の品質保証や伝送効率の改善が必要だったためです。

　5Gでは、3つの方向性にそれぞれ厳しい要求条件が課せられていることから、よりアプリケーションやユースケースに特化する形でTCPも対応することが求められてくる、と考えられます。eMBBでは、ミリ波（後述）と呼ばれる高い周波数の利用が想定されており、無線通信の特性が大きく変わると考えられます。mMTCでは、多数のIoT端末による無線通信トラフィックが発生します。また、IoTデバイスには性能の制約があります。URLLCのアプリケーションの一つとして、自動運転があります。これは低遅延と信頼性が同時に、高い水準で求められます。

[TCP関連動向❶]ミリ波帯への対応　　新規周波数資源の開拓

　大容量化のための最も実現性のあるアプローチは、通信に用いる周波数帯域幅を拡大することです。しかし、これまでおもに利用されてきた**数百MHz〜数GHz**の**マイクロ波帯**と呼ばれる帯域はもう空きがなく、これ以上帯域を広げることは困難です。マイクロ波帯は電波の性質上、基地局とユーザー端末が互いに見えない環境であっても、電波が建物の反射や迂回により通信可能となりやすいことから非常に使い勝手の良い周波数帯です。そのためモバイル通信システムや無線

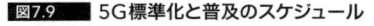

図7.9 5G標準化と普及のスケジュール

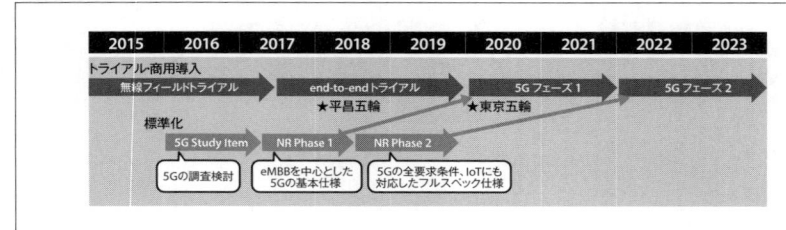

LANなど多くの無線通信システムがこのマイクロ波帯による通信サービスを提供しており、これ以上の空き資源がなくなっている状況にあります。

そこで、5Gに向けて検討されてきたのが新規周波数資源の開拓です。**ミリ波**[注2]と呼ばれる高い周波数の領域は未開拓な部分が多いため潤沢な資源がまだ残っています。その一方で、マイクロ波帯とは異なり電波の減衰が大きく通信距離が短くなってしまうことなどの理由からモバイル通信には不向きとされていました。通信距離を稼ぐためには電波の放射領域を絞った指向性の高いアンテナを用いる必要がありますが、そうすると反射波を利用することができず、送受信機はお互いが見通せる環境でないと通信が困難となります。また、端末の移動等による電力レベルの変動も激しく、通信の安定性の観点からも課題があります。

図7.10に、**マイクロ波帯**（2GHz）と**ミリ波帯**（60GHz）の周波数の違いによる電力レベルとその変動の例を示します。受信端末が、送信局から離れる方向に一定の速度で移動した場合をシミュレーションしています。周波数を2GHzから60GHzとするだけで受信電力が大幅に低下しています。

ここで、搬送波周波数をf_c、光速を$c(\fallingdotseq 3 \times 10^8)$、送受信間の距離を$d$、とすると、電波の距離による減衰は以下の式、

注2 国際電気通信連合（*International Telecommunication Union*、ITU）による分類では、30〜300GHzまでの周波数の電波のことを指し、EHF（*Extremely High Frequency*）と呼ばれます。この定義によると、前出のマイクロ波はEHF帯も含むのですが、慣用的に3〜30GHzのSHF（*Super High Frequency*）帯（やや低い周波数帯も含む）をマイクロ波と呼んでいることが多いです。

図7.10 周波数の違いによる受信電力の変動

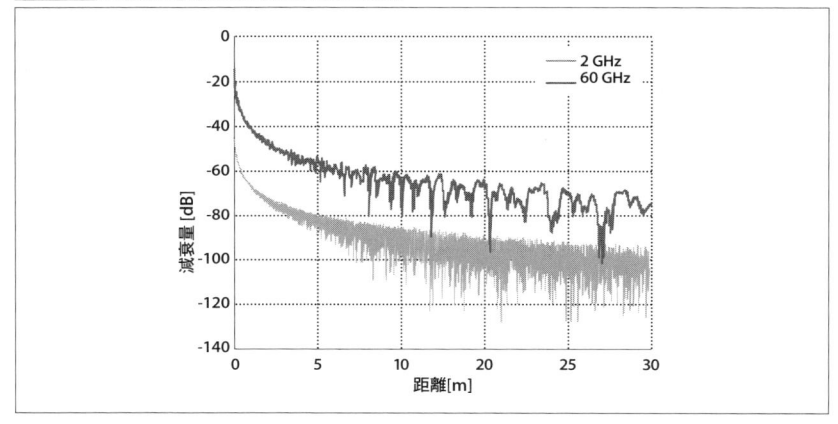

$$Loss = \left(\frac{c}{2\pi f_c d} \right)^2$$

で表されますが、周波数の2乗に従い、減衰量が大きくなることがわかります。また、周波数と波長λには以下の関係があり、

$$f_c = \frac{c}{\lambda}$$

周波数が高いほど波長が短くなるため、同じ範囲内で端末が動いた場合、受信レベルの変動の影響をより大きく受けることになります。無線信号の時間長等のパラメーター調整によりこの影響をある程度は緩和することができますが、アプリケーションによっては全体的な最適化をする必要があり、たとえば1.3節で触れたQUICのように、トランスポート層以上のレイヤーも含めてプロトコルを設計する、という方向性も考えられます。

［TCP関連動向❷］マルチパスTCP　　1つのTCPコネクションで、複数の経路を利用

　マルチパスTCP（*multipath TCP*、MPTCP）とは、1つのTCPコネクションで複数の経路を利用できるようにした拡張です。RFC 6824にてその仕様が定義されています。

　具体的には、「subflow」と呼ばれる複数のTCPコネクションを確立してそれらを上位で束ねることで1つのTCPコネクションとして管理しています。輻輳制御はsubflowごとに行われます。たとえば、一つの通信端末がLTEと無線LANの機能を備えている場合、それらをsubflowとして扱いTCPによる通信を行うのです。

　同様に、複数の経路を利用するTCPとして、1.6節で紹介したSCTPがあります。マルチパスTCPとの違いは、SCTPは新たなアルゴリズムとして定義されたことから、アプリケーションはこれに対応するための改良が必要であった、ということです。一方、マルチパスTCPは複数のコネクションを仮想的に単一のTCPコネクションとして管理できるようにしているため、アプリケーションからは従来のTCPと同様に扱うことができます。

　図7.11に、LTEと無線LANの2つの無線通信を経由したときのマルチパスTCPの例を示します。最近のPCには複数のイーサネットインターフェースを備えているものが増えてきていますが、スマートフォン端末もモバイルネットワークと無

線LANのように複数の通信インターフェースを備えているものが増えています。それらを同時に利用することで、通信帯域が増えるのみならず、片方の接続が著しく低速であったり、接続が切れてしまうような場合にも通信が継続されるため、マルチパスTCPは環境に依存する無線通信にとくに有効であることがわかります。

──── 4Gと5Gの共存と、マルチパスTCP

　5Gは、4Gを完全に置き換えるのではなく、当面の間は両者の特徴を活用しながらうまく共存していく方向で考えられています。そこで、両者を同時に利用可能とするネットワーク形態が定義されています。これをデュアルコネクティビティ（*Dual Connectivity*、DC）と呼びます（**図7.12**）。このように、4Gと5Gネットワークを活用したマルチパスTCPの有効性も最近の研究では明らかにされています。

図7.11　マルチパスTCP

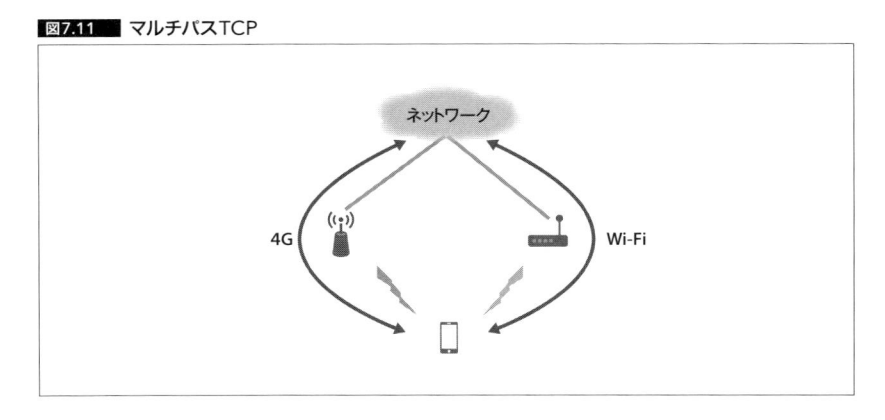

図7.12　4Gおよび5Gによるデュアルコネクティビティ

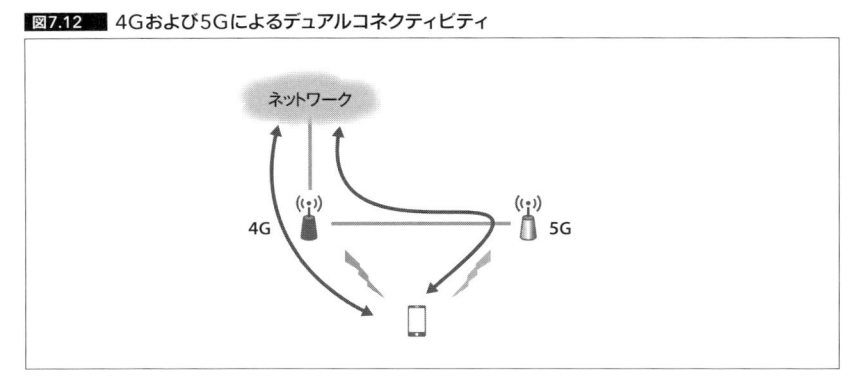

高精細映像ストリーミング　TCP関連動向❸

　上述したように、5Gでは4K、8Kの大容量動画のデータ伝送も一つのアプリケーションとされています。一方、前節で述べたように、5G導入後も、4Gネットワークは混在する状況で利用されることが想定されます。そのようなシナリオでは、4Gおよび5Gそれぞれのネットワーク容量（伝送速度）に適したデータ量でスムーズな伝送を実現しなければなりません。動画の場合においては、そのエンコード方法により画質を制御することが可能であるため、ネットワークの通信方式が識別さえできれば良いことになります。

　動画のリアルタイム伝送には、基本的にはUDPが用いられますが、高精細動画のような大容量データを送りたいだけ送り出してしまうと輻輳の原因となることが考えられます。そこで、最近ではTCPとの公平性を考慮し、UDPに輻輳制御の機能を追加した**TFRC**（*TCP Friendly Rate Control protocol*）が用いられることが多くなっています。これはRFC 3448で規定されています。考え方はTCPと似ており、データ伝送開始はスロースタートから始め、輻輳状態にはRTT等を用いてデータの転送量を制御します。

　しかし、大容量通信が可能な4Gや5Gによるリアルタイム伝送を行う場合に、徐々にウィンドウサイズを大きくするプロトコルはボトルネックとなることが懸念されます。最近の研究では、ネットワークの通信方式（4Gか5Gか、など）を何かしらの外部情報を元に識別し、ネットワークの容量に応じてデータの転送量を能動的に制御することで通信リソースを最大限利用しながらスムーズなストリーミングを可能にする、といった取り組みが行われています。

7.3

IoT
多種多様なデバイスのインターネットを介した制御

　近年、さまざまなデバイスがインターネットを通じて制御される、**IoT**（*Internet of Things*）と呼ばれるサービスが普及してきています。本節では、IoTの概要および通信という観点での課題と、TCPに関連した動向について述べていきます。

[背景]多様な端末と通信方式

IoTの一般的なネットワーク構成を**図7.13**に示します。さまざまなデバイスがインターネットに接続し、クラウド等にあるサーバーに接続されます。デバイスは多種多様であり、直接インターネットに接続するものもあれば、ゲートウェイを介してインターネット接続するものもあります。

デバイスで収集したデータをサーバーに転送し、サーバーでデータ処理が行われます。処理されたデータは外部で利用されることもありますし、処理結果に基づいてサーバーからデバイスを制御することもあります。

━━━━ センサーデバイスの例

具体例としては、ビル内に設置された温度センサーによる観測データをサーバーに転送しておき、室温が一定の値を超えたら冷房をONにする、といったものがあります。IoTにより、これまでにないさまざまなサービスが生まれることが期待されています。

ここで、一口にIoTデバイスといっても、さまざまなものが存在します。代表的なデバイスが、センサー(**図7.14**)です。センサーとは一般的には、特定の情報を測定し、電気的信号に変換して人間や機械が認識できるようにする装置のことです。

図7.13 ┃ IoTの一般的な構成

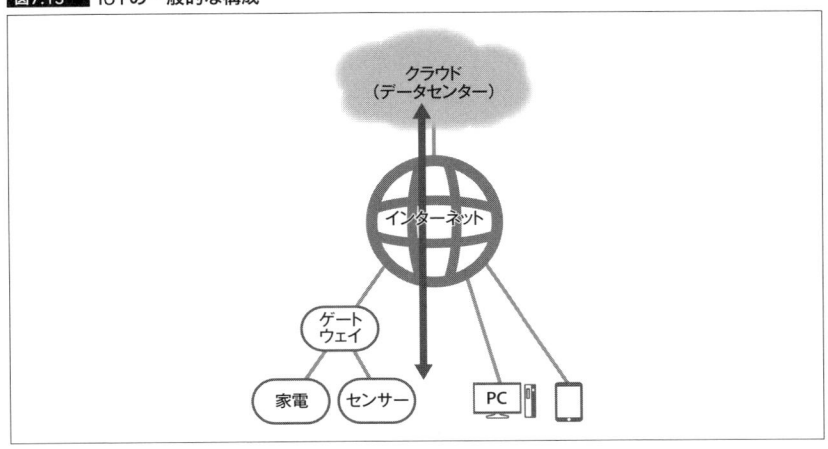

　具体的には、光センサー（可視光、赤外線など）、加速度センサー、温度センサー、磁気センサーといったさまざまな種類のセンサーが存在し、それぞれ測定可能な情報が異なります。センサーの構造にもさまざまなものがありますが、既存センサー部分に通信モジュールを接続して通信機能を付加した構成も一般的です。

─── IoTのコネクション数や通信方式

　IoT コネクション数の推移予測（**図7.15**）によれば、IoT デバイス数は年平均成長率20％近くで増加していきます。家電やセキュリティなどスマートホーム関連デバイスが半数近くを占めますが、それ以外にもコネクテッドカーやスマートシティ関連など多様な分野での伸びが予測されています。このように、多種多様な環境で非常に多くのデバイスがインターネットに接続されることが、IoT の特徴であると言えます。

　IoT の通信方式としては、まず基本的に**無線**が用いられます。代表的な通信方式が、LoRaWAN、SIGFOX、NB-IoT といった **LPWA** と呼ばれる無線通信プロトコル群です。これらはライセンス系（NB-IoT など）とアンライセンス系（LoRaWAN、SIGFOX など）に分けられ、前者は利用時に免許が必要である一方、後者は免許不

図7.14　**さまざまなセンサー**

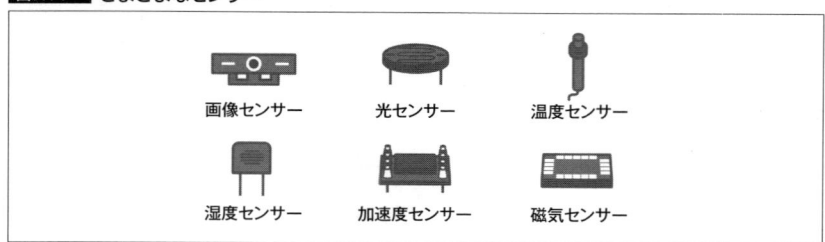

図7.15　**IoTコネクション数推移**※

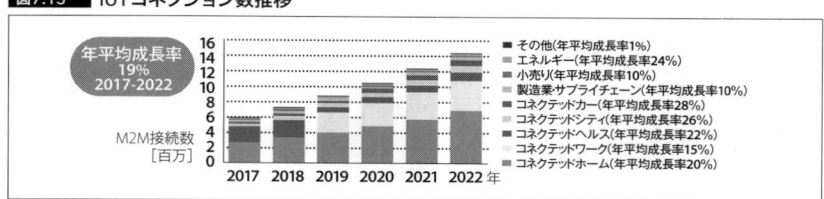

※ 出典：「Cisco Visual Networking Index: Forecast and Trends, 2017-2022」（Cisco Systems. Inc., 2018）　**URL** https://www.cisco.com/c/en/us/solutions/collateral/service-provider/visual-networking-index-vni/white-paper-c11-741490.html

要で用いることができます。LPWAは、低消費電力で長距離データ通信を行うための通信方式であり、数百mから数kmの距離で通信を行うことが目標とされています（**図7.16**）。消費電力削減のために通信速度を抑えており、数十kbps程度の低速で断続的に通信を行うことが特徴です。とくに、上り下りそれぞれの送信バイト数や送信回数に制約が設けられることもあります。また、5Gの要件でも多端末接続が規定されており、今後はIoTデバイスが5Gネットワークに接続されることも考えられます。

[課題]処理能力や通信環境の制約　プロトコル、デバイスの多様性、低速、各種制限……

　ここからは「通信」という観点から、IoTにおける課題や制約について述べていきます。まず、IoT向けの通信プロトコルとして利用されるのがHTTPやMQTT（*Message Queuing Telemetry Transport*、**図7.17**）です注3。

注3　主要なIoTプラットフォームである、AWS IoTやAsure IoT SuiteでもHTTPやMQTTがサポートされています。

図7.16　LPWAの位置づけ

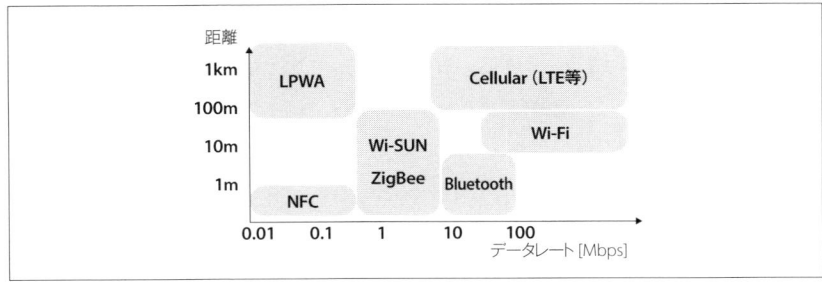

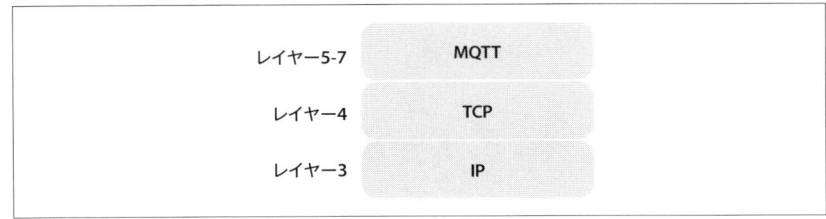
図7.17　MQTT利用時の一般的なプロトコルレイヤーの構成

　HTTPはWeb閲覧等で一般的に利用されるプロトコルです（1.1節を参照）。MQTT
はTCP/IPの上位層で動作するプロトコルであり、HTTP等と比較して軽量であり
データ量や消費電力を削減できるという利点があります。また、一対多の通信に
適しており、非同期通信をサポートしているため、クライアント側ではサーバー
側からの応答がなくても次の処理を行うことができる、といったIoTデバイスに
適した特性を多く備えています。

　さて、IoTデバイスには多種多様なものがあることについて触れましたが、その
中には処理能力が低いデバイスも多く含まれます。とくにセンサーなどでは低コ
スト性が重視される場合も多く、またそもそもがセンサーであるため計算能力を
ほとんど備えていない場合もあります。MQTTが軽量であるとは言っても、TCP
自体が複雑性の高いプロトコルであるため、このようなデバイスでTCPを動かす
と、処理負荷が高過ぎることがあります。とくにセキュリティ面を考慮すると、
TCPに加えて**TLS**（*Transport Layer Security*）を併用した方が良い場合も多いのです
が、デバイスの処理能力という面ではさらに厳しくなります。

　では、通信環境という観点ではどうでしょうか。SIGFOXなどのLPWAを用い
た場合にはとくに、先述したとおり低速である上、送受信可能なデータ量や回数
が制限されている場合もあります。また、障害物の多い屋内などの環境にデバイ
スが設置された場合には、通信が不安定化する場合もあります。

　そういった環境下で通信を行うと、パケットロスが多くなったり、スループッ
トの低下や遅延の増大が生じたりします。このような環境では、近年開発されて
きた広帯域環境に適した輻輳制御アルゴリズム（CUBICなど）はまったく適してい
ない、ということが容易に理解できます。

　また、LPWAでは上りに対して下りの通信量が抑えられていることも多く、ACK
を受信しにくかったり、そもそもTCPの3ウェイハンドシェイクを行うことが困
難である場合もあります。

　その他、UDPヘッダーが8バイトであるのに対してTCPヘッダーは20バイトで
あり、差分である12バイト分だけヘッダーオーバーヘッドが大きい点や、従来の
RTO値の決定アルゴリズムがIoTには適していない、といった課題も指摘されて
います。

[TCP関連動向]IoTへの最適化 　大きな制約条件の通信のもと、何ができるのか

　IoTにおけるTCP活用に向けた代表的な取り組みとして、IETFの「Light-Weight Implementation Guidance」(LWIG)[注4]の中で、「TCP Usage Guidance in the Internet of Things」としてTCP活用ガイダンスが検討されています。

　この中では、たとえば、**MSS**を1280バイト以下に設定することや、**ECN**の利用を推奨しています。ECNは経路上のルーター等が明示的に輻輳発生を伝えるもので、TCPヘッダー内のCEビットを用います。ECNを用いることで輻輳の発生を早く検知して送出データ量を削減できるという利点があります。

　また、3ウェイハンドシェイクによる遅延を考慮し、TCPセッションを長く確立したままにしておく、という解決策も提示されています。もしTCPセッションを維持できない場合には、RFC 7413に記載の**TFO**(*TCP Fast Open*)を利用することも推奨されています。TFOでは、SYNと同時にデータを送信するため、セッション確立までの手順が少なくて済むためです。

　IoT向けのRTOアルゴリズムについては、IETFのCoRE(*Constrained RESTful Environments*)WGにおいて検討されている**CoCoA**(*CoAP Congestion Control/Advanced*)が適しているという意見があります[注5]。

　また、**TCPヘッダー圧縮**によるデータ量削減という方法も提案されていますが、未だIoT向けの標準的な手法がなく、今後の課題であるとされています。

　IoTデバイスという制約条件の大きい通信に向けて、現在も世界中でさまざまなことが検討されています。そして、IoTではデバイスやサービスが多種多様であること、またその普及が現在進行形であることから、今後も新たな課題の顕在化や、その解決に向けた動きが出てくるものと考えられます。

　なお、IoT向けには**NIDD**(*Non-IP Data Delivery*)などTCP/IP以外のプロトコル活用についても検討が進んでいます。どのプロトコルにも、それが用いられる環境によって適不適やメリット、デメリットがあるため、各プロトコルの特性を知った上で、状況に応じて適切なものを利用することが重要であることには注意が必要です。

注4　「Light-Weight Implementation Guidance」(IETF) **URL** https://datatracker.ietf.org/wg/lwig/documents/

注5　Carles Gomez／Andrés Arcia-Moret／Jon Crowcroft「TCP in the Internet of Things: From Ostracism to Prominence」(IEEE Internet Computing、vol. 22、no. 1、pp.29-41、2018)

7.4

データセンター
大規模化とさまざまな要求条件の混在

　データセンター内ネットワークの効率化は重要な課題ですが、そこにはさまざまな要求条件が混在します。本節では、データセンター内ネットワークの課題と、TCPに関連した動向について述べていきます。

[背景]クラウドサービスの普及とデータセンターの大規模化

　2000年代後半以降、クラウドコンピューティングにより提供されるサービスは一般的となり、多くの一般ユーザーが日常的に利用するほどに普及しました。電子メール、データストレージ、グループウェア、サーバーホスティングなど、今日クラウドコンピューティングにより提供されるサービスは枚挙に暇がありません。

　こうしたサービスを利用するとき、ユーザーは事業者が提供するコンピューティングリソースをインターネット経由で利用します。ユーザーにとっては、手持ちのPCやスマートフォンなどを用いて、提供されるさまざまなサービスを簡易に利用できるというメリットがあります。

　こうしたサービスを効率的かつ安定的に提供するため、事業者は大規模なデータセンターを建設して、そこに大量のサーバーやストレージ等の設備を集約的に配置します(**図7.18**)。

図7.18　　**大規模データセンターの雰囲気**

─────データセンター内のネットワーク構成

　代表的なデータセンター内のネットワークの構成を**図7.19**に示します。この構成では、多数のサーバーを効率的に接続するために、階層的にスイッチを接続しており、非常に多くのスイッチが必要となります。

　こうしたネットワーク構成のもとでロードバランス性や冗長性を向上させることなどを目的として、データセンターネットワーク向けのルーティングプロトコルのようなものも数多く開発されてきました。それらを網羅的に述べることは本書の主題ではないため、ここでは、とくにデータセンター内における輻輳発生および輻輳制御に影響を与える要因と、それに対するTCPのレイヤーでの動向、という点に焦点を当てます。

　上記の観点でとくに影響が大きいのが、多数のコンピューター群による分散処理プロセスです。このような分散処理プロセスにおいては、マスターと多数のワーカーから成るコンピューター群により、並列可能なタスクを並列処理することで高速化を実現します。こうした手法の代表例としては、「MapReduce」と呼ばれるものがあり、以下では本手法を例に挙げて説明します。

　処理の流れとしては基本的に、「Map」と呼ばれる処理と「Reduce」と呼ばれる処理を繰り返します。Mapとは、マスターが入力タスクを分割して複数のワーカーに配分し、各ワーカーは割り当てられた処理の実行結果をマスターに返します。Reduceでは、マスターがMapで受け取ったデータを集約して解を出力し、次のス

図7.19　　代表的なデータセンター内ネットワーク※

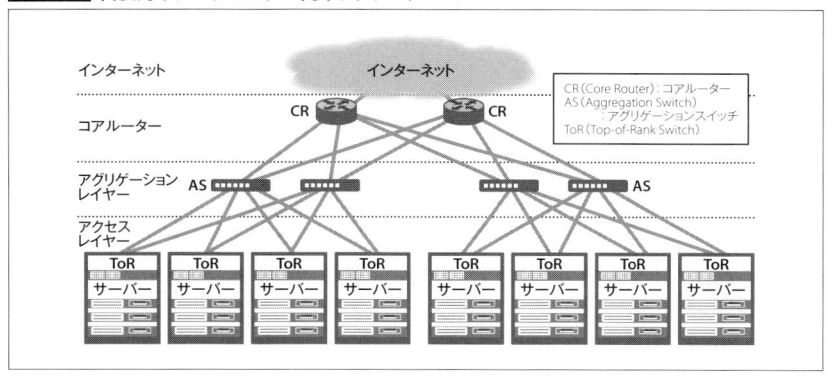

※ 出典：M. F. Bari／R. Boutaba／R. Esteves／L. Z. Granville／M. Podlesny／M. G. Rabbani／Q. Zhang／
M. F. Zhani「Data center network virtualization: A survey」(Communications Surveys & Tutorials、
IEEE、vol. 15、no. 2、pp. 909-928、2013)

テップに進みます。この方法では、ノード数を増やしていくことで処理速度を向上させていくことができるため、大規模データの処理において効果が高く、一般的に利用されるようになっています。

通信トラフィックという観点からこの処理を見てみると、マスターからワーカーに対して割り当てられた入力データが同時に送信された後に、各ワーカーで処理が完了した後にマスターに対してデータ送信が行われる、という**バーストトラフィックが周期的に表れる**という点が特徴となります。

[課題]バッファに対する相反する要求条件

データセンターでは一般的にさまざまなサービスが運用されるため、「多様なトラフィックがデータセンター内のサーバー間で同時に通信される」こととなります。そして、サービスによって、トラフィックの特性やデータ転送時の要求条件が異なります。

典型的なトラフィック種別として、低遅延性を必要とするがデータ量の少ないフローと、遅延要求は厳しくないがデータ量が多いフローがあります。これらのフローを同時に収容するためには、ネットワーク機器やプロトコルに対し、相反するような要求が課されます。すなわち、たとえば低遅延性を保証するためには、各スイッチにおけるキューイング遅延の増大を避けるために、バッファサイズを小さくしておく必要があります。その一方、データ量の多いフローによって送出されたパケットをロスせずに転送するためには、各スイッチである程度のバッファサイズが必要となります。さらに、先述した分散処理によるバースト性の高さも考慮すると、十分なバッファサイズを確保しておきバースト耐性を高めることは必須です。

さて、TCPという観点では、このような要求条件の下ではまず、Loss-based輻輳制御アルゴリズムでは相性が悪くなります。これは第6章で記述した課題と同様のことですが、Loss-based輻輳制御ではパケットロスが発生するまで輻輳ウィンドウサイズを増加させ続けるため、バッファを埋め尽くしてしまうためです。スイッチのバッファサイズが小さければバッファ溢れによるパケットロスが頻発しますし、バッファサイズが大きくなればキューイング遅延が増大するため、いずれにせよ要求条件を満たすことが難しくなります。

また、先ほど出てきたECNを用いたとしても、輻輳の有無を検出するだけで、

輻輳の程度や継続時間が不明である、という課題があります。もし検出した輻輳
が、一瞬のバーストによって生じた軽度なものであった場合などには、輻輳ウィ
ンドウサイズを不必要に削減させる、という結果をもたらしてしまいます。

[TCP関連動向]データセンター向けの輻輳制御

　上記の課題を解決するために、2017年に**DCTCP**(*Data Center TCP*)がRFC 8257
として標準化されました。DCTCPとは、その名のとおりデータセンター向けの
TCP輻輳制御としてECNの拡張手法を規定しています。すなわち、従来のECNの
ように単純に輻輳の有無を検出する代わりに、輻輳に遭遇したバイトの割合を推
定し、その結果に基づいて輻輳ウィンドウサイズを調節します。

　具体的には、**DCTCP.CE**(*DCTCP Congestion Encountered*)という新たな1ビット
変数をコネクションの状態を管理する**TCB**(*Transmission Control Block*)に用意しま
す。ACK返送時、DCTCP.CEがTRUEであれば、TCPヘッダー中のECE(*ECN-Echo*)
フラグに1をセットします。そして受信したパケットの輻輳検知を表すCEビット
とDCTCP.CEの値に応じてACK返送時の動作を変えます。CEがTRUEかつDCTCP.
CEがFALSEならば、DCTCP.CEをTRUEにセットし、immediate ACKを返します。
また、CEがFALSEかつDCTCP.CEがTRUEであれば、DCTCP.CEをFALSEにした
上でimmediate ACKを返します。

　これは**図7.20**に示すような状態遷移となります。ACKを受け取る送信側では、
*DCTCP.Alpha*という新たな変数を用いて輻輳に遭ったバイト割合を推定します。
*DCTCP.Alpha*は以下の式により更新します。

$$DCTCP.Alpha = DCTCP.Alpha \times (1 - g) + g \times M$$

図7.20　DCTCPにおけるACK生成[※]

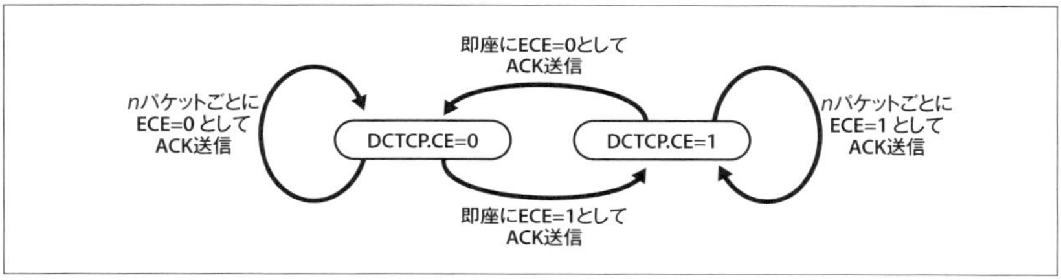

※ 参考：「Data Center TCP (DCTCP): TCP Congestion Control for Data Centers」(RFC 8257)

ここで、gは0〜1の実数であり事前に設定するパラメーターです。Mは、RTTと同程度の長さから成る観測ウィンドウ中に受け取ったACKから、総バイト数に占めるECEフラグがセットされたバイト数の割合として求められる値です。算出された$DCTCP.Alpha$は、以下の式の輻輳ウィンドウサイズ更新において用いられます。これはつまり、輻輳の程度に応じて輻輳ウィンドウサイズを調節するということです。

$$cwnd = cwnd \times (1 - DCTCP.Alpha/2)$$

DCTCPとは、大まかに上記の手法により、バッファサイズの小さいスイッチを用いて高いバースト耐性と低遅延および高スループットを実現しようとするものです。ただし、DCTCPは、データセンター内のような管理された環境下でのみ利用が可能であることが明記されています。このように、データセンターという特殊な環境で発生した問題を解決するために、その特殊性を考慮した専用の輻輳制御手法が開発されたのです。まだ開発されてから日が浅いため、本格的な運用や改良は今後進んでいくのではないかと考えられます。

7.5
自動運転
求められる高信頼/低遅延、大容量の通信性能

衝突回避のような運転支援をきっかけに、自動車の進化が一層勢いを増してきました。自動運転に向けては、車単体の機能だけでなく、通信が重要な役割を占めるようになります。自動運転の実現に向けた取り組みを簡単に紹介し、TCPとの関係性について考えます。

[背景]自動運転の普及に向けた取り組み

自動運転とは、人間が行っている運転に関わる行為(**認知/判断/操作**)を、代わりにシステムが行うものです。GNSS(*Global Navigation Satellite System*)、カメラ、

レーダーやセンサーなどさまざまな計測装置や情報通信技術を駆使することで道路形状、移動体（車、歩行者）や建築物といった周辺環境を認識しながら運転の自動制御を実現します。

──────── **自動運転レベル**

自動運転にはその難易度に応じていくつかのレベルが定義されています。**表7.1**に、アメリカの非営利団体であるSAE（*Society of Automotive Engineers*）によって定義された自動運転レベルの一例を示します。

レベル0から5までの6段階が定義されており、レベル0〜2は運転者が主体のもと、一部の運転タスクを自動車側のシステムが支援します。レベル3〜5はシステムが主体となり、運転タスクを実行します。作動継続が困難な場合や危険が伴う場合にはドライバーが介入する必要もありますが、レベル5では完全な運転自動化を目指しています。レベル3以上では、システムが走行状況や危険を認知/予測

表7.1 自動運転レベル[※]

レベル	概要	安全運転に係る監視、対応主体
運転者が一部またはすべての動的運転タスクを実行		
レベル0	• 運転者がすべての動的運転タスクを実行	運転者 運転自動化なし
レベル1	• システムが縦方向または横方向のいずれかの車両運動制御のサブタスクを限定領域において実行	運転者 運転支援
レベル2	• システムが縦方向および横方向両方の車両運動制御のサブタスクを限定領域において実行	運転者 部分運転自動化
自動運転システムが（作動時は）すべての動的運転タスク[注]を実行		
レベル3	• システムがすべての動的運転タスクを限定領域において実行 • 作動継続が困難な場合は、システムの介入要求等に適切に応答	システム 条件付運転自動化 （作動継続が困難な場合は、運転者）
レベル4	システムがすべての動的運転タスクおよび作動継続が困難な場合への応答を限定領域において実行	システム 高度運転自動化
レベル5	システムがすべての動的運転タスクおよび作動継続が困難な場合への応答を無制限に（すなわち、限定領域内ではない）実行	システム 完全運転自動化

注 • 動的運転タスク（DDT：*DynamicDriving Task*、J3016における関連用語の定義）
　　道路交通において、行程計画並びに経由地の選択などの戦略上の機能は除いた、車両を操作する際に、リアルタイムで行う必要があるすべての操作上および戦術上の機能。以下のサブタスクを含むが、これらに制限されない。
　　❶操舵による横方向の車両運動の制御
　　❷加速および減速による縦方向の車両運動の制御
※出典：「官民ITS構想・ロードマップ2018」

し、さらにその結果を運転に反映させる必要があるため、技術的な難易度が非常に高くなります。

国内外の機関により詳細なレベルの分け方は異なるため統一的な整理が必要ですが、ドライバーがどれだけ運転に関わるかといった観点や事故が生じた際の責任の分け方など、慎重な議論を重ねながら進められています。近年は、その初期段階である運転支援として衝突回避や加速/操舵の一部を自動化するシステムが市販の自動車に導入されてきています。完全な自動運転の実現に向けては、法的な観点も含めて官民一体となり進められています。

—————— **無線通信が担う役割**　V2N、V2V、V2I、V2X、V2P

自動運転の実現に向けては、無線通信が重要な役割を担うことが考えられます。最近では、モバイルネットワークを介した通信（*Vehicle-to-cellular Network*、**V2N**）の機能を持ち、ソフトウェアのアップデート等を行う自動車もすでに市販化されています。数年後には、車車間通信（*Vehicle-To-Vehicle*、**V2V**）や路車間通信（*Vehicle-to-InfrastrUvture*、**V2I**）などのさまざまな形態の通信の普及が進むと思われます。歩行者との衝突を回避するためには、歩車間通信（*Vehicle-To-Pedestrian*、**V2P**）も重要になるでしょう。これらを総称し、**V2X**（*Vehicle-to-Everything*）とも言われています（**図7.21**）。

—————— **通信性能への要求**　高信頼、低遅延、大容量

近年、カメラやセンサーは自動車への搭載が普及しつつありますが、これは自らが認識可能な範囲の情報を収集するものと言えます。V2Xによる通信から得られる情報を併せて利用することができれば、その範囲を超えて周辺の交通状況を把握することができるようになるはずです。これにより、より高度な自動運転が実現できると期待されます。自動運転車が周辺状況に関する情報を即座に取得し、運転制御に反映させるためには、5Gが掲げる**高信頼**かつ**低遅延**、そして**大容量**な通信性能は必須となると考えられます。

「大容量化」については、これまでの無線通信技術の進展の流れから、実現の可能性は高いと思われます。一方、「低遅延化」をどのように実現するか、が一つの課題と言えます。

そこで有望視されているのが、**MEC**（*Multi-access Edge Computing*、マルチアクセスエッジコンピューティング）です。これは、局所的なエリア内にサーバーを配

置し、トラフィックをエリア外に出すことなくそのサーバーによりさまざまな処理を実施させるものです。

　通常は、モバイル➡インターネット➡クラウドサーバー➡インターネット➡モバイルという経路を踏みますが、MECを導入することで、モバイル➡エッジサーバー➡モバイルと通信経路を短縮化できるため、end-to-end間における低遅延化につながると考えられます（**図7.21**）。MECは通信遅延の低減だけでなく、データをインターネットに送り出す必要がなくなることからネットワーク全体のトラフィック軽減にも効果があると言われています。

[課題]高速移動時の高信頼通信 　自動運転実現の鍵を握る「信頼性」

　最後は、「高信頼性」に関わる部分です。V2X通信を考えたとき、その対象が自動車であることから**常に不安定な高速移動環境**での通信ということになります。

　移動環境において、電波は激しく変動することに加え、音波と同じようにドップラー効果も生じます。この厳しい環境の中で通信をいかに安定化できるか、がV2Xによる自動運転実現の鍵を握っている、とも言えます。

　劣化要因を補償するための信号処理技術や、どの自動車や基地局を通信対象に選択するかなど、さまざまな観点からの研究開発が非常に活発に行われています。

　3GPP Release 14において、V2X向けの仕様が策定されています。遅延のおもな要求条件としては、V2P/V2P/V2Iにおいて100ms、V2Nにおいては1秒とされています。5Gで目標とされる1msと比較するとやや大きいですが、既設の4Gインフラを利用可能であることと、すでに普及しており無線エリアが広域をカバーでき

図7.21 **自動運転における通信**

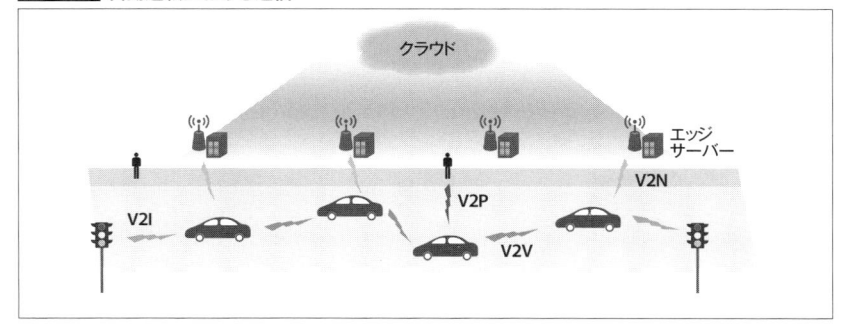

ていることから適したアプリケーションはいろいろあると考えられます。

　5Gネットワークを利用した取り組みの一例として、トラックの隊列走行をV2X
で自動化する実証実験が行われています（**図7.22**）。トラック間の車車間通信には
ネットワークを経由したV2Nが適用され、遠隔で監視/制御を行います。基本的
には、ある通信事業者のネットワークのような閉じられた領域での制御が現実的
と考えられますが、遠隔制御を行おうとした場合には、外部ネットワークを経由
する必要もあるかもしれません。

　もし外部のネットワークを利用するのであれば、輻輳を考慮しなければならず、
低遅延と信頼性をどのように両立するのか、が大きな課題になると考えられます。

[TCPとの関係]信頼性保証に向けて　規模に合わせて考えていく「遅延」や「輻輳制御」

　ここまでに、「遅延」に関する議論が頻繁に出てきましたが、どの規模で考える
かで課題や求められる技術は大きく変わります。

　伝送区間（有線/無線）だけで考えれば、フレームフォーマットの再定義や低演算
量かつ高信頼な信号処理技術などによって対処することが検討されています。

　ネットワークの規模で考えたときには、エッジコンピューティングの導入や、
ネットワークスライシングによりサービスの要求条件に応じた帯域制御などが検
討されています。自動運転がより高度になった場合、映像や地図情報のような大
量のデータ送受信能力が求められるようになるでしょう。そうなると、さまざま
なトラフィックが自動運転を介してネットワークに流れることになり、ネットワ

図7.22　**高速移動環境V2Xにおける遠隔操作の例**※

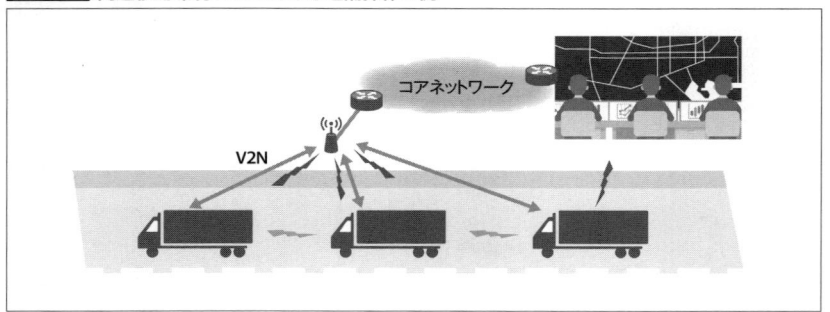

※　参考：「2020年の5G実現に向けた取組」（総務省）
　URL http://www.soumu.go.jp/main_content/000593247.pdf

ークの制御技術でどのように対処できるのかが課題となると考えられます。加え
て、遠隔制御の規模が拡大し、インターネットを経由するのであれば**輻輳制御が
必須**となります。このようなことを考えていくと、TCPの進化に向けたヒントが
見えてくるのではないかと考えられます。

7.6
まとめ

　本書でここまでに述べてきたとおり、TCP/IPは1980年頃にその基本形が完成し
て以来、インターネットの普及とともに広まり、発展を続けてきました。その中
で、新しい技術やサービスの登場に際してさまざまな改良が加えられ、現在使わ
れている手法が確立されました。その辺りの経緯に関しては、第2章で詳述しま
した。

　また、とくに本書の第4章〜第6章で焦点を当ててきた輻輳制御アルゴリズムに
関して言えば、輻輳崩壊を避けるためにTahoeが導入されて以来、アプリケーシ
ョンや通信環境の変化に合わせて、さまざまな手法が開発されてきました。

　まず、第5章で記述したとおり、長らく標準的に利用されていたのはReno/
NewRenoでしたが、近年のネットワーク環境の変化、すなわち転送レート高速化
やクラウドサービス普及などにより、ロングファットパイプと呼ばれる広帯域/高
遅延環境が一般化すると、帯域利用効率が悪いという課題が出てきました。

　それに対してスケーラビリティ、RTT公平性、既存アルゴリズムとの親和性と
いった性能を、簡単なアルゴリズムで実現するために開発されたのがCUBICであ
り、現在Linuxで標準搭載されるなど、主流の輻輳制御アルゴリズムの一つとな
っています。

　続いて、第6章で述べたように、メモリーの低価格化と通信速度向上によりスイ
ッチやルーター等のネットワーク機器に搭載されるバッファメモリーのサイズが増
加し、Loss-based輻輳制御では、バッファ遅延増大によるスループット低下という
新たな課題が顕在化しました。その課題に対して、RTTを指標とするDelay-based輻
輳制御アルゴリズムとして新たにBBRが開発され、普及してきました。ただし、こ
れらのさまざまな優れたアルゴリズムも、それぞれに異なった特徴があり、適した
環境が異なっています。それゆえに、どれが優れているかといったことは一概には

言えず、環境に合わせて適した手法を選択して用いることが重要です。

そして、本章では、現在から今後にかけてのTCPに関わる技術的な変化の動向について述べるために、TCPに関連して重要と考えられる具体的な事例として、5G、IoT、データセンター、自動運転の4つを取り上げました。それぞれについて、技術的/社会的な背景および、そこで生じてくる課題を述べた上で、TCP関連の動向について記述しました。それぞれの事例について、異なる新たな通信環境や要求条件に対応するための解決策が検討されていることを述べました。

これらは歴史的な話ではなく、現在進行形で開発や普及が進んでいく段階の技術であり、今後の状況に応じて動向に変化がある可能性もあります。いずれにせよ、TCPは現在さまざまな局面で使われており、今後も重要な通信プロトコルの一つです。本書を通じてTCPの基本的な仕組みや現在のTCPに至る経緯を学んだ読者であれば、そうした将来の変化にも容易にキャッチアップできるはずです。

参考文献

- 「The 2018 Ethernet Roadmap」(Ethernet Alliance、2018)
- 「Cisco Visual Networking Index: Forecast and Trends, 2017-2022」(2018)
- 「Data Center TCP (DCTCP): TCP Congestion Control for Data Centers」(RFC 8257)
- 「IMT Vision - Framework and overall objectives of the future development of IMT for 2020 and beyond」(ITU-R、Recommendation M.2083)
  URL https://www.itu.int/rec/R-REC-M.2083
- K. Nguyen/M. G. Kibria/J. Hui/K. Ishizu/F. Kojima「Minimum Latency and Optimal Traffic Partition in 5G Small Cell Networks」(2018 IEEE 87th Vehicular Technology Conference (VTC Spring)、Porto、pp.1-5、2018)
- 「官民 ITS 構想・ロードマップ 2018」(首相官邸)
  URL https://www.kantei.go.jp/jp/singi/it2/kettei/pdf/20180615/siryou9.pdf
- 「2020年に向けた5G及びITS・自動走行 に関する総務省の取組等について」(総務省)
  URL https://www.kiai.gr.jp/jigyou/h29/PDF/0608p1.pdf
- 「2020年の5G実現に向けた取組」(総務省)
  URL http://www.soumu.go.jp/main_content/000593247.pdf
- 「5Gでの高精細映像伝送に向けた取り組み」(樋口拓己/吉野正哲/新宮秀樹/宮越健/佐藤正樹/浅野弘明/森広芳文/奥村幸彦、信学技報、vol. 118、no. 254、RCS2018-168、pp.95-100、2018)

索引

安永 遼真   Yasunaga Ryoma

2011年東京大学工学部卒業、2013年東京大学大学院工学系研究科航空宇宙工学専攻修了、同年日本電信電話株式会社入社、2016年Nokia Bell Labs出向。おもにコンピューターネットワークの数理モデル化に関する研究に従事。2018年より都内マーケティング会社に勤務。現在は機械学習・統計解析を用いたマーケティング技術の研究に従事する傍ら、趣味でコンピューターネットワークの研究を続けている。

中山 悠   Nakayama Yu

2006年東京大学農学部卒業、2008年東京大学大学院新領域創成科学研究科自然環境学専攻修了、同年日本電信電話株式会社入社。2018年東京大学大学院情報理工学系研究科電子情報学専攻博士課程修了。博士(情報理工学)。現在、東京農工大学工学研究院・准教授。モバイルコンピューティング、低遅延ネットワーク、IoT等の研究に取り組む。平成29年度東京大学大学院情報理工学系研究科長賞等。

丸田 一輝   Maruta Kazuki

2006年九州大学工学部卒業、2008年九州大学大学院システム情報科学府知能システム学専攻修了、同年日本電信電話株式会社入社。2016年九州大学大学院システム情報科学府情報知能工学専攻博士後期課程修了。博士（工学）。2017年3月より千葉大学大学院工学研究院・助教。無線ネットワークにおける干渉低減技術の研究に従事。2017年度電子情報通信学会論文賞、RCS研究会最優秀貢献賞等。

装丁・本文デザイン ……………… 西岡 裕二
図版 …………………………… さいとう 歩美
本文レイアウト ………………… 高瀬 美恵子（技術評論社）

WEB+DB PRESS plus シリーズ
TCP技術入門
進化を続ける基本プロトコル

2019年7月19日　初版　第1刷発行

著者 …………………………… 安永 遼真、中山 悠、丸田 一輝
発行者 ………………………… 片岡 巌
発行所 ………………………… 株式会社技術評論社
　　　　　　　　　　　　　東京都新宿区市谷左内町 21-13
　　　　　　　　　　　　　電話　03-3513-6150　販売促進部
　　　　　　　　　　　　　　　　03-3513-6175　雑誌編集部
印刷／製本 …………………… 日経印刷株式会社

● お問い合わせ

本書に関するご質問は記載内容についてのみとさせていただきます。本書の内容以外のご質問には一切応じられませんのであらかじめご了承ください。なお、お電話でのご質問は受け付けておりませんので、書面または小社Webサイトのお問い合わせフォームをご利用ください。

〒162-0846
東京都新宿区市谷左内町 21-13
株式会社技術評論社
『TCP技術入門』係
URL https://gihyo.jp（技術評論社Webサイト）

ご質問の際に記載いただいた個人情報は回答以外の目的に使用することはありません。使用後は速やかに個人情報を廃棄します。